Aachener Bausachverständigentage 1994
Neubauprobleme –
Feuchtigkeit und Wärmeschutz
Rechtsfragen für Baupraktiker

Register für die
Jahrgänge 1975–1994

Aachener Bausachverständigentage 1994

REFERATE UND DISKUSSIONEN

Günter Dahmen	Die neue Wärmeschutzverordnung und ihr Einfluß auf die Gestaltung von Neubauten
Dietger Grosser	Feuchtegehalte und Trocknungsverhalten von Holz und Holzwerkstoffen
Hans H. Hupe	Leitungswasserschäden – Ursachenermittlung und Beseitigungsmöglichkeiten
Uwe Jebrameck	Technische Trocknungsverfahren
Kurt Kießl	Feuchteeinflüsse auf den praktischen Wärmeschutz bei erhöhtem Dämmniveau
Reinhard Lamers	Feuchtigkeit im Flachdach – Beurteilung und Nachbesserungsmethoden
Gerd Motzke	Mängelbeseitigung vor und nach der Abnahme – Beeinflussen Bauzeitabschnitte die Sachverständigenbegutachtung?
Rainer Oswald	Baufeuchte – Einflußgrößen und praktische Konsequenzen
Gerald Schickert	Feuchtemeßverfahren im kritischen Überblick
Franz-Josef Schlapka	Qualitätskontrollen durch den Sachverständigen
Werner Schnell	Das Trocknungsverhalten von Estrichen – Beurteilung und Schlußfolgerungen für die Praxis
Peter Schubert	Feuchtegehalte von Mauerwerkbaustoffen und feuchtebeeinflußte Eigenschaften
Reiner Tredopp	Qualitätsmanagement in der Bauwirtschaft
Jutta Weidhaas	Die Zertifizierung von Sachverständigen
Utz Draeger Wolfgang Lohrer Hartwig Muhle Jürgen Royar	Gesundheitsrisiken durch Faserdämmstoffe? Konsequenzen für Planer und Sachverständige

Aachener Bausachverständigentage 1994

Neubauprobleme – Feuchtigkeit und Wärmeschutz

mit Beiträgen von

Günter Dahmen
Utz Draeger
Dieter Grosser
Hans-H. Hupe
Uwe Jebrameck
Kurt Kießl
Reinhard Lamers

Wolfgang Lohrer
Hartwig Muhle
Rainer Oswald
Jürgen Royar
Gerald Schickert
Werner Schnell
Peter Schubert

Rechtsfragen für Baupraktiker

mit Beiträgen von

Gerd Motzke
Franz Josef Schlapka
Reiner Tredopp
Jutta Weidhaas

Register für die Jahrgänge 1975–1994

Herausgegeben von Rainer Oswald
AIBau – Aachener Institut für Bauschadensforschung und angewandte Bauphysik

BAUVERLAG GMBH · WIESBADEN UND BERLIN

Die Deutsche Bibliothek – CIP-Einheitsaufnahme

Neubauprobleme : Feuchtigkeit und Wärmeschutz / mit Beitr.
von Günter Dahmen . . . Rechtsfragen für Baupraktiker / mit
Beitr. von Gerd Motzke . . . . [Gesamtw.]: Aachener
Bausachverständigentage 1994. Hrsg. von Rainer Oswald. –
Wiesbaden ; Berlin : Bauverl., 1994
 ISBN 3-7625-3079-3
NE: Dahmen, Günter; Oswald, Rainer [Hrsg.]; Aachener
Bausachverständigentage <1994>; Rechtsfragen für Baupraktiker

Referate und Diskussionen der Aachener Bausachverständigentage 1994

Das Werk einschließlich aller seiner Teile ist urheberrechtlich geschützt. Jede Verwertung außerhalb des Urheberrechtsgesetzes ist ohne Zustimmung des Verlags unzulässig und strafbar. Das gilt insbesondere für Vervielfältigungen, Übersetzungen, Mikroverfilmungen und die Einspeicherung und Verarbeitung in elektronischen Systemen.

© 1994 Bauverlag GmbH, Wiesbaden und Berlin

Druck- und Verlagshaus Hans Meister KG, Kassel
ISBN 3-7625-3079-3

Vorwort

Viele Schäden, die in den ersten Jahren nach der Baufertigstellung auftreten, stehen in Zusammenhang mit dem erhöhten Feuchtegehalt, der durch die Entstehung bzw. Herstellung der Baustoffe, ihrer Verarbeitung und durch die Witterungsbedingungen während der Bauzeit in den meisten Neubauten zu beobachten ist. Handwerker, planende und bauleitende Architekten und Ingenieure sowie der beurteilende Sachverständige sind daher häufig mit Problemen konfrontiert, die mit der **Neubaufeuchte** zusammenhängen.

Es geht um die Frage, wie der Feuchtegehalt bestimmt werden kann; welche Feuchtegehalte als unvermeidlich berücksichtigt bzw. angenommen werden müssen; wie die Trocknung abläuft und welche konstruktiven und ausführungstechnischen Maßnahmen getroffen werden müssen, um die bei Trocknungsvorgängen auftretenden Volumen- und Formänderungen zu berücksichtigen.

Der vorliegende Band behandelt eingehend diesen Themenkomplex: die praktische Feuchtemessung am Bau; die Einflußfaktoren auf Trocknungsvorgänge an Neubauten sowie das Feuchteverhalten von Dämmstoffen, Mauerwerk, Estrich und Holz. Der Themenkreis wird durch Beiträge über den Umgang mit Feuchtigkeit in Flachdächern, die Beurteilung von Leitungswasserschäden sowie die Möglichkeiten und Grenzen technischer Trocknungsverfahren abgerundet.

Der zweite technische Themenkomplex befaßt sich mit aktuellen Fragen des **Wärmeschutzes**. Neben den Auswirkungen der novellierten Wärmeschutzverordnung auf die Gestaltung von Neubauten wird vor allem die Diskussion über die mögliche Gesundheitsgefährdung durch künstliche Mineralfaserdämmstoffe aufgegriffen.

Auch bei den juristischen und berufsständischen Themen der Tagung standen typische Neubaufragestellungen im Mittelpunkt: Die Methodik der Qualitätssicherung und Qualitätskontrollen durch den Sachverständigen werden im vorliegenden Band ebenso abgehandelt wie die Bedeutung der Bauabnahmen für die Sachverständigenbegutachtung.

Der Tagungsband dokumentiert auch die wesentlichen Argumente der vor einem fachkundigen, achthundertköpfigen Publikum geführten Podiumsdiskussion – dies gilt besonders für die durch kontroverse Beiträge gekennzeichneten Streitgespräche zur Mineralfaserproblematik.

Seit Prof. Dr.-Ing. Erich Schild 1975 erstmals die Aachener Bausachverständigentage in den Räumen der Rheinisch-Westfälischen Technischen Hochschule initiierte, sind nun 20 Jahre vergangen. In 20 Tagungsbänden sind wesentliche bautechnische Wissensgebiete des praktisch tätigen Bausachverständigen dokumentiert und wird die Entwicklung der technischen Regeln deutlich. Um die Fülle an Fakten und Meinungen besser zugänglich und für die tägliche Arbeit schneller nutzbar zu machen, ist diesem Band ein Stichwortregister zur gesamten Veröffentlichungsreihe angefügt.

Prof. Dr.-Ing. R. Oswald

Inhaltsverzeichnis

Motzke, Mängelbeseitigung vor und nach der Abnahme – Beeinflussen Bauzeitabschnitte die Sachverständigenbegutachtung? 9

Weidhaas, Die Zertifizierung von Sachverständigen 17

Tredopp, Qualitätsmanagement in der Bauwirtschaft 21

Schlapka, Qualitätskontrollen durch den Sachverständigen 26

Dahmen, Die neue Wärmeschutzverordnung und ihr Einfluß auf die Gestaltung von Neubauten 35

Schickert, Feuchtemeßverfahren im kritischen Überblick 46

Kießl, Feuchteeinflüsse auf den praktischen Wärmeschutz bei erhöhtem Dämmniveau 64

Oswald, Baufeuchte – Einflußgrößen und praktische Konsequenzen 72

Schubert, Feuchtegehalte von Mauerwerkbaustoffen und feuchtebeeinflußte Eigenschaften 79

Schnell, Das Trocknungsverhalten von Estrichen – Beurteilung und Schlußfolgerungen für die Praxis 86

Grosser, Feuchtegehalte und Trocknungsverhalten von Holz und Holzwerkstoffen 97

Das aktuelle Thema: Gesundheitsrisiken durch Faserdämmstoffe? Konsequenzen für Planer und Sachverständige

Einleitung von Oswald 111

1. Beitrag von Lohrer 112

2. Beitrag von Muhle 114

3. Beitrag von Draeger 118

4. Beitrag von Royar 120

Diskussion: Gesundheitsgefährdung durch künstliche Mineralfasern? 124

Presseerklärung des Bundes-Umwelt- und Arbeitsministeriums 128

Lamers, Feuchtigkeit im Flachdach – Beurteilung und Nachbesserungsmethoden 130

Hupe, Leitungswasserschäden – Ursachenermittlung und Beseitigungsmöglichkeiten 139

Jebrameck, Technische Trocknungsverfahren 146

Aussteller 171

Register 1975–1994 172

Mängelbeseitigung vor und nach der Abnahme – Beeinflussen Bauzeitabschnitte die Sachverständigenbegutachtung?

Prof. Dr. Gerd Motzke, Richter am Oberlandesgericht München (Bausenat in Augsburg), Honorarprofessor für Zivilrecht und Zivilverfahrensrecht an der Universität Augsburg

I. Abnahme – ein zentrales Datum im Baugeschehen

Die Abnahme ist unter *rechtlichen Gesichtspunkten* deshalb ein zentrales Ereignis im Baugeschehen, weil die Rechtsordnung bei Auftreten von Leistungsstörungstatbeständen vor und nach der rechtsgeschäftlichen Abnahme unterschiedliche Antworten bereit hält. Mangeltatbestände oder sonst vertragswidrige Ausführungen vor der Abnahme begründen Erfüllungsansprüche; nach der Abnahme spricht man von Gewährleistungsansprüchen. Aus *technischer Sicht* ist die rechtsgeschäftliche Abnahme nicht der Mittelpunkt, von dem aus gesehen das Baugeschehen in das Erfüllungs- und das Gewährleistungsstadium geteilt wird. Unter technischen Aspekten ist die Abnahme der Endpunkt oder das Ziel des Bauschaffens: Die Bauleistenden streben durch Qualitätssicherung die Abnahmereife und die Vermeidung von Gewährleistungstatbeständen an. *Qualitätssicherung* kann nur bis zur Abnahme sichergestellt werden.

1. Die rechtlichen Wirkungen der Abnahme liegen vor allem in folgendem: Ohne Abnahme wird der Vergütungsanspruch des Unternehmens nicht fällig; Abschlagszahlungen können auch ohne Vereinbarung nur bei einem VOB-Bauvertrag verlangt werden. Mit der Abnahme beginnt die Verjährungsfrist für die Gewährleistungsansprüche zu laufen; außerdem geht die Gefahr des zufälligen Untergangs der Leistung auf den Besteller über, den ab der Abnahme auch die Darlegungs- und Beweislast für behauptete Mängel trifft. Vor der Abnahme hat der Unternehmer die Mangelfreiheit seiner Leistung und damit ihre Abnahmereife darzutun und zu beweisen.

2. Für den Sachverständigen kann sich aus diesem Komplex vor allem die Frage ergeben, ob die Abnahme wegen eines Fehlers verweigert werden kann. Nach BGB reicht jeder Fehler/Mangel aus, nach der VOB/B (§ 12 Nr. 3) bedarf es des Vorliegens eines wesentlichen Mangels. Der Bauzeitabschnitt ist also Veranlassung, für die Frage der Abnahmereife auf eine bestimmte Mangelkategorie – unwesentlicher oder wesentlicher Mangel – abzustellen.

3. Die Zeitpunktfrage – Stadium der Bauabwicklung vor oder nach der Abnahme – betrifft vor allem aber den Fragenkreis der Unmöglichkeit der Mängelbeseitigung und die Verweigerung der Mängelbeseitigung wegen Unverhältnismäßigkeit der Aufwendungen.

a) Unmöglichkeit der Mangelbeseitigung – Beurteilungsmaßstab

Die Unmöglichkeit der Nachbesserung/Mängelbeseitigung beurteilt sich grundsätzlich nach *objektiven Kriterien*. Auch ein anderer Unternehmer darf nicht in der Lage sein, den aufgetretenen Fehler zu beseitigen. Selbstverständlich sind die konkreten Umstände mit zu berücksichtigen. Die Unmöglichkeit ist abgesehen von technischen Aspekten auch unter wirtschaftlichen Gesichtspunkten zu sehen: Die Unterschreitung der vertraglich geschuldeten Wohnfläche könnte ebenso wie die Nichterreichung der vertraglich versprochenen Betonqualitäten im Fundamentbereich durch Abriß oder durch sündhaft teure Maßnahmen (teilweiser Abriß und Neuerrichtung) erzielt werden. Der wirtschaftlich total unsinnige Materialeinsatz begründet die tatsächliche Unmöglichkeit der Mängelbeseitigung, wenn die praktische

Nutzung oder der Wert der Leistung hierdurch nicht oder lediglich marginal eingeschränkt wird.

Auch die technische Unmöglichkeit muß mit der Aufwandsgröße und den mit der eventuell in Betracht kommenden Maßnahme verbundenen Risiken rechnen. So könnten Fundamente im Boden oder die statisch nicht voll tragende Sohlplatte durch ausgeklügelte Maßnahmen z. B. verstärkt oder sonst brauchbar gemacht werden (vgl. dazu BGH, BauR 1977, 203). Ist die vertraglich vereinbarte Raumhöhe nicht erreicht, könnte der Mangel grundsätzlich durch Abbruch der Erdgeschoßdecke und Vermauern der erforderlichen Ziegelreihe(n) beseitigt werden (vgl. LG Wiesbaden, NJW 1986, 329). Den Zusammenhang zwischen dem Tatbestand der Unmöglichkeit der Mangelbeseitigung und dem Zeitpunkt der Mangelfeststellung verdeutlicht auch folgendes Beispiel: Führt die Unbewohnbarkeit eines Fertighauses wegen fehlerhafter Imprägnierung nach der Abnahme zur Unmöglichkeit der Mängelbeseitigung (OLG Saarbrücken NJW 1987, 470), kann der Einsatz eines durch Imprägnierung mangelhaft gewordenen Baustoffes vor Baubeginn oder während der Bauphase selbstverständlich nach § 4 Nr. 6 VOB/B unterbunden und auf mangelfreier Ausführung bestanden werden.

b) Beurteilung der Unmöglichkeit der Mängelbeseitigung unter dem Einfluß des Gesamtwerks

Die Beurteilung der Möglichkeit zur Mängelbeseitigung nach der Abnahme hat zu berücksichtigen, daß *Konkretisierung oder Konzentration* eingetreten ist. Das Werk hat Gestalt gefunden. Eine Mangelbeseitigung, die zum vollständigen Rückbau des Gesamtwerks und zur Neuherstellung eines zweiten Gebäudes führt, scheidet aus.

Die Rechtsprechung verlangt hinsichtlich der Mängelbeseitigung, daß die Grundsubstanz oder die Konzeption des Werkes nicht wesentlich verändert werden darf (BGH, BauR 1989, 219 und 462). Bei einem Rückbau und einer Wiedererstellung geht die Grundsubstanz jedoch verloren. Ist eine Fußbodennachtspeicherheizung vertraglich versprochen, stellt bei unzulänglicher Heizleistung das Anbringen von Zusatzheizgeräten oder Radiatoren keine Nachbesserung dar, weil damit eine vollständige Konzeptionsänderung verbunden wäre (BGH, BauR 1989, 462, 464).

Der von der Rechtsprechung auch nach der Abnahme bezüglich einzelner Gewerke durchaus bejahte Anspruch des Bestellers auf Beseitigung eines Mangels in Gestalt der Neuherstellung, wenn anders auf Dauer der Mangel nicht beseitigt werden kann (BGH, BauR 1986, 93; OLG München, NJW–RR 1987, 1234), setzt *offenkundig voraus, daß das Gesamtwerk als eine Art Rahmen* erhalten bleibt. Gegenstand von Entscheidungen waren Fälle, in denen nach der Abnahme Mängel an Teilgewerken, so im Estrich- oder Fliesenbereich, aufgetreten sind. Kennzeichen ist: Die Substanz des gesamten Werks bleibt voll erhalten, betroffen ist lediglich ein Teilgewerk.

c) Unmöglichkeit der Mängelbeseitigung vor und nach der Abnahme

Die Beurteilung der Unmöglichkeit einer Mängelbeseitigung vor und nach der Abnahme wird von unterschiedlichen Kriterien schon deshalb bestimmt, weil vor der Abnahme je nach dem *Baustadium* andere Verhältnisse herrschen als nach der Abnahme: Das Gesamtwerk steht noch nicht fest, sondern ist erst in der Entstehung begriffen; das gilt auch für das Teilwerk. In beides kann *vor der Abnahme* je nach dem Baustand in unterschiedlicher Weise mit verschiedenem Aufwand eingegriffen, und vertraglich geschuldete Zustände können hergestellt werden.

Beispiel: Die ständige Kontrolle der Eigenüberwachungsergebnisse führt dazu, daß der für die Sohlplatte und die Umfassungswände verwendete Beton nicht tauglich ist. Wird dies im Zuge dieser Maßnahme so festgestellt und ist die Kellerdecke noch nicht betoniert, stellt sich die Frage nach der Unmöglichkeit der Mängelbeseitigung völlig anders dar als in dem Fall, in welchem das Objekt bereits errichtet ist.

Beispiel nach BGH, BauR 1989, 219, 221: Der Keller eines Hauses war zu niedrig errichtet worden, so daß die Nutzung als Büroraum nach bauordnungsrechtlichen Vorschriften entfiel. Die vom Auftraggeber/Käufer deshalb angestrebte Wandelung setzt die Unmöglichkeit der Mangelbeseitigung voraus. Der BGH hat ausgeführt, daß eine Nachbesserung dann unmöglich sei, wenn der Mangel durch die technisch und rechtlich möglichen Maßnahmen nicht behoben werden könne oder wenn die zur Beseitigung der Mangelfolgen geeignete Maßnahme die Grundsubstanz oder die Konzeption des Werkes nicht unerheblich verändert (BGH,

BauR 1981, 284). Die in Betracht kommende Absenkung des Bodens – der Fall spielte nach der Abnahme – wurde als nicht geeignete Maßnahme angesehen, weil damit eine wesentliche Veränderung der vertraglich vereinbarten Bauausführung verbunden und diese wegen der bautechnischen und bauphysikalischen Risiken nicht zumutbar sei.

Demnach ist festzustellen: *Nach der Abnahme* führen Probleme der Statik, der Wärmedämmung und der Abdichtung gegen Bodenfeuchte dazu, daß die technisch an sich mögliche Bodenabsenkung doch die Unmöglichkeit der Mängelbeseitigung begründet.

Vor der Abnahme und damit im Verlauf der Baumaßnahme sieht diese Beurteilung der Unmöglichkeit der Mängelbeseitigung völlig anders aus.

Vor der Abnahme ist noch keine Konkretisierung auf das erstellte Bauwerk eingetreten. Der AG hat einen Erfüllungsanspruch. Wird nach der Abnahme der Tatbestand der Unmöglichkeit der Mängelbeseitigung offenkundig mit Rücksicht auf die aufrecht zu erhaltende Existenz des Gesamtwerks gesehen – denn auch im genannten BGH-Fall könnte der Mangel durch Rückbau und Neuherstellung beseitigt werden –, sind die Verhältnisse vor der Abnahme und damit im Verlauf der Baumaßnahme abweichend zu beurteilen. Die Möglichkeit zur Mängelbeseitigung durch Rückbau (Abriß) und Neuerstellung wird im Zuge der Objektverwirklichung vorausgesetzt. Davon geht auch die VOB/B aus. Die *Anspruchsgrundlage für den Rückbau (Abriß)* bei eigenmächtiger Abweichung vom Vertrag hinsichtlich Leistungsart (vor allem Baustoff) und Leistungsumfang bildet § 2 Nr. 8 Abs. 1 VOB/B. Die Beurteilung der Möglichkeit/Unmöglichkeit einer Mangelbeseitigung erfolgt streng gewerkebezogen (ohne Einbeziehung des Gesamtwerks).

Ansonsten wären Maßnahmen, die sich z. B. aus Negativergebnissen der Eigenüberwachung ergeben, nicht zu ziehen. *Beispiel:* Die Kontrolle der Eigenüberwachungsergebnisse ergibt, daß abschnittsweise der Beton die geforderten Festigkeitswerte nicht aufweist. Der zugezogene Sachverständige stellt die Mangelhaftigkeit fest. Hier sind Abriß und die Neuerrichtung der betroffenen Bauabschnitte die einzig richtige Konsequenz. Das Problem, daß die Grundsubstanz im Zuge der Mängelbeseitigung nicht unwesentlich verändert werden darf und damit aufrecht zu erhalten ist, stellt sich nicht.

Denn die Grundsubstanz ist noch gar nicht vorhanden, sondern erst in der Entstehung begriffen.

Ergebnis: Die Frage der Möglichkeit oder Unmöglichkeit einer Mängelbeseitigung ist vor und nach der Abnahme unterschiedlich zu beurteilen. Die Schranke, daß die Grundsubstanz des Werks – verstanden im Sinne der Gesamtleistung – nicht in ihren wesentlichen Strukturen verändert werden darf, ist vor der Abnahme unbeachtlich. Das gilt vor allem dann, wenn der Unternehmer seine Leistung noch nicht vollendet hat oder die Leistung noch nicht zur Grundlage weiterer Fortsetzungsmaßnahmen geworden ist. Ist nach den vertraglichen Vereinbarungen die Freigabe der Leistung eine Vorbedingung für die Fortsetzung der Arbeiten durch denselben oder andere Unternehmer, begründet die wegen Mängeln verweigerte Freigabe kaum den Unmöglichkeitseinwand. Denn die *Freigabeprüfung* soll gerade die Möglichkeit zur Mangelbeseitigung eröffnen.

d) Rechtliche Konsequenzen der Unmöglichkeit der Mängelbeseitigung

Ist die Unmöglichkeit der Mängelbeseitigung festzustellen, erfolgt der Übergang zur Minderung. Zwischen einem VOB- und einem BGB-Bauvertrag besteht insoweit grundsätzlich kein Unterschied. Belanglos ist auch, ob sich die Unmöglichkeit vor oder nach der Abnahme herausstellt. Zwar kennt die VOB/B den Übergang zur Minderung gemäß § 13 Nr. 6 lediglich im Gewährleistungsbereich und damit zeitlich nach der Abnahme. Das Minderungsrecht muß es in den Unmöglichkeitsfällen vor der Abnahme aber gleichfalls geben, wenn auch § 4 Nr. 7 und § 2 Nr. 8 VOB/B dazu schweigen. Das BGB geht in § 634 Abs. 1 S. 2 BGB von der Minderungsmöglichkeit vor der Abnahme aus. Das hat auch für die VOB/B zu gelten, die für den Zeitraum vor der Abnahme nichts Abweichendes bestimmt, sondern sich dazu allenfalls ausschweigt.

Bei einem VOB-Bauvertrag gilt § 13 Nr. 6. Ist die Beseitigung des Mangels unmöglich, entfällt selbstverständlich der Mängelbeseitigungsanspruch, da auf eine unmögliche Leistung nicht geklagt werden kann. Der Übergang zur Minderung kommt in Betracht. Das gilt mangels gegenteiliger Regelung in § 4 Nr. 7 VOB/B auch für die Zeit vor der Abnahme.

Rechtlich weiter ist damit verbunden, daß der Auftraggeber gegenüber dem Unternehmer kein Zurückbehaltungsrecht hat. Deshalb ist auch der Druckzuschlag ausgeschlossen.

Bei einem BGB-Bauvertrag ist das nicht anders: Einschlägig ist § 634 Abs. 2 BGB. Der Übergang zum Wandelungs- und Minderungsrecht vollzieht sich ohne Fristsetzung zur Mängelbeseitigung mit Ablehnungsandrohung. Den Übergang zur Minderung vollzieht jedoch der Auftraggeber; ohne Minderungsverlangen besteht keine Notwendigkeit, sich mit den preislichen Konsequenzen auseinanderzusetzen. Keinesfalls ist es Aufgabe des Sachverständigen, der sich nach dem gerichtlichen Beweisbeschluß mit der Frage der Art und Weise der Mängelbeseitigung zu befassen hat und zum Ergebnis kommt, daß eine Nachbesserung unmöglich ist, nunmehr von sich aus zur Wertminderung oder zum verbleibenden Restmangel überzugehen.

e) Beeinflussung der Sachverständigenaufgabe

Der Sachverständige ist besonders dann gefordert, wenn nach der Abnahme bautechnische und bauphysikalische Risiken zur Bejahung der Unmöglichkeit führen können. Aufgabe des Sachverständigen ist es, die im Zusammenhang einer Maßnahme auftretenden Risiken und Folgen für die Bausubstanz zu benennen und zu gewichten. Kommt die Begutachtung zum Ergebnis, daß die Mängelbeseitigung unmöglich ist, ist der technische Restmangel oder der Umfang der Wertminderung nur dann zu bestimmen, wenn der gerichtliche Beweisbeschluß auch diesen Punkt thematisiert. Denn grundsätzlich obliegt der Partei (Auftraggeber) die Festlegung und Verfolgung der in Betracht kommenden Ansprüche, und der Sachverständige ist auf die Bearbeitung des Beweisgegenstandes beschränkt.

II. Der Einwand der Unverhältnismäßigkeit des Mangelbeseitigungsaufwandes und Bauzeitabschnitte

1. Das rechtliche Umfeld des Einwandes – Folgen für die Sachverständigentätigkeit

Die Unverhältnismäßigkeit der Aufwandes zur Mängelbeseitigung ist für sich genommen rechtlich folgenlos. Die Unverhältnismäßigkeit des Aufwandes für die Mängelbeseitigung ist rechtlich nur dann von Belang, wenn sich der Unternehmer auf diesen Einwand beruft. Der Übergang zur Minderung ist weiter nur dann veranlaßt, wenn der Auftraggeber von der Nachbesserung/Mangelbeseitigung auf die Minderung übergeht.

a) Konsequenz für den Sachverständigen:

Von sich aus kann und darf der Sachverständige, der im Beweisbeschluß lediglich nach der Nachbesserungsmöglichkeit und den Kosten hierfür gefragt wird, nicht zur Unverhältnismäßigkeit des Aufwands Stellung nehmen.

Greift nämlich eine Partei dies auf und erhebt sie deshalb den Einwand der Unverhältnismäßigkeit, riskiert die andere Partei den Verlust ihres Mängelbeseitigungsanspruchs. Die Ablehnung des Sachverständigen wegen Befangenheit steht im Raum.

Aus der Unverhältnismäßigkeit des Mängelbeseitigungsaufwandes können Rechtsfolgen nach dem Gewährleistungsrecht nur dann gezogen werden, wenn sich der Auftragnehmer hierauf beruft und mit exakt diesem Argument die Mängelbeseitigung verweigert.

Das ergibt sich für einen BGB-Bauvertrag aus § 633 Abs. 2 Satz 3 BGB und für einen VOB-Bauvertrag aus § 13 Nr. 6 VOB/B. Immer heißt es dort: Erfordert die Mängelbeseitigung einen unverhältnismäßig hohen Aufwand und wird sie deshalb vom Auftragnehmer verweigert, erfolgt der Übergang zur Minderung als Gewährleistungsrecht. Aber auch das findet nicht von selbst und automatisch statt. Der Auftraggeber muß die Minderung verlangen. Diese kann ihm von niemandem aufgedrängt werden, weder vom Gericht noch vom Sachverständigen. Auf diesem Gebiet werden in der Praxis sehr viele Fehler allein deshalb gemacht, weil dieses allein dem Auftraggeber zustehende Bestimmungsrecht mißachtet wird.

b) Keine Prüfung von Amts wegen

Die Unverhältnismäßigkeit des Aufwandes ist nicht von Amts wegen in einem Rechtsstreit zu berücksichtigen, sondern nur dann, wenn sie *von einer Partei* in den Prozeß eingeführt wurde. Der Sachverständige hat dieses Recht nicht. Das Gutachten des Sachverständigen ist ein, wenn auch qualifiziertes, Beweismittel. Sein Gutachten darf sich nur mit dem Parteivortrag und den dort enthaltenen sowie in den Beweisbeschluß aufgenommenen Beweisthemen befassen. Zählt dazu die Behauptung der Unverhältnismäßigkeit der Aufwendungen nicht, scheidet eine Befassung damit aus. Der Einwand der Unverhältnismäßigkeit des Aufwandes muß zudem von der richtigen Partei erhoben werden. Dem Auftraggeber fehlt die Kompetenz, sich etwa im Hinblick auf die Unverhältnismäßigkeit der Mangelbeseitigung von vornherein für die Minderung der Vergütung zu entscheiden. Diese Rechtswahl hängt ausschließlich davon ab, daß sich der Unternehmer auf die Unverhältnismäßigkeit beruft und deshalb die Mangelbeseitigung verweigert. Der Auftraggeber kann sich allein darauf stützen, die Mängelbeseitigung sei ihm angesichts besonderer Umstände nicht zumutbar, wovon z. B. dann ausgegangen werden kann, wenn die Nachbesserung die Einstellung des Betriebs erfordern würde, was mit erheblichen Einbußen und Aufwendungen verbunden wäre. Das Unzumutbarkeitskriterium kennt sowohl das BGB als auch die VOB/B, wenn die einschlägigen Vorschriften die Voraussetzungen auch unterschiedlich formulieren (§ 634 Abs. 2 BGB: besonderes Interesse des Bestellers; § 13 Nr. 6 VOB/B: Unzumutbarkeit der Mangelbeseitigung).

Hieraus ergibt sich als Konsequenz für den Sachverständigen, dessen Aufgabe die Auseinandersetzung mit Mängeln und Beseitigungskosten ist, folgendes: Der eigenmächtige Übergang des Sachverständigen zur Minderung, die mit der Unverhältnismäßigkeit der Aufwendungen begründet wird, ist falsch. Außerdem ist zu beachten, daß lediglich die Festlegung des Minderwerts oder technischen Restmangels Gegenstand sachverständiger Beurteilung sein kann, nicht aber die Minderung selbst (vgl. Bayerlein, BauR 1989, 402 und in Praxishandbuch Sachverständigenrecht, § 15 Rdnr. 16). Im Rechtsstreit obliegt die Bestimmung der Minderung dem Gericht.

2. Die Unverhältnismäßigkeit – Inhalt und Maßstab

Die Mängelbeseitigung kann trotz vorliegender Möglichkeiten bei Unverhältnismäßigkeit vom Unternehmer verweigert werden. Der Aufwand für die Beseitigung des Aufwandes muß unverhältnismäßig hoch sein. Diese ein Leistungsverweigerungsrecht des Unternehmers begründende Konstellation ist für den BGB- wie auch den VOB-Bauvertrag in gleicher Weise dann gegeben, wenn das Verhältnis des zur Mängelbeseitigung erforderlichen Aufwandes (Arbeit, Material, sonstige Kosten) zu dem sich hieraus ergebenden Vorteil unvernünftig erscheint. Maßgebend ist allein das Verhältnis von Aufwand zum angestrebten Ziel; völlig bedeutungslos ist, in welchem Verhältnis der jetzt erforderliche Aufwand zum Erstellungsaufwand im Rahmen der Erstleistung steht oder welche Folgen sich sonst für den Unternehmer ergäben, wenn er zur Mangelbeseitigung herangezogen werden würde. Unverhältnismäßig sind die Aufwendungen, wenn der damit erzielte Erfolg oder Teilerfolg bei Abwägung aller Umstände des Einzelfalles in keinem vernünftigen Verhältnis zur Höhe des dafür mit Sicherheit zu erwartenden Geldaufwandes steht (BGH, BauR 1973, 67).

a) Maßstab und Bauzeitabschnitte

Hier ist die Frage, ob diese *Maßstabsfrage unter Bauzeitabschnitten* unterschiedlich gesehen werden muß, was bereits unter *Aufwandsgesichtspunkten* sicher zu bejahen ist. Denn der nach der Abnahme erforderlich werdende Mangelbeseitigungsaufwand ist regelmäßig entschieden höher als im Stadium vor der Abnahme.

b) Rechtliches Korrektiv – Ausschluß des Unverhältnismäßigkeitseinwandes

Von dieser Fragestellung zu trennen ist das Problem, ob sich der Unternehmer auch bei Unverhältnismäßigkeit des Aufwandes immer auf diesen Einwand berufen darf. Treu und Glauben gebieten unter rein rechtlichen Aspekten, deren Aufhellung der Sachverständige durchaus beiläufig in das Gutachten einfließen lassen kann, eine Einschränkung in folgender Weise: Hat der Unternehmer einen Mangel vorsätzlich oder grob fahrlässig verursacht, ist damit ein Verlust dieser Verteidigungsmöglichkeit verbunden.

Das Kriterium der Unverhältnismäßigkeit unterliegt deshalb von vornherein einem rein rechtlichen Korrektiv. Dieses kann gerade mit Blick auf *Eigenüberwachungsmaßnahmen* und damit auf eine *innerbetriebliche Qualitätssicherung* im Verlauf der Bauausführung von erheblichem Gewicht sein. Zeigen spezifische Materialoder/und Produktkenndaten die Mangelhaftigkeit einer Bauleistung an, liegt bei Ausbleiben von Gegenreaktionen des Unternehmers entweder Vorsatz oder grobe Fahrlässigkeit vor. In diesem Zusammenhang stellt sich auch die Frage, ob ein Unternehmer den Unverhältnismäßigkeitseinwand nicht auch dann verliert, wenn derartige Eigenüberwachungsmaßnahmen, die jedoch nach technischen Normen geboten sind, völlig ausfallen. Hierfür spricht viel, wenn sich der Unternehmer durch diese Unterlassung unwissend hält und deshalb kontrollierende Maßnahmen ausfallen. Gerade im Hinblick auf die Ausführungen des BGH zur Gleichstellung des Arglisttatbestandes mit unterlassenen Organisationsmaßnahmen des Unternehmers, deren Folge ist, daß vorhandene Mängel unentdeckt bleiben (BGH, BauR 1992, 500), dürfte der Unverhältnismäßigkeitseinwand verloren gehen, wenn es an organisatorischen Maßnahmen zur Sicherstellung einwandfreier Qualität der Leistung fehlt.

c) Unverhältnismäßigkeit und Sachverständigenaufgabe

Die Frage nach der Unverhältnismäßigkeit des Aufwandes für die Mängelbeseitigung ist eine Rechtsfrage (vgl. Bayerlein in Praxishandbuch Sachverständigenrecht, § 15 Rdnr. 16: „Es ist auch nicht zu fragen, ob eine Nachbesserung für den Werkunternehmer unzumutbar ist: Vielmehr ist nach dem für die Mangelbeseitigung erforderlichen Aufwand zu fragen. Ob dieser zumutbar ist, ist eine Rechtsfrage, die das Gericht zu entscheiden hat". Ein Beweisbeschluß mit diesem Beweisthema kann und darf so nicht beantwortet werden. Nur die Aufwandsgröße selbst ist nach Bayerlein eine Sachverständigenfrage. Dieser Punkt ist um die Darstellung der durch die Mängelbeseitigung zu erzielenden Vorteile – sollten diese auf technischem Gebiet liegen, wie z. B. Langlebigkeit, technische Gebrauchstauglichkeit, Instandhaltungsintervalle, Instandhaltungskosten usw. – und um die aus technischer Sicht verbleibenden Nachteile (wenn keinerlei Maßnahmen ergriffen werden) zu erweitern. Ob dann Verhältnismäßigkeit vorliegt, hat der Richter zu entscheiden, nicht der Sachverständige.

3. Unverhältnismäßigkeit und Bauzeitabschnitte

Diese Betrachtungsweise führt zugunsten des Sachverständigen zu einer erheblichen Einschränkung der Problematik. Denn ob in der Maßstabsbildung zwischen dem Zeitraum vor der Abnahme und dem nach der Abnahme ein Unterschied zu machen ist, wird damit zur Rechts- und nicht zur Sachverständigenfrage.

a) Sachverständigen- und Rechtsfrage

So ist es eine *Rechtsfrage*, ob bloß optische Beeinträchtigungen, die nach der Abnahme – wenn keinerlei Auswirkungen auf die Gebrauchstauglichkeit verbunden sind – Anlaß sind, die Unverhältnismäßigkeit zu bejahen (geringfügige Kratzer in der Scheibe, geringfügige Mängel an Spiegeldecken eines Spiegelglases), im Zeitraum vor der Abnahme dieselbe Würdigung zu erfahren haben.

Das hat aber nicht der Sachverständige, sondern das Gericht zu entscheiden. Aufgabe des Sachverständigen ist es, die technischen Umstände aufzuhellen, die maßgeblichen Faktoren für die Tauglichkeit der Leistung zu erfassen und den erforderlichen Aufwand, die Vorteile der Mangelbeseitigung und die Nachteile des mangelbehafteten Zustandes darzustellen.

Anhand eines *Beispiels*, in welchem es um die *Überschreitung von Toleranzen* geht, läßt sich dies darstellen: Auf Betonsockeln sind Stahlträger für einen Autosalon zu montieren. Die Säulen werden – bevor die Montage des Daches und das Aufmauern der Seitenwände erfolgt – kontrolliert, und es stellt sich die Überschreitung der Toleranz heraus.

Aus verschiedenen Gründen widerstrebt es, diesen Vorgang in der gleichen Weise zu beurteilen wie die Situation nach der Abnahme des Gesamtwerks des Generalunternehmers. Soll der Generalunternehmer, der nach der Gesamtfertigstellung mit Sicherheit angesichts des Aufwands auf die Unverhältnismäßigkeit des Aufwandes zurückgreifen und deshalb die Mangelbeseitigung ablehnen kann, mit demselben Einwand im genannten Stadium das Nachrichten der Stahlträger mit dem Argument verweigern dürfen, die Überschreitung der Toleranz sei geringfügig, wirke sich weder auf die Statik noch auf die Gebrauchstauglichkeit aus und sei auch für die nachfolgenden Arbeiten – insbesondere das Ausfachen mit Fertigelementen – bedeutungslos?

b) Einschränkbarkeit des Erfüllungsanspruchs?

Hierbei ist zu berücksichtigen, daß die Kontrolle gerade zum Zweck des Nachrichtens erfolgt. Selbst wenn damit eine vollkommene Demontage und ein Neuaufrichten verbunden ist, kann dem nicht entgegengehalten werden, die Überschreitung der Toleranz wirke sich auf die Brauchbarkeit und Tauglichkeit nicht aus. *Im*

14

Erfüllungsstadium greift der Erfüllungsanspruch. Die Folgen der Nichterfüllung haben rechtlich außer Betracht zu bleiben; dieser Aspekt betrifft einen Leistungsstörungsanspruch. Der Erfüllungsanspruch kann nicht mit hypothetischen Erwägungen zu den Folgen im Fall eines Leistungsstörungsanspruchs der Abwicklung nach Gewährleistungsregeln gleichgeschaltet werden. Nur der Neuherstellungsanspruch kann als Erfüllungsanspruch mit Verweis auf die Unverhältnismäßigkeit des Aufwandes im Vergleich zu den Aufwendungen einer bloßen Nachbesserung, die denselben Erfolg gewährleistet, abgelehnt werden. Die Abwehr auch des Nachbesserungsanspruchs wird im Stadium vor der Abnahme mit Hinweis auf die Unverhältnismäßigkeit des Aufwandes so oft nicht gelingen. Die Verhältnisse sind entscheidend: Oft ist der Aufwand noch nicht so hoch, was insbesondere dann der Fall ist, wenn der Unternehmer seine Leistungen noch nicht vollständig erbracht und ein nachfolgender Unternehmer hierauf aufbauend noch nicht fortgesetzt hat. Die Beurteilung der Unverhältnismäßigkeit erfolgt nach den gegenwärtigen und nicht nach den künftigen Verhältnissen. Eine reale und nicht eine hypothetische Unverhältnismäßigkeitsprüfung ist veranlaßt. Zudem hat der Erfüllungsanspruch qualitativ einen höheren Stellenwert als der Gewährleistungsanspruch. Eine dermaßen pragmatische Betrachtungsweise ist angemessener als der Standpunkt, vor der Abnahme sei bei einem VOB-Bauvertrag die Berufung auf die Unverhältnismäßigkeit des Beseitigungsaufwandes mangels ausdrücklicher Regelung in § 4 Nr. 7 VOB/B ausgeschlossen (Siegburg, Gewährleistung beim Bauvertrag, 2. Aufl., Rdnr. 179; LG Amberg, BauR 1982, 498). Hingegen spricht, daß in einer solchen Grundsatzangelegenheit der BGB-Bauvertrag sich vom VOB-Bauvertrag nicht unterscheiden sollte. Das BGB läßt nach § 633 Abs. 2 die Berufung auf die Unverhältnismäßigkeit des Aufwandes ohne Rücksicht auf das Stadium vor oder nach der Abnahme zu. Allein sinnvoll erscheint die Erwägung, daß vor der Abnahme entsprechend dem konkreten Bauabwicklungsstand der Sache nach der Unverhältnismäßigkeitseinwand häufig deshalb nicht greifen wird, weil der Aufwand im Stadium der Erfüllung regelmäßig viel geringer ausfällt als nach der Abnahme.

Beispiel: Ein vom OLG Köln (BauR 1990, 733) entschiedener Fall, der das Auswechseln von Kunststoffrohren einer Fußbodenheizung gegen Kupferrohre zum Gegenstand hat, beleuchtet die Situation treffend. Nimmt der Auftraggeber die Verlegeleistung der Rohre vor dem Einbringen des Estrichs nicht ab und besteht er auf Verlegung der vertraglich vereinbarten Kupferrohre, wird niemand daran zweifeln, daß der Verhältnismäßigkeitseinwand nicht greift. Anders kann es sein, wenn der Estrich und die Bekleidung bereits eingebracht sind.

Selbst wenn aber in einer solchen Situation der Aufwand den Wert der Lieferleistung erheblich übersteigt und angesichts der Einschätzung der Eigenschaften der verlegten Rohre im Vergleich zu den im Vertrag geforderten Rohren nicht zu wesentlichen Unterschieden führt, wird der Einwand der Unverhältnismäßigkeit nicht greifen, wenn nach dem LV bezüglich der Rohre samt ihren dort beschriebenen Merkmalen von zugesicherten Eigenschaften auszugehen ist.

Der Einwand der Unverhältnismäßigkeit zieht – von vorsätzlicher oder grobfahrlässiger Mängelverursachung abgesehen – nämlich auch dann nicht, wenn zugesicherte Eigenschaften verfehlt wurden. So jedenfalls nach der herrschenden Meinung in der Rechtsprechung, die so einleuchtend nicht ist, da die einschlägigen Bestimmungen zwischen einem Fehler und dem Fehlen einer zugesicherten Eigenschaft gerade keinen Unterschied machen. Sowohl § 633 Abs. 2 BGB als auch § 13 Nr. 6 VOB/B sprechen vom Mangel und meinen damit – weil es sich um den Oberbegriff handelt – sowohl den Fehler als auch das Fehlen von zugesicherten Eigenschaften.

c) Aufgabe des Sachverständigen

Was der Sachverständige in beiden Fallgestaltungen – Unverhältnismäßigkeitseinwand vor und nach der Abnahme der Werkleistung – zu leisten hat, und zwar unabhängig von der Maßstabsfrage, die eine reine Rechtsfrage ist, ist folgendes: Er hat die Kosten der Mängelbeseitigung festzustellen, den damit verbundenen Nutzen zu ermitteln und die Kosten-/Nutzenanalyse unter Berücksichtigung sämtlicher Vor- und Nachteile abzuschließen. Dem Gericht obliegt darauf aufbauend die Wertung, ob Verhältnismäßigkeit oder Unverhältnismäßigkeit vorliegt. Hat der Sachverständige allerdings ein Schiedsgutachten zu erstatten oder hat ihn der Auftraggeber mit einem Privatgutachten beauftragt, das auch die Verhältnismäßigkeitsfrage einschließt, ist die Trennung zwischen der Sachverständigenfrage und der Rechtsfrage aufgehoben. Der Sachverständige hat in einem solchen Fall auch zur Verhältnismäßigkeit zutreffend Stellung zu nehmen.

4. Unverhältnismäßigkeitseinwand und optische Mängel

Die Beantwortung der Sachverständigen- wie auch der Rechtsfrage ist besonders schwierig, wenn der Unverhältnismäßigkeitseinwand mit Hinweis auf bloß *optische Beeinträchtigungen* der Leistung erhoben wird. Wird eine Leistung nicht nur durch erfüllte Funktionstauglichkeitsparameter geprägt, sondern kommt ihr auch ein erheblicher *Geltungsnutzen oder Geltungswert* zu, dem das Aussehen des Werks nicht entspricht, ist bei der Verhältnismäßigkeitsprüfung der Geltungswert entsprechend zu gewichten. Aufgabe des Sachverständigen ist, auf diese Zusammenhänge aufmerksam zu machen und sie herauszustellen.

a) Gebrauchs- und Geltungsnutzen

Die Einstufung eines Leistungsdefizits als – bagatellisierenden – *Schönheitsfehler* rechtfertigt nicht immer den Einwand, der zur Beseitigung notwendige Aufwand stehe in keinem Verhältnis zum Erfolg. Wird eine Leistung in erheblichem Maße durch ästhetische Anforderungen geprägt und bestimmen sich Materialauswahl, Leistungsausführung, Komposition und Koordination maßgeblich nach diesem Kriterium, wird der Leistungszweck bei Mißlingen verfehlt. Nicht unbeachtet darf dabei auch bleiben, daß der Besteller für das qualitativ hochwertige Aussehen auch den entsprechenden Preis zahlt. Kommt der Optik/Gestaltung neben der Gebrauchstauglichkeit nicht bloß eine untergeordnete Rolle zu, sondern ist der Repräsentationszweck deutlich erkennbar, besteht für eine unterschiedliche Behandlung von Einschränkungen in der Gebrauchstauglichkeit und im Geltungsnutzen keine Veranlassung (vgl. Soergel, DAB 1993, 1759 und Zimmermann, DAB 1993, 1522). Der Sache nach wird auch folgender Unterschied zu machen sein: Optik und Gestaltung sind wohl zweierlei. Geht es bloß um das Aussehen, wird der Unverhältnismäßigkeitseinwand vielleicht schneller greifen, als wenn mit dem Aussehen ein bestimmter Zweck, eine gestalterische Aussage verbunden ist, mit welcher der Verbraucher einen bestimmten qualitativen Anspruch verbindet.

b) Verfehlung des Gestaltungszwecks und Bauabschnitt

Auch hier gilt, daß im Verlauf der Baumaßnahme erkannte optische Zweckverfehlungen nur unter äußerst seltenen Voraussetzungen das Recht zur Erhebung des Unverhältnismäßigkeitseinwandes begründen werden. Dieser Ansatz, der zwischen im Verlauf der Baumaßnahmen erhobenen Beanstandungen und solchen nach der Abnahme unterscheidet, ist bereits in der VOB/B angelegt. Denn der Auftraggeber kann nach § 4 Nr. 6 VOB/B die Entfernung von solchen Stoffen oder Bauteilen verlangen, die dem Vertrag nicht entsprechen. Dazu gehören auch solche Bauteile, wie z. B. Natursteinplatten oder Fliesen, die in Farbe und/oder Glanz den vertraglichen Vereinbarungen nicht entsprechen. Der Unternehmer ist nach dem Wortlaut der Vorschrift nicht in der Lage, dem Beseitigungsverlangen mit dem Unverhältnismäßigkeitseinwand zu begegnen. Sind bereits einige Platten angebracht und rügt der Auftraggeber die Nichterreichung des Gestaltungszwecks, muß dasselbe gelten. Stellt sich die Verfehlung des Geltungszwecks nach der Abnahme z. B. deshalb heraus, weil in den Platten enthaltene Elemente ausrosten und zu verunstaltenden Rostfahnen führen, kann der Unverhältnismäßigkeitseinwand nicht mit Hinweis darauf begründet werden, die Fassade genüge dennoch ihrer Schutzfunktion. Denn Materialauswahl und Ausführung wurden primär nicht von Schutz-, sondern von Geltungs- und Gestaltungszwecken bestimmt. Im einzelnen hat eine Abwägung stattzufinden, welche die Gebote von Treu und Glauben fallbezogen konkretisiert und berücksichtigt. Kehrt sich die beabsichtigte *Gestaltung* um in *Verunstaltung* oder wird die Gestaltung maßgeblich beeinträchtigt, ist der Unverhältnismäßigkeitseinwand ausgeschlossen.

c) Aufgabe des Sachverständigen

Aufgabe des Sachverständigen ist die Herausarbeitung der Anforderungskriterien unter Gewichtung der technischen und gestalterischen Funktionen und die Darstellung der Zweckverfehlung mit ihren Folgen für den Gebrauchs- und Geltungsnutzen.

Die Zertifizierung von Sachverständigen

Jutta Weidhaas, Institut für Sachverständigenwesen e.V., Köln

1. Ziele der Akkreditierungspolitik der Europäischen Gemeinschaft

Die Zertifizierungspolitik der EU hat eine Schlüsselfunktion beim Aufbau des europäischen Binnenmarktes. Zielsetzungen sind die Rechtsangleichung, die Vermeidung von Mehrfachprüfungen und Zertifizierungen und damit der Abbau technischer Handelshemmnisse.

Im Kern wird die transparente Darstellung der fachlichen Kompetenz von allen mit Prüfen, Messen, Bewerten, Begutachten etc. befaßten Personen und Organisationen verlangt. Zielsetzung ist die Erleichterung der gegenseitigen Anerkennung von Prüfungen und Bescheinigungen im gemeinsamen Markt; Voraussetzung hierfür sind vertrauensbildende Maßnahmen mit einem hohen Grad an Transparenz, d. h.

– Vertrauen in die Qualität der Produkte und Dienstleistungen,
– Vertrauen in die Kompetenz und Qualität der Hersteller oder Dienstleister,
– Vertrauen in die Qualität von Prüf- und Zertifizierstellen sowie die Stellen, die Prüf- und Zertifizierstellen akkreditieren.

Instrumente der Vertrauensbildung sind

– die europäischen Produktnormen,
– Maßnahmen der Qualitätssicherung (ISO 9000 Serie, EN 29001 bis 29003),
– Akkreditierung von Prüf- und Zertifizierstellen
– Aufbau zentraler Akkreditiersysteme auf der Basis der Normenreihe EN 45000.

Zum Verständnis sollen zunächst einige Begriffe erläutert werden.

Akkreditierung ist eine vertrauensbildende Maßnahme, durch die eine autorisierte Stelle (Akkreditierungsstelle) die Kompetenz eines Prüf- oder Kalibrierlabors oder einer Zertifizierungsstelle anerkennt. Eine Zertifizierungsstelle ist eine Stelle, die Zertifizierungen der Konformität durchführt.

Zertifizierung der Konformität ist eine Maßnahme durch einen unparteiischen Dritten, die aufzeigt, daß ein Erzeugnis, Verfahren oder eine Dienstleistung in Übereinstimmung mit einer Norm oder einem bestimmten normativen Dokument (Standard) ist. Es gibt Stellen, die Produkte, Qualitätssicherungssysteme von Unternehmen oder Personal zertifizieren. Durch die Akkreditierung dieser Stelle wird durch eine unparteiische Stelle anerkannt, daß die Zertifizierungsstelle die Sachkompetenz besitzt, ihre Aufgabe wahrzunehmen. Es wird in regelmäßigen Abständen überprüft, ob diese Stelle nach den in Europa harmonisierten Kriterien arbeiten.

1.1. Der gesetzlich geregelte Bereich

Die Behörden sollen in die Lage versetzt werden, sich zu vergewissern, daß die in den Verkehr gebrachten Produkte, insbesondere in Bezug auf den Gesundheitsschutz und die Sicherheit der Benutzer und Verbraucher, den EG-Richtlinien gerecht werden (harmonisierter Bereich).

Es gibt zwei unterschiedliche Verfahren zur Bewertung des Produkts:

a) Produktzertifizierung

Eine unabhängige Stelle prüft und bewertet in der Entwicklungsphase einen Prototypen (Baumusterprüfung). In der Herstellungsphase wird durch Kontrolle der Serienproduktion die Übereinstimmung des Endproduktes mit dem Baumuster überprüft.

b) Qualitätssicherung

Das Entwurfs- und Herstellungsverfahren soll so gestaltet werden, daß keine Sicherheitsmängel auftreten. Die entsprechenden Maßnahmen sind in den EN 29001 bis 29003 niedergelegt. Zu den Maßnahmen gehören: Feststellung und Dokumentation der Qualifikation des Personals, Überprüfung der firmeneigenen Organisationsstruktur, Vorschriften über

17

die Wareneingangskontrolle bei Vorprodukten, Festlegung und Kontrolle der Prüfmittel, Schulung etc.

Im Rahmen der Produktzertifizierung und bei der Zertifizierung von Qualitätssicherungssystemen werden folgende Stellen tätig:

- Prüflaboratorien ermitteln die technische Spezifikation eines Produktes, ohne selbst seine Bewertung vorzunehmen;
- Zertifizierungsstellen bewerten die eigentliche Übereinstimmung eines Erzeugnisses oder eines Qualitätssicherungsverfahrens mit vorgegebenen Anforderungen.

Auch im nicht harmonisierten Bereich (keine EG-Richtlinien) dient die Zertifizierung von Produkten dem Schutz öffentlicher Interessen (Sicherheit, Gesundheit, Umweltschutz etc.).

Europäischer Konsens über die Anforderungen an Prüflaboratorien und Zertifizierungsstellen wird auf der Basis der EN 45000 hergestellt. Als Folge werden die EU-Mitgliedstaaten auch im nicht harmonisierten Bereich vermehrt Prüfberichte und Zertifizierungen anerkennen müssen, wenn die entsprechenden Stellen auf der Basis der EN 45000 ff. akkreditiert wurden.

2. Der gesetzlich nicht geregelte Bereich

2.1 Einführung

Während die Drittzertifizierung im gesetzlich geregelten Bereich die Sicherheit und den Gesundheitsschutz der Verbraucher sicherstellen will, verfolgt der gesetzlich nicht geregelte Bereich primär industriepolitische Ziele.

Die EG-Kommission geht davon aus, daß der Erwerb eines Zertifikats Herstellern und Dienstleistern Wettbewerbsvorteile gegenüber solchen Mitbewerbern verschafft, die nicht über entsprechende Bescheinigungen verfügen. Dies läßt erwarten, daß die Zahl der Zertifizierungen ohne gesetzliche Grundlage künftig ansteigen wird. Um zu gewährleisten, daß Bescheinigungen einer Zertifizierungsstelle eines fremden Mitgliedstaates künftig vom Erwerber eines Produktes oder dem Kunden einer Dienstleistung akzeptiert werden, bedarf es eines einheitlichen europäischen Zertifizierungssystems für den nicht geregelten Bereich. Ein solches System bedarf einer fachlichen und einer organisatorischen Komponente, wobei die fachliche sich nicht vom geregelten Bereich unterscheidet (Rückgriff auf die Normenreihe EN 45000).

2.2 Situation in der Bundesrepublik – Strukturen des deutschen Zertifizierungssystems

2.2.1 Der Deutsche Akkreditierungsrat

Der Deutsche Akkreditierungsrat ist ein Gremium, das durch Koordination den Aufbau eines effizienten, einheitlichen, transparenten, international anerkannten, dualen Akkreditierungssystems für den gesetzlich geregelten und nicht geregelten Bereich fördert.

Seine Aufgaben sind:

- die Koordination der in Deutschland erfolgenden Tätigkeiten auf dem Gebiet der Akkreditierung und Anerkennung von Prüflaboratorien, Zertifizierungs- und Überwachungsstellen,
- die Wahrnehmung der deutschen Interessen in nationalen, europäischen und internationalen Einrichtungen, die sich mit allgemeinen Fragen der Akkreditierung befassen,
- die Führung eines zentralen deutschen Akkreditierungs- und Anerkennungsregisters,
- die Herausgabe einer einheitlichen Akkreditierungsurkunde.

Die gegenseitige Anerkennung der Akkreditierung von Zertifizierungsstellen für Produkte, Qualitätssicherung und Personal der Mitgliedstaaten wird von EAC (European Akkreditation of Certifikation) vorbereitet.

2.2.2 Trägergemeinschaft für Akkreditierung (TGA)

Aufgabe der TGA ist es, im nicht geregelten Bereich die Akkreditierung von Prüf- und Zertifizierungsstellen vorzunehmen und entstehende fachliche Fragen zu koordinieren. TGA und staatliche Akkreditierer werden im Deutschen Akkreditierungsrat zusammengeführt.

Gesellschafter sind die Wirtschaftsverbände wie BDI, DIHT, VDMA, Verband Deutscher Eisenhüttenleute, VdTÜV, Bundesverband Groß- und Außenhandel usw.

Bei der heutigen Konzeption der TGA steht die Koordination der im übrigen selbständigen Akkreditierungsstellen der verschiedenen Wirtschaftsbereiche im Vordergrund. Eigenständige Akkreditierungsgebiete sind die Akkreditierung von Zertifizierungsstellen, die QS-Systeme zertifizieren, und von Zertifizierungsstellen, die Personal zertifizieren (EN 45013).

3. Die Bedeutung der EN 45013 für Sachverständige

3.1. Diese Norm legt allgemeine Kriterien fest, die eine Stelle beachten muß, wenn sie Personal zertifiziert und als kompetent und zuverlässig anerkannt werden soll, um ein System für Zertifizierung von Personal auf nationaler oder europäischer Ebene zu betreiben. D. h., die EN 45013 ist zunächst nur eine Norm für die organisatorische Struktur einer Stelle, die Personen zertifiziert, und behandelt

- interne Organisation der Stelle,
- Anforderungen an das Personal,
- Ablauf der Zertifizierung und Überwachung,
- rechtliche Anforderungen.

Die inhaltlichen Vorgaben sind nicht definiert, sondern können von den Betreibern der Zertifizierungsstelle vorgegeben werden. Die gesamte äußere Struktur der Norm ist mit dem System der öffentlichen Bestellung vergleichbar. Die äußeren Anforderungen, die bereits heute von den Kammern in Form fachlicher Bestellungsvoraussetzungen, Sachgebietseinteilungen und der Überprüfung der Voraussetzungen durch Fachgremien gestellt werden, um den Nachweis der besonderen Sachkunde und persönlicher Eignung eines Bewerbers zu erlangen, sind den in der EN 45013 gestellten Anforderungen an eine Zertifizierungsstelle vergleichbar. Die in der Norm und im gesamten Akkreditierungssystem vorgegebenen Überwachungsmechanismen sind, obwohl privatrechtlich organisiert, strenger als im System öffentlicher Bestellung nach § 36 Gewerbeordnung.

Das Akkreditierungs- und Zertifizierungssystem steht im gesetzlich nicht geregelten Bereich jedermann offen. Jede Organisation und jeder Verband kann die Zertifizierung beantragen.

3.2 Die öffentliche Bestellung und Vereidigung von Sachverständigen gibt es nur in Deutschland. Die übrigen EU-Mitgliedstaaten kennen kein System der hoheitlichen Anerkennung von Sachverständigen. Die EU-Kommission beabsichtigt nicht die Übernahme des deutschen Systems in eine EG-Richtlinie oder die Schaffung eines Berufsgesetzes für Sachverständige. Stattdessen gelten im Bereich der Qualitätssicherung und Qualitätskontrolle europaweit die EN 45000 ff., die es privaten Organisationen unter bestimmten Voraussetzungen erlauben, Laboratorien zu akkreditieren und Personen zu zertifizieren, die nach bestimmten Normen (Standards) Dienstleistungen erbringen.

Durch die Entstehung dieser Strukturen im europäischen Binnenmarkt werden die in Deutschland am Erhalt eines funktionsfähigen und qualitativ hochwertigen Sachverständigenwesens interessierten Stellen im gewissen Umfang zur Anpassung gezwungen. Das bedeutet nicht, daß national das den Auftraggebern vertraute System der öffentlichen Bestellung aufgegeben werden muß. In vielen Bereichen, in denen die Tätigkeit des Sachverständigen keinen Bezug zum EG-Markt hat, wird sich voraussichtlich am gegenwärtigen System nichts ändern (z. B. Mieten und Pachten). Anpassung kann jedoch da erforderlich werden, wo deutsche Sachverständige sich entweder selbst im europäischen Ausland betätigen oder wo Anbieter aus den anderen Mitgliedstaaten auf den deutschen Markt drängen. So ist anzumerken, daß sich TÜV und DEKRA bereits seit längerem im Hinblick auf die Verwirklichung des EU-Binnenmarktes für Dienstleistungen mit dem Thema Akkreditierung und Zertifizierung befassen. Zumindest in dem Maße, in dem Nachfrager die Akkreditierung eines Prüflabors oder die Zertifizierung von Sachverständigen verlangen, weil ihnen der Qualitätsgarantie der öffentlichen Bestellung nicht vertraut ist, werden sich diese Gruppen für das Thema interessieren müssen.

3.3 Die Etablierung eines privaten Systems für die Durchsetzung eines bestimmten Qualitätsanspruchs muß nicht notwendigerweise mit einem Qualitätsverlust verbunden sein. Zwar muß noch einmal verdeutlicht werden, daß es nicht nur jeder Organisation, die die formalen Anforderungen erfüllt, freisteht, die Anerkennung als Akkreditierungs- oder Zertifizierungsstelle zu beantragen, sondern auch jedem Sachverständigen, gleichgültig, ob öffentlich bestellt, amtlich anerkannt oder selbsternannt, die Zertifizierung offensteht, solange er die gestellten Anforderungen erfüllt. Wie bereits ausgeführt, basieren die EN 45000 ff. auf einem System, das sehr strikte Kontrollmechanismen für Akkreditierungs- und Zertifizierungsstellen vorsieht. Über die Inhalte wird allerdings im gesetzlich nicht geregelten Bereich nichts gesagt. Hier ist es Sache der mit entsprechenden Sachgebiet befaßten Anbieter und Nachfrager, sich auf Standards zu einigen. Dies ist der Grund, warum Bestellungskörperschaften, Sachverständigenverbände und Organisationen aus Wettbewerbsgründen und im Interesse ihrer Kunden ein großes Interesse daran haben müssen, ihre Qualitätsansprüche an öffentlich bestellte Sachverständige in das System einzubringen. Engagieren sich gerade die Bestellungskörperschaften nicht in diesem Bereich, so ist zu erwarten, daß dieses Feld von privaten Organisationen besetzt wird. Die Kammern wären ohne Einfluß auf das Qualitätsniveau der zertifizierten Sachverständigen. Dies muß nicht unbedingt Unglück sein, solange die privaten Organisationen von sich aus ein hohes Qualitätsniveau vorgeben.

Ein gemeinsames Vorgehen der Kammern mit Sachverständigenorganisationen und Verbänden öffentlich bestellter Sachverständiger hat jedoch noch einen weiteren Vorteil: Um den in Deutschland durchgesetzten Qualitätsanspruch an öffentlich bestellte Sachverständige auch in einem System gegenseitiger Anerkennung in den EU-Mitgliedstaaten einbringen und einigermaßen erfolgreich verteidigen zu können, wäre es notwendig, auch in den entsprechenden EU-Gremien, die eine gegenseitige Anerkennung vorbereiten, mit einer Stimme zu sprechen. Einer Zersplitterung der Zuständigkeiten im Sachverständigenwesen gilt es also weiterhin energisch entgegenzuarbeiten. Aus diesem Grund bemühen sich momentan Bestellungskörperschaften, Sachverständigenverbände und einige Sachverständigenorganisationen, das Institut für Sachverständigenwesen von der TGA als Zertifizierungsstelle akkreditieren zu lassen. So ließe sich ein weitgehender Einfluß von Kammern, öffentlich bestellten Sachverständigen, seriösen Verbänden und Organisationen auf das künftige Qualitätsniveau sicherstellen. Eine Übernahme der Zertifizierung in den gesetzlichen Bereich, etwa durch eine entsprechende Fassung des § 36 GewO, wurde seitens der zuständigen Ministerien abgelehnt. Dies sei mit der Deregulierung hoheitlicher Aufgaben nicht vereinbar.

4. Abschließend noch einige Ausführungen zu den Kosten: Während die öffentliche Bestellung von Sachverständigen auf der Grundlage des § 36 Gewerbeordnung dem hoheitlichen Tätigkeitsbereich der Bestellungsbehörden zuzurechnen ist, handelt es sich bei einer Zertifizierungsstelle gem. EN 45013 im gesetzlich nicht geregelten Bereich um eine private Organisation.

Die erbrachten Leistungen müssen, wenn die Stelle sich tragen soll, nach Mannstunden abgerechnet werden. Das heißt, daß sowohl die für die Zertifizierung notwendigen Leistungen als auch die in regelmäßigen Abständen erforderlichen Audits (Kontrollen) von den Sachverständigen in voller Höhe zu bezahlen sind.

5. Literatur

Wolfgang Hansen (Hrsg.), Zertifizierung und Akkreditierung von Produkten und Leistungen der Wirtschaft, Carl Hanser Verlag, 1993.

Deutscher Akkreditierungsrat (Hrsg.), Broschüre Nr. 8, Akkreditierung und Qualitätssicherung für das Prüfwesen in Europa, 1992, Bundesanstalt für Materialforschung und -prüfung, Unter den Eichen 87, 12205 Berlin.

Qualitätsmanagement in der Bauwirtschaft

Dr.-Ing. Rainer Tredopp, STRABAG AG, Köln

Im internationalen Vergleich ist die hohe Qualität deutscher Produkte und Bauleistungen anerkannt. Grundlagen dafür sind gute Ausbildungssysteme, ein ausgeprägtes Verantwortungsbewußtsein und erprobte Normen- und Regelwerke. Qualität ist wichtiger Bestandteil einer Unternehmenskultur. Die Bemühungen dazu und das Streben nach Verbesserung lassen sich nicht verordnen, sondern müssen selbst verantwortet werden.

Bauwerke sind höchst individuelle Unikate, die im Zusammenhang mit einer vertraglichen Leistungszusage auf der Grundlage anerkannter Regeln der Technik realisiert werden. Ihr Entstehen ist das Werk einer Vielzahl von Einzelleistungen, die zur funktionsgerechten Erfüllung der Bauaufgabe zusammengefügt werden müssen. Die Nutzung und Gestaltung, die technischen Anforderungen und Lebensdauer sowie den Kostenrahmen und die Bauzeit legt der Auftraggeber fest. Darüber hinaus nehmen öffentliches Recht, Planungshoheiten und Umweltauflagen Einfluß auf das Baugeschehen.

Qualität verbindet

Wer baut, hat sich nach Vorschriften zu richten, und wenn das Bauwerk vollendet ist, wird es auf normgerechte Ausführung und auf Einhaltung der vorgegebenen Anforderungen geprüft. Mit Beginn des gemeinsamen europäischen Binnenmarkts 1993 ist die Anwendung bereits eingeführter europäischer Normen und technischen Zulassungen verbunden, die u. a. auch Qualitätsmanagement und QM-Darlegung erfassen.

– Qualitätsmanagement
 Verwirklichung der systematischen Vorsorge zur Vermeidung von Fehlern
– QM-Darlegung
 Systematisches Darlegen aller geplanten und systematischen Tätigkeiten, die innerhalb eines QM-Systems verwirklicht sind
– Qualitätsmangementsystem
 Regelung der Organisationsstruktur, Verantwortlichkeiten, Verfahren und Arbeitsabläufe

Neu daran ist, daß die Auftraggeber aktiv in das System eingebunden sind, und hierdurch das

Abb. 1.

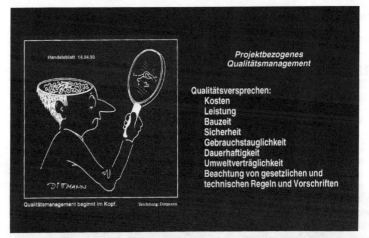

Abb. 2.

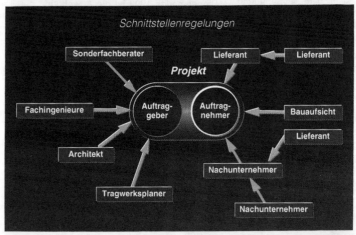

Abb. 3.

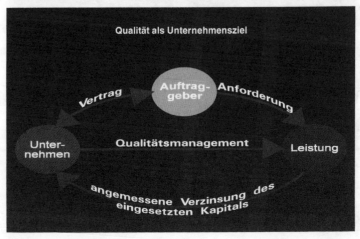

Abb. 4.

Miteinander von Auftraggeber und Auftragnehmer zum Vorteil aller Beteiligten geregelt wird. Es werden künftig also produkt- wie leistungsbezogen die Qualitätsziele vertraglich vereinbart.

Die Vorteile liegen auf der Hand: Je genauer der Auftraggeber seine Anforderungen definiert, um so besser können Auftragnehmer planen, kalkulieren und danach störungsfrei, wirtschaftlich optimiert bauen.

In das Qualitätsmanagementsystem, wie es in der Normenreihe DIN ISO 9000 beschrieben ist, sind deshalb auch alle an der Erstellung eines Bauwerks Beteiligten eingebunden, nicht nur der ausführende Auftragnehmer mit seinen Zulieferern und Nachunternehmen, sondern auch der Auftraggeber mit seinen Leistungen, seinem Architekten und seinen beauftragten Fachingenieuren. Doch: Auch wenn alle Vorgaben vom Auftraggeber erfolgen, die Verantwortung für Qualität liegt weiterhin beim Ausführenden.

Qualität ist kein Selbstzweck. Qualität, vom Entwurf bis zur Ausführung gezielt geplant und organisiert, schafft zufriedene Auftraggeber und vermeidet kostspielige Nacharbeiten, Ersatz und Vertragsstrafen.

Dem Auftragnehmer bietet das Qualitätsmanagement die Chance, seine Flexibilität zu nutzen und die Ressourcen Mensch, Natur, Material und Kapital schonend einzusetzen.

Qualität stärkt Wettbewerbsfähigkeit

Das bedeutet: Steigerung der Ertragskraft, Stärkung der Wettbewerbsfähigkeit und damit Sicherung von Arbeitsplätzen.

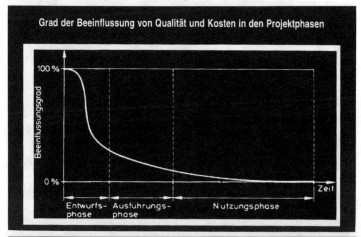

Abb. 5.

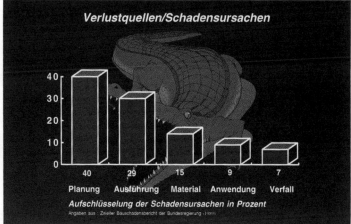

Abb. 6.

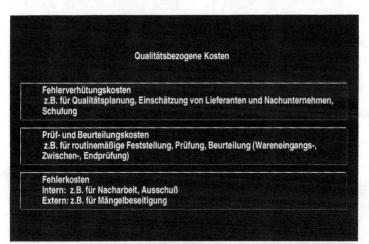

Abb. 7.

Abb. 8.

Abb. 9.

Vorteile eines QM-Systems

- Transparenz und Rationalisierung in Organisation, Funktion und Ablauf
- Frühzeitiges Erkennen von Fehlern, Schwachstellen und Unzulänglichkeiten
- Vereinfachung der Einweisung von neuen oder versetzten Mitarbeitern in Abläufe und Verfahren
- Verbesserung der Zusammenarbeit durch geklärte Zuständigkeiten
- Vermeidung von Doppelarbeit
- Verbesserung der Personalstruktur durch festgelegte Auswahl- und Schulungsmethoden
- Transparenz der Führungs- und Ablaufelemente des Qualitätsmanagementsystems
- Richtige Zuordnung der Qualitätsprüfungen durch Festlegung der erforderlichen Prüfmaßnahmen an der zweckmäßigen Stelle im Ablaufverfahren
- Zertifizierbarkeit
- Nachweis der Wahrnehmung der unternehmerischen Sorgfaltspflicht in Haftungsfragen
- Vereinfachung bei der Übergabe von Produktionsschritten an Nachunternehmer bzw. Lieferanten

Abb. 10.

Auch die Verantwortung für den Aufwand bei der Umsetzung des Qualitätsmangementsystems hat jeder selbst. Die Regel dafür sollte heißen: „Tue das Erforderliche und übertreibe nicht. Vermeide unnötige Bürokratie und Formalismus!"

Qualitätsmangement ist also keine Zauberformel, aber eine Unternehmensstrategie, die den Menschen und die Kommunikation in den Mittelpunkt der Arbeit stellt. Qualitätsmanagement ist Führungsaufgabe und muß von Vorgesetzten vorgelebt werden. Die Unternehmensleitung muß ihre grundsätzlichen Absichten und Zielsetzung sowie ihre Verpflichtung zur Qualität für alle Beteiligten im Unternehmen verständlich formulieren, bekanntgeben, einführen und aufrechterhalten.

Die Anforderungen an das Führungspersonal werden somit weiter steigen. Qualitätsmanagement muß dazu beitragen, daß sich der Blick der Beteiligten über die eigene Kompetenz auf die gesamte Leistungsgemeinschaft ausweitet. Dabei gilt es, auch Ausbildungsziele in diesem Sinne zu überdenken und praktisch umzusetzen.

Qualität ist eine Disziplin

Ausbildung und Schulung sind für das Verständnis in Richtung Vorsorge statt Kontrolle von besonderer Bedeutung. Es besteht ein großer Bedarf an Personal, das diese Qualifikation zum Qualitätsmanagement besitzt.

Die in der Ingenieur- und Handwerksausbildung derzeit oft noch fehlenden entsprechenden Ausbildungsanteile sind deshalb durch zusätzliche Weiterbildungsmaßnahmen zu ergänzen. So wurden z. B. vom Hauptverband der Deutschen Bauindustrie im Arbeitskreis „Fachauditor Bau" branchenspezifische Anforderungsprofile für Qualitätsbeauftragte erarbeitet und in Lehrgängen umgesetzt.

Qualitätsfähigkeit bedeutet, daß die Voraussetzungen zur Einhaltung vertraglich definierter Qualitätsforderungen geschaffen sind und erfüllt werden. Das Zertifikat ist die offizielle Bestätigung der Qualitätsfähigkeit durch eine hierfür akkreditierte neutrale Organisation.

Qualität fängt im Kopf an

Zusammenfassend möchte ich feststellen, daß Qualitätsmanagementsysteme, intern begriffen und nach außen richtig angewandt, zu mehr als der Erfüllung definierter Qualitätsforderungen führen. Qualitätsmanagement bedeutet auch Schnittstellen- und Kostenmanagement. Das heißt, Vermeidung von Fehlern, Verlusten und Gewährleistungsaufwand. Deshalb ist es konsequent, projektbezogene Erfahrungen zu nutzen und einzubringen. Dazu gehört auch die Auseinandersetzung und der Einbezug weiterer Managementaufgaben wie Gesundheitsschutz, Arbeitsschutz und Umweltschutz.

Qualität muß ebenso für Planende wie für Ausführende und auch für alle Bereiche der Verwaltung gleichermaßen eine ständige Herausforderung sein. Das Qualitätsmanagementsystem eines Unternehmens muß von jedem einzelnen an seinem Platze mitgetragen und in der täglichen Arbeit mit Überzeugung verwirklicht werden.

Qualitätskontrollen durch den Sachverständigen

Dipl.-Ing. (FH) Franz-Josef Schlapka, München

1. Notwendigkeit von Qualitätskontrollen

Bauherren neigen zunehmend dazu, Bauaufträge an Generalübernehmer bzw. Generalunternehmer zu vergeben. Solche Verträge haben eine durch eine Funktionsbeschreibung definierte Bauleistung zum Pauschalfestpreis und zu einem festen Fertigstellungstermin zum Inhalt. Nach Vertragsabschluß geht der Bauherr davon aus, alles für die Verwirklichung seiner baulichen Vorstellungen getan zu haben.

Das Baugeschehen selbst wird durch den Architekten ober die eigene Bauabteilung in einem von der Objektüberwachung nach § 15 OA/Leistungsphase 8 weit nach unten abweichenden Umfang verfolgt.

Der Auftragnehmer, der sich nun im harten Wettbewerb mit seinen Konkurrenten durchgesetzt hat, geht nach Auftragserteilung daran, die Vertragsgrundlagen auf den Mindestgehalt zu prüfen, um aus dem vereinbarten Preis und den übernommenen Risiken noch einen Gewinn zu erwirtschaften. Dabei meint er, durch die Funktionalausschreibung – in der Regel eine Beschreibung der Leistungsergebnisse – einen ausreichend großen Bewegungsspielraum zu haben. Wie weit dieser Spielraum sachgerecht ausgenutzt wird, hängt von der Qualifikation der Mitarbeiter ab. Sehr oft wird hier der tatsächliche, technische Vertragsinhalt nicht in seinem vollen Umfange erkannt. Dies deshalb, weil es dazu der genauen Kenntnis bautechnischer Regeln bedarf, um aus dem vorgegebenen Ergebnis und den vorliegenden, vertragsgegenständlichen Plänen einen richtigen Lösungsweg zu ermitteln.

Dies gelingt sehr oft auch deshalb nicht, weil die bauvorbereitenden Leistungsphasen zum einen unter erheblichem Zeitdruck stehen und weil zum anderen freiberufliche Nachunternehmer nach Kosten- und nicht nach Qualifikationsgesichtspunkten ausgesucht werden. Im Ergebnis führt dies dazu, daß erhebliche Fehler bereits in der Vorbereitungsphase gemacht werden, die dann oft nachträglich nicht mehr korrigierbar sind.

Ein weiteres Problem stellt der sich aus dem Vertragspreis ableitende Kostendruck dar. Dieser Gesichtspunkt bestimmt auch maßgeblich die Auswahl der gewerblichen Nachunternehmer. Dabei ergibt sich ganz zwanglos, daß nicht immer der qualifizierteste Auftragnehmer den Zuschlag erhält. Hinzu kommt erheblicher Termindruck, der es in der Regel nicht zuläßt, Ausführungsfehler, auch wenn sie denn rechtzeitig erkannt werden, in vollem Umfang oder überhaupt zu korrigieren.

Zu irgendeinem Zeitpunkt werden die beschriebenen Defizite an der Baustelle offenbar. Sie führen oft zum Streit zwischen dem Interessenvertreter des Auftraggebers und den Vertretern des Auftragnehmers, die Mängelrügen dann durch Pauschalhinweise auf VOB, DIN oder Althergebrachtes abzuwiegeln versuchen. Wenn die Auftraggeberseite hier nichts Definitives im Wege der Auslegung technischer Vertragsgrundlagen zu entgegnen weiß, dann ist es in der Regel an der Zeit, einen Sachverständigen zur Klärung anstehender Sachfragen heranzuziehen. Nicht selten führt die Grundlagenermittlung des Sachverständigen zu einem Ergebnis, welches die bisherigen Feststellungen des auftraggeberseitigen Interessenvertreters bei weitem übertrifft. Naturgemäß ergibt sich daraus die Erkenntnis, daß den anstehenden Problemen am besten dadurch begegnet werden kann, wenn eine laufende *Qualitätskontrolle durch den Sachverständigen* stattfindet.

Bei einem professionellen Bauherrn führte eine erfolgreiche Kontrolltätigkeit des Sachverständigen zu der Erkenntnis, diese Leistung beim nächsten Bauvorhaben ähnlicher Konstellation als Vorsorge in das Gesamtkonzept mit einzubinden.

2. Leistungsumfang bei Qualitätskontrollen

Der Leistungsumfang des Sachverständigen im Rahmen der Qualitätskontrolle wird immer auf die Besonderheiten des Einzelfalles zuzuschneiden sein. Hierfür kann allerdings von einem ganz allgemeinen Raster ausgegangen werden, wie er nachfolgend im einzelnen dargelegt ist.

2.1 Analyse der Grundlagen

Zur genauen Definition des vertraglichen Anspruches ist es erforderlich, alle vertragsgegenständlichen Unterlagen zu analysieren und auszuwerten. Dabei sind in der Regel folgende Unterlagen betroffen:

- GU- bzw. GÜ-Vertrag,
- Baubeschreibung bzw. Funktionsbeschreibung,
- Entwurfs- und Genehmigungsplanung,
- Baugenehmigung,
- Tragwerksplanung,
- Ausführungsplanung,
- Bodengutachten,
- bauphysikalische Nachweise,
- besondere Gutachten (Grundwasser, Brandschutz, Lärmschutz etc.)

Bereits durch die Auswertung der vorstehend beispielhaft genannten Grundlagen werden in der Regel schon Fehler und Widersprüche in erheblichem Umfange ersichtlich. Dies sollen folgende Beispiele verdeutlichen.

Wenn dem Auftragnehmer die Einhaltung der technischen Vorschriften von Gütegemeinschaften aufgegeben wird, dann bedeutet dies die Beachtung der Richtlinien des RAL – Deutsches Institut für Gütesicherung und Kennzeichnung gemäß beigefügter Liste, soweit diese für das betroffene Bauvorhaben einschlägig ist.

Aus der vertragsgegenständlichen Baubeschreibung lassen sich oft schon Verstöße gegen allgemein anerkannte Regeln der Technik heraushören. So wird z. B. aus der Formulierung „Abdichtung der Kelleraußenwände mit zweimaligem Bitumenanstrich" schon ersichtlich, daß dem Verfasser die Vorschriften der DIN 18195, Teil 4 und Teil 5 nicht geläufig waren. Bei tatsächlich nichtbindigem Boden werden nämlich ein Voranstrich und drei kaltflüssige oder zwei heißflüssige Deckaufstriche erforderlich. Bei bindigem Boden und/oder Hanglage wäre dagegen eine Abdichtung nach DIN 18195, Teil 5 notwendig, also eine Abdichtung in Bahnenform. Die Wahl unter den beiden genannten Möglichkeiten bestimmt sich nach den Festlegungen des Bodengutachtens. Wenn in einem solchen Fall nicht von der Baubeschreibung nach oben abweichend ausgeführt wurde, so ist davon auszugehen, daß der Sachverständige alleine schon im Wege der Analyse der Vertragsgrundlagen fündig geworden ist.

Ergibt sich aus dem Bodengutachten weiter, daß aggressives Grundwasser ansteht, und läßt sich aus der Planung ersehen, daß das Bauwerk in einigen Teilbereichen in das Grundwasser eintaucht, so wird zu prüfen sein, inwieweit in Anbetracht der Aggressivität des Grundwassers die entsprechende Betonüberdeckung gewährleistet ist bzw. ob zusätzliche Schutzmaßnahmen getroffen wurden. Werden solche Zusammenhänge nicht aus der Baubeschreibung ersichtlich, so besteht der begründete Verdacht, daß hier möglicherweise Mängel zu erwarten sind.

Im Rahmen der Tragwerksplanung wird lediglich die Standsicherheit des Bauwerks nachgewiesen. Selten werden jedoch in diesem Zusammenhang die zu erwartenden Verformungen so aufeinander abgestimmt, daß sie miteinander korrespondieren. So findet man Gipskartonständerwände auf weit gespannten Decken mit starrem Deckenanschluß. Auch bei nichttragenden gemauerten Wänden wird auf derartige Probleme meist keine Rücksicht genommen.

Die sorgfältige Auswertung der Baubeschreibung mit Tragwerks- und Ausführungsplanung fördert solche Mängel schon im Vorfeld der Ortsbesichtigung zu Tage.

Auch die bauphysikalischen Nachweise können bereits deutliche Hinweise auf diesbezügliche Versäumnisse erbringen. Dies insbesondere dann, wenn sie nicht von einem Sonderfachmann erstellt, sondern von Architekt oder Statiker einfach mit übernommen wurden. Nicht selten liegen dann Unterlagen vor, die lediglich zur Erlangung des Baurechts erstellt worden sind. Die fehlende Fortschreibung solcher Grundlagen führt regelmäßig zu Mängeln, die aus dem Vergleich der bauphysikalischen Nachweise mit der Ausführungsplanung schon im Vorfeld der Ortsbesichtigung ermittelt werden können.

Aus vorstehenden Beispielen läßt sich ersehen, wie die Auswertung der Vertragsgrundlagen

Abb. 1.

bereits einen Raster für die weitere Tätigkeit vor Ort ergeben kann. Weiter ist es erforderlich, die gewonnenen Erkenntnisse mit dem Auftraggeber umfassend abzustimmen und das der weiteren Arbeit zugrundezulegende Anforderungsprofil so abzugleichen, wie es dem Willen der Vertragsparteien bei Vertragsabschluß entsprochen hat.

Diese Vorbereitung hat außerordentlich hohen Einfluß auf den Erfolg der künftigen Arbeit und ist deshalb mit größter Sorgfalt zu erledigen.

2.2 Korrektur der Planung

Unabhängig davon, ob es sich um die Planung des Auftraggebers oder des Auftragnehmers handelt, ist es erforderlich, den Befund aus der Analyse der Grundlagen im Rahmen der dann noch gegebenen Möglichkeiten in entsprechende Hinweise an die betroffenen Planer umzusetzen und diese Hinweise auch mit den Betroffenen umfassend zu erörtern. Naturgemäß wird dies zunächst zu Widerständen und damit auch zu Problemen führen. Hier hängt es von der technischen Autorität des Sachverständigen und seiner Überzeugungskraft ab, diesen Vorgang so kurz und effizient als möglich zu gestalten. Schließlich gilt es, erkannte Fehlerquellen schnellstmöglich auszuräumen mit der Folge, daß sich diese Fehler nicht mehr im Bauwerk selbst niederschlagen.

2.3. Regelmäßige Ortsbesichtigung und Dokumentation der Mängel

Der Kernbereich der Qualitätskontrolle durch den Sachverständigen besteht in regelmäßigen Ortsbesichtigungen zum Zwecke der Dokumentation von Mängeln sowohl durch Ortsbesichtigungsprotokolle als auch durch eine umfassende fotografische Dokumentation.

Der Wert der fotografischen Dokumentation, die Vorteile, die daraus für die Beurteilung der Mängelbeseitigung und für eine später unter Umständen erforderlich werdende Sanierungsplanung resultieren, sollen anhand folgender Beispiele deutlich gemacht werden:

a) Giebelfassade eines Hotels

In Abb. 1 ist die Giebelfassade eines Hotels zu erkennen. Beide Dachgeschosse liegen unter einem mit einer Blechdeckung versehenen Tonnengewölbe, dessen Unterkonstruktion aus Lattung und Schalung besteht. Die Rohbaukonstruktion wird in dem unteren der beiden Dachgeschosse aus einer Stb.-Dachschräge gebildet, auf welcher eine Dämmschicht aus PUR-Hartschaumplatten aufgelegt ist. Im oberen Geschoß besteht die Rohbaukonstruktion aus Gasbetonplatten, die quer zum Giebel verlegt wurden. Anschließend ist die Stb.-Giebelwand dann mit einem Wärmedämmverbundsystem versehen worden.

Anhand von Abb. 2 lassen sich folgende Mängel nachvollziehen:

– Die Giebelwand weist weder in der Fläche noch am oberen Abschluß eine ausreichende Ebenheit für das Aufbringen eines Wärmedämmverbundsystems auf.
– Das Wärmedämmverbundsystem findet jeweils am Anschluß zur Dachkonstruktion kei-

ne geeignete Unterkonstruktion vor. In einem Fall ergibt sich ein von der Stb.-Dachschräge ausgehender Hohlraum, im anderen Fall findet durch die unregelmäßig endenden Gasbetonplatten, welche wohl nachträglich nicht mehr ordnungsgemäß abgeglichen werden können und auch nicht abgeglichen worden sind, kein ordnungsgemäßer Abschluß statt. Im übrigen ist auch der vorhandene Materialwechsel als wenig vorteilhaft anzusehen.
– Die Polyurethan-Dämmschicht ist mit einer Dicke d = 3 cm unzureichend gewählt. Sie ist weiter durch Wärmebrücken im Bereich des oberen Abschlusses der Stb.-Dachschräge gekennzeichnet, wo aufgrund der gegebenen geometrischen Verhältnisse keine Möglichkeit für die Unterbringung einer solchen Dämmschicht mehr gegeben war.

Es sind also Schäden im oberen Abschlußbereich des Wärmedämmverbundsystems ebenso wie Schwärzepilzbildung in der Raumecke zwischen Stb.-Dachschräge und Stb.-Decke des unteren der beiden Dachgeschosse zu erwarten. Tritt ein solcher Schaden tatsächlich auf, so kann das seinerzeitige Ergebnis der Ortsbesichtigung direkt für die Definition der Schadensursache verwendet werden.

Abb. 2.

Abb. 3.

b) Betonwerksteinbekleidung im Eingangsbereich Hotel

Der obere Abschluß der beiden Betonwerksteinlisenen wird jeweils durch zwei Edelstahlanker gehalten. Die tragende Konstruktion besteht aus Mauerwerk mit einer darauf aufgebrachten Wärmedämmschicht aus Mineralfaserplatten. Die Fassadenbekleidung war hinterlüftet geplant.

Es ergeben sich also folgende Mängel:
– Wie aus Abb. 3 ersichtlich, findet die Hinterlüftung der Fassadenbekleidung nicht statt.
– Aus der Abb. 4 wird erkennbar, daß die Edelstahlanker der Fassadenbekleidung nur behelfsmäßig im Mauerwerk befestigt sind, so daß nicht von einer ausreichenden Standsicherheit der Konstruktion ausgegangen werden kann.

Die später behauptete Mängelbeseitigung konnte anhand der vorliegenden Grundlagen als Schutzbehauptung entlarvt werden, da an der unveränderten Lage der Anker erkennbar war, daß keine Mängelbeseitigung stattgefunden haben konnte.

c) Abdichtung Bäder eines Hotels

Im vorliegenden Fall bestand die Fußbodenkonstruktion aus einem schwimmenden Zementestrich, während die Wände aus Gipsplatten hergestellt worden waren (Abb. 5 und 6). An Wand- und Bodenflächen wären also zusätzliche Abdichtungsmaßnahmen unbedingt erforderlich gewesen.

Solche Maßnahmen sind auftragnehmerseitig auch behauptet worden; Beobachtungen während der Ausführung und die fotografischen Dokumentation ergaben das Gegenteil. Spätere Schäden konnten damit eindeutig auf das Fehlen einer ordnungsgemäßen Abdichtung zurückgeführt werden.

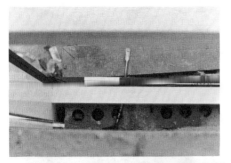

Abb. 4.

Abb. 6.

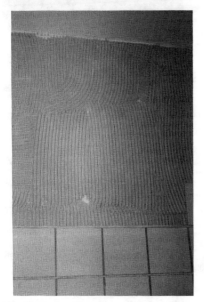

Abb. 5.

Was den Umfang der Ortsbesichtigungen, d. h. den zeitlichen Abstand, anlangt, so ist auf die Besonderheiten des Einzelfalles bzw. auf den Betrag abzustellen, den der Auftraggeber für die Qualitätskontrolle durch den Sachverständigen ausgeben will. Diesbezüglich sollte der Auftraggeber durch den Sachverständigen schon vor Auftragserteilung sachgerecht beraten werden, so daß Erfolg und Kosten der Qualitätskontrolle in einem angemessenen Verhältnis stehen.

2.4 Festlegungen zur Mängelbeseitigung

Solche Festlegungen werden dem Sachverständigen immer dann abverlangt, wenn Mängel entstanden sind, deren Beseitigung eine Neuerstellung des betroffenen Bauteils zur Folge hätte, die angesichts des bereits fortgeschrittenen Bautenstandes oder der angespannten Terminsituation nicht möglich ist. Hier gilt es dann, nach Lösungen zu suchen, die dem vertraglich geschuldeten Zustand so nahe als möglich kommen. In einfacheren Fällen wird der Auftragnehmer entsprechende Vorschläge unterbreiten, die dann von dem Sachverständigen zu genehmigen sind. Dies geschieht in der Regel unter Erteilung zusätzlicher technischer Auflagen. Wird allerdings aufgrund der Besonderheiten des Einzelfalles eine regelgerechte Sanierung erforderlich, so empfiehlt es sich, die Auseinandersetzung mit den Sanierungsproblemen im Rahmen eines gesonderten Gutachtens zu betreiben. Dabei wird es ganz besonders darauf ankommen, die Differenzen zum auftragnehmerseitig geschuldeten Leistungserfolg klar herauszustellen und sachgerecht zu bewerten.

Ortsbesichtigungsprotokolle werden entweder als solche oder überarbeitet als Mängelliste an den Auftragnehmer mit der Aufforderung zur Mängelbeseitigung übermittelt. Die zugehörige fotografische Dokumentation gibt die Möglichkeit, die Mängel schrittweise zu verfolgen und diesbezügliche Probleme am „grünen Tisch" zu verhandeln. Im übrigen ist durch diese Grundlage der Auftragnehmer von der Möglichkeit ausgeschlossen, Mängelbeseitigungen zu behaupten, die tatsächlich nicht oder nur teilweise erfolgt sind. Schließlich läßt sich aus dem Vergleich der Fotos vor und nach den Mängelbeseitigungen in aller Regel ableiten, ob von einer solchen im Vertragssinne gesprochen werden kann oder nicht.

In allen diesbezüglichen Fällen, einfacheren und komplexeren, muß die Zustimmung des

Auftraggebers nach umfassender Aufklärung über verbleibende Nachteile und Risiken eingeholt werden.

2.5 Bewertung der Mängel bei unmöglicher oder verweigerter Mängelbeseitigung

Grundsätzlich ist davon auszugehen, daß bei einem Bauwerk immer Mängel verbleiben, die aus verschiedensten Gründen nicht mehr beseitigt wurden oder nicht mehr beseitigt werden konnten. Der Auftraggeber wird in der Regel nicht bereit sein, solche Mängel ohne weiteres hinzunehmen, und deshalb eine Bewertung verlangen, um die daraus resultierenden Ergebnisse bei der Abrechnung zur Geltung zu bringen.

In Frage kommen dabei technische Wertminderungen, die sich auf objektiv wahrnehmbare Mängel beziehen, nämlich:

– eingeschränkte Benutzbarkeit,
– Beschränkung der Lebensdauer,
– Schönheitsfehler.

Solche Wertminderungen lassen sich nach der sogenannten „Zielbaummethode" einigermaßen nachvollziehbar ermitteln. Die genannte Methode, welche, ausgehend von einem Hauptziel, Zwischenziele und Zielkriterien beschreibt und ein prozentuales Gewichten der einzelnen Kriterien zuläßt, führt über die Gewichtung der Ist-Abweichung letztlich zu einer ohne weiteres nachvollziehbaren Wertminderung. Näheres hierzu wird aus Abb. 7 ersichtlich. Selbstverständlich können hier Diskussionen niemals ausgeschlossen werden. Art und Umfang werden sich jedoch an der Sorgfalt des Sachverständigen bei der Ermittlung von Minderwerten orientieren.

Ungleich problematischer wird es dann, wenn ein über die technische Wertminderung hinaus-

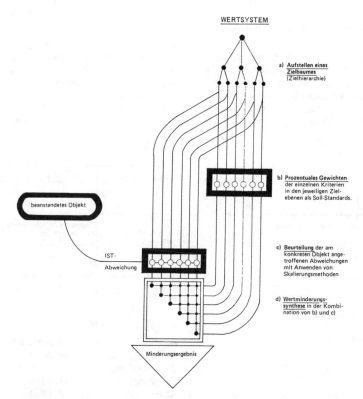

Abb. 7. Darstellung der vier Stufen einer systemtechnischen Analyse zur Festlegung von Wertminderungen (Grafik in Anlehnung an Dr.-Ing. J. Wiegand, Basel)

gehender merkantiler Minderwert zu besorgen ist. Hier gilt es, einen Lösungsweg über eine große Zahl subjektiver Beurteilungen und eine darauf aufbauende Entscheidungsanalyse zu finden.

Bei dem hier behandelten Leistungsbereich ist der Sachverständige in ganz erheblichem Umfange mit Sorgfalt und Seriosität gefordert, weil sich seine Feststellungen in Ansprüche des Auftraggebers wandeln, die bei entsprechendem Umfang Rechtsstreitigkeiten nach sich ziehen könnten. Der Sachverständige steht also hier zwischen zwei Fronten und ist gut beraten, solche Fragen so abzuhandeln, daß sie einer späteren gerichtlichen Überprüfung in größtmöglichem Umfange standhalten. Wird nämlich vom Sachverständigen bei der Festlegung von Wertminderung zum einseitigen Wohle des Auftraggebers überzogen, so setzt er sich späteren Schadensersatzansprüchen der eigenen Auftraggeberseite aus.

2.6 Erstellung einer abschließenden Mängelliste

Die laufende Fortschreibung der Mängelliste aus den Ortsbesichtigungen bis zur Fertigstellung führt dann zu einer abschließenden Mängelliste. Fortschreibung bedeutet nicht nur das Hinzufügen neuer Mängel, sondern auch das Herausnehmen bisheriger Mängelrügen dann, wenn es tatsächlich zu einer ordnungsgemäßen Mängelbeseitigung gekommen ist.

Die abschließende Mängelliste ist dann in aller Regel auch Grundlage für die Abnahme. Die Vollständigkeit der abschließenden Mängelliste, bezogen auf die in den vorausgegangenen Ortsbesichtigungen gewonnenen Erkenntnisse, ist eine absolute Bedingung, weil sich sonst erhebliche Nachteile für den Sachverständigen selbst ergeben können. Nimmt nämlich der Auftraggeber in Kenntnis eines Mangels, belegt durch eine frühere Mängelliste, welche die abschließende nicht vollständig übernommen wurde, ohne diesbezüglichen Vorbehalt ab, so verliert er das Nachbesserungs- und Minderungsrecht, wie sich dies aus § 12 Nr. 4 Absatz 1 VOB/B im Zusammenhang mit § 640 Absatz 2 BGB ergibt (vgl. hierzu Heiermann/Riedl/Rusam, Handkommentar zur VOB/B, § 12 Rdn. 14). Es empfiehlt sich daher, sämtliche Mängel in geeigneter Form aufzulisten und deren Entwicklung gewissenhaft zu verfolgen. Dafür soll das beigefügte Formblatt (Abb. 8) einen Anhalt liefern.

Es ist in diesem Zusammenhang weiter Sache des Sachverständigen, den Auftraggeber darüber zu beraten, ob die Abnahme aus technischer Sicht erteilt werden kann oder nicht. Auch in dieser Hinsicht tut der Sachverständige gut daran, größtmögliche Neutralität walten zu lassen, da sowohl die Abnahme eines nicht ab-

Nr.	Mangel	Datum Mängelrüge	Erledigung Mängelrüge	Bemerkungen
1.	Dach			
1..1	Dachrandhöhe unzureichend	16.10.1993	04.03.1994 Reduzierung Kiesschicht zus./ mech. Fixierung	Entstanden durch zusätzliche Auflast im Rand- und Eckbereich

Abb. 8. Mängelliste

Mängelordnung
1. Dach
2. Fassade
3. Rohbau
4. Abdichtung erdberührter Bereiche
5. Fußbodenkonstruktionen
6. Läden

7. Büros
8. Wohnung
9. Treppenhäuser
10. Tiefgarage
11. Keller
12. Wärmeschutz
13. Schallschutz

14. Brandschutz
15. Außenanlagen
16. Heizung
17. Sanitär
18. Elektro
19. Lüftung

nahmefähigen Bauwerks wie auch eine unberechtigte Abnahmeverweigerung erhebliche auftraggeberseitige Schadensersatzansprüche begründen können.

2.7 Nachkontrolle der Mängelbeseitigung

Nach erfolgter Abnahme steht dem Auftragnehmer eine angemessene Frist zur Mängelbeseitigung zu. Danach ist der Sachverständige gefragt, die Erledigung der auftragnehmerseitigen Leistungsverpflichtung zu attestieren. Dabei sind die aus den Ortsbesichtigungen gewonnenen und insbesondere dokumentierten Erkenntnisse eine wichtige Grundlage. Dieser Hinweis bezieht sich ganz besonders auf die fotografische Dokumentation.

Für den Sachverständigen empfiehlt es sich, die Abnahme der Mängelbeseitigung auf einen Termin zu beschränken mit der Folge, daß weitere diesbezügliche Termine gesondert zu honorieren sind. Dieser Umstand hält den gewerblichen Auftragnehmer, der für solche zusätzliche Kosten aufzukommen hätte, zu besonderer Sorgfalt bei der Mängelbeseitigung und insbesondere bei der Festlegung des Zeitpunktes zur Nachabnahme an.

3. Zeitpunkt für Qualitätskontrollen

Sinnvollerweise sollen Qualitätskontrollen durch den Sachverständigen nicht das Ergebnis enttäuschter Verwirklichungsabsichten des Bauherrn sein. Vielmehr bringt das Ergebnis solcher Kontrollen im Hinblick auf die Vermeidung von Mängeln dann den größten Erfolg, wenn eine solche Qualitätskontrollinstanz von vornherein in das Team der Planungsbeteiligten integriert wird. Nur unter dieser Voraussetzung wird die Vermeidung von Mängeln bereits dort stattfinden, wo sie am häufigsten entstehen, nämlich in der Planung und der Vorbereitung des Bauvorhabens.

Die Qualitätskontrolle vor Ort muß selbstverständlich mit den Bauaktivitäten ebenfalls in Gang gesetzt werden. Dabei sollten die Kontrollintervalle nicht zu groß gewählt werden, da sonst verschiedene Mängel durch den Baufortschritt den Blicken des Sachverständigen entzogen sind. Im allgemeinen ist ein zeitlicher Abstand von 2 bis max. 4 Wochen sinnvoll. Bei großen, schnell voranschreitenden Baustellen kann aber auch eine wöchentliche Kontrolle geboten sein, zumindest in jenen zeitlichen Abschnitten, in welchen die wesentlichen Ausbaugewerke abgewickelt werden. Im übrigen wird sich das Kontrollintervall auch nach der technischen Zuverlässigkeit des Auftragnehmers bestimmen. Insoweit handelt es sich sehr oft um eine vorher nicht bestimmbare Randbedingung, welche aber die Preisbildung für die Sachverständigentätigkeit mit beeinflussen würde. Es empfiehlt sich, hier die Kontrollintervalle genau zu vereinbaren und Abrechnungsmöglichkeiten für den Fall vorzusehen, daß die Intervalle aufgrund der Besonderheiten des Einzelfalles verkürzt werden müssen.

4. Ergebnisse der Qualitätskontrollen

Im Ergebnis führen umfassende Qualitätskontrollen durch den Sachverständigen zu einer Reihe von Vorteilen für den Auftraggeber.

Zunächst werden bei rechtzeitiger Einschaltung des Sachverständigen schon im Bereich der Planung und Ausführungsvorbereitung jene Mängel vermieden, die in anderen Fällen entweder zu Kompromissen oder zu dem Erfordernis von Sanierungen führen. Weiter wird durch das Vorhandensein einer Kontrollinstanz der Erfolgsdruck im Hinblick auf die geschuldete Mängelfreiheit des Werkes bei den Planungsbeteiligten wie bei den ausführenden Unternehmern maßgeblich erhöht.

Sind nun Mängel an der Baustelle tatsächlich entstanden, so trägt der Sachverständige zu einer sachgerechten Mängelbeseitigung bei. Soweit dies nicht mehr möglich ist, werden Sanierungsvorschläge erarbeitet und daraus resultierende Risiken so abgegrenzt, daß der Auftraggeber eine für ihn vernünftige Entscheidung treffen kann.

Im engen Zusammenhang damit ist auch die Ermittlung von Wertminderungen zu sehen, die verbleibende Mängel abgelten soll. Hier wohnt dann, wenn der Sachverständige größtmögliche Sorgfalt und insbesondere eine nachvollziehbare Methodik anwendet, die letztlich beiden Parteien glaubhaft erscheint, spätere Rechtsstreitigkeiten, die sonst vorprogrammiert wären, vermieden.

Durch die laufende Dokumentation der Mängel und die Fortschreibung der Mängelliste ist es erforderlich, eine qualifizierte Grundlage für die technische Abnahme zu schaffen, die eine Beurteilung der Abnahmefähigkeit des Werkes zum Abnahmezeitpunkt zuläßt. Selbst beim

33

Bestreiten von Mängeln durch den Auftragnehmer ist die Arbeit des Sachverständigen von hohem Nutzen, und zwar deshalb, weil der jeweilige Mangel durch die vorliegende schriftliche und fotografische Dokumentation bis an seinen Ursprung zurück verfolgt werden kann.

Eine ähnliche Situation entsteht mitunter auch im Gewährleistungszeitraum, wenn ein Mangel oder Schaden auftritt. Theoretisch kann es sich dabei nur um die Auswirkung bereits erkannter und insbesondere dokumentierter technischer Zusammenhänge handeln. Somit ist also die Ermittlung der Mangel- bzw. Schadensursache deshalb kein Problem, weil die Grundlagen aus der bereits erfolgten Qualitätskontrolle zur Verfügung stehen, so daß hier schnell und zielgerichtet Abhilfe geschaffen werden kann.

5. Zusammenfassung

Insgesamt stellt die Qualitätskontrolle durch den Sachverständigen einen Leistungsumfang dar, der teilweise in die Grundleistungen des § 15 HOAI Leistungsphase 8 eingreift. Allerdings sollte der Kenntnisstand des Sachverständigen zu einer tiefergehenden Auseinandersetzung mit den vorhandenen Mängeln führen, als sie einem gewöhnlichen Architekten möglich ist. Im übrigen wird der in § 15 HOAI Leistungsphase 8 geschuldete Leistungsumfang sinnvoll ergänzt und damit die Abwicklung der Baumaßnahme wesentlich erleichtert. Letztlich soll eine solche Tätigkeit dazu dienen, die Qualität zu sichern, sowie zeit- und kostenintensive Streitigkeiten zwischen den Vertragsparteien zu vermeiden.

Die neue Wärmeschutzverordnung und ihr Einfluß auf die Gestaltung von Neubauten

Dipl.-Ing. Günter Dahmen, Architekt und Bausachverständiger, Aachen

1. Einleitung

Weltweit ist eine Klimaveränderung zu beobachten, die zu einem wesentlichen Teil auf den Treibhauseffekt der bei der Verbrennung fossiler Energieträger entstehenden Gase zurückgeführt wird. In den letzten Jahren ist deutlich geworden, daß an diesem negativen Einfluß auf das Weltklima nicht nur die Schadstoffe Kohlenmonoxyd, Schwefeldioxyd, Stickoxyd und Staub beteiligt sind, sondern in starkem Maß auch das ungiftige Kohlendioxyd CO_2. Unbestritten ist, daß eine deutliche Zunahme des CO_2-Gehaltes der Atmosphäre global gesehen eine große Gefahr darstellt, weil aufgrund der Treibhauseigenschaften dieses Gases weltweit eine Erhöhung der Außenlufttemperatur herbeigeführt wird.

In der Bundesrepublik werden jährlich pro Kopf 13 t CO_2 emittiert. Das ergibt einen Gesamtausstoß von rund 1 100 Mio. t CO_2/Jahr, womit die Bundesrepublik in der Welt an 5. Stelle liegt (siehe Tabelle 1).

Dabei ist zu bedenken, daß rund ⅓ der gesamten CO_2-Emissionen durch Verbrennung fossiler Energieträger zum Zwecke der Raumheizung und Warmwasserbereitung entsteht.

Da Techniken, mit deren Hilfe das CO_2-Gas vor Ort zurückgehalten werden könnte, für die Gebäudeheizung nicht zur Verfügung stehen, ist eine Reduzierung der CO_2-Emissionen im wesentlichen nur durch Substitution emissionsreicher durch emissionsärmere Energieträger und durch eine Reduzierung des Energieverbrauchs, d. h. durch Verbesserung des baulichen Wärmeschutzes und durch Verringerung der Lüftungswärmeverluste, möglich.

In Anbetracht dieser durch CO_2-Emissionen zunehmend verursachten Probleme hat die Bundesregierung im November 1990 Maßnahmen zur CO_2-Reduzierung um 25 % bis zum Jahr 2005 beschlossen. Die daraufhin erarbeitete Novelle der Wärmeschutzverordnung wurde im Frühjahr bzw. Herbst 1993 durch Bundesregierung bzw. Bundesrat gebilligt. Sie soll am 1. Januar 1995 in Kraft treten.

Die zur Zeit noch gültige Wärmeschutzverordnung begrenzt neben generellen Dichtheitsanforderungen an die Gebäudehülle nur die Transmissionswärmeverluste durch Festlegung höchstzulässiger k-Werte. Die neue Wärmeschutzverordnung rückt dagegen von dem mittleren Wärmedurchgangskoeffizienten k_m als alleinigem Kriterium zur Beschränkung des Wärmedurchgangs ab. In der neuen Wärmeschutzverordnung wird der Jahresheizwärmebedarf Q_H in Form einer einfachen Bilanzierung unter Berücksichtigung von Wärmegewinnen durch Sonneneinstrahlung und interne Wärmequellen begrenzt.

Während der spezifische Heizwärmebedarf nach den heutigen Anforderungen je nach Gebäudetyp (in Abhängigkeit vom A/V-Verhältnis) zwischen ca. 70 und 150 kWh je m² Nutzfläche und Jahr liegt, wird das zukünftige Anforderungsniveau höchstzulässige Bedarfswerte zwischen 54 und 100 kWh/m²a aufweisen

Tabelle 1: Verursacher energiebedingter CO_2-Emissionen (Werte für 1989)
Quelle: nach Enquete-Kommission

CO_2-Emissionen	in t/Kopf u. Jahr	in Mio. t/Jahr	
USA	22.0	5430	(1)
GUS/Baltikum	13,0	3650	(2)
Deutschland	13,0	1030	(5)
Japan	8,6	1060	(4)
Frankreich	7,3	406	
China	2,0	2300	(3)
Indien	0,7	582	

(Abb. 1). Die durch die Anhebung der Anforderungen erzielbaren Energieeinsparungen liegen in der Größe von im Mittel ca. 30 %. Damit wird ein erster Schritt in Richtung Niedrigenergiehausstandard getan.

Die hiermit verbundenen höheren Gebäudekosten werden mit ca. 1,5 bis 4 % angegeben. Es ist davon auszugehen, daß die heute auf dem Markt befindlichen Bau- und Dämmstoffe die Umsetzung der erhöhten Anforderungen ohne größere Anpassungsprobleme erlauben. Dies ist insbesondere durch die großen Fortschritte bei den Verglasungen und dem Fensterbau möglich.

2. Nachweisverfahren und Anforderungen

Es handelt sich bei dem Nachweisverfahren der neuen Wärmeschutzverordnung um ein vereinfachtes Verfahren, bei dem, um den Vergleich unterschiedlicher Dämmstandards zu erleichtern, bestimmte Randbedingungen vereinheitlicht wurden. In Bezug auf die Heizgradtagzahl und die Gesamtstrahlungsdichte legt das Berechnungsverfahren einen angenommenen mittleren Standort in der Bundesrepublik Deutschland (Würzburg) zugrunde.

Die neue Wärmeschutzverordnung zieht zum Nachweis eines ausreichenden Wärmeschutzes nach wie vor nur die Regelquerschnitte der Außenbauteile heran, Wärmebrückenwirkungen an Detailpunkten werden nicht durch detaillierte Berechnungsvorschriften berücksichtigt. Dieses Vorgehen ist im Sinne einer einfachen Handhabung sinnvoll und wird dadurch begründet, daß zum einen die für die Bestimmung des Heizwärmebedarfs Q_H zu ermittelnden Transmissionswärmeverluste Q_T wie bisher über die Außenmaße der Hüllflächen des Gebäudes errechnet werden und zum anderen die Wärmegewinne durch Einstrahlung über nicht transparente Außenbauteile ebenfalls keine Berücksichtigung finden.

Die neue Wärmeschutzverordnung unterscheidet nur noch zwischen zu errichtenden Gebäuden mit normalen Innentemperaturen ($t_i \geq 19°$ bzw. $\geq 15°C$) und solchen mit niedrigen Innentemperaturen ($12°C \leq t_i \leq 19°C$). Darüber hinaus werden wie bisher Wärmeschutzanforderungen bei baulichen Änderungen bestehender Gebäude gestellt, allerdings im erweiterter und verschärfter Form. In einem 4. Abschnitt werden ergänzende Vorschriften zusammengefaßt.

Jahresheizwärmebedarf Q_H

Der Jahresheizwärmebedarf Q_H wird in Anlehnung an die EN 832 „Wärmetechnisches Verhalten von Gebäuden" – Entwurf 1992 berechnet nach

$$Q_H = 0{,}9 \cdot (Q_T + Q_L) - (Q_I + Q_S) \text{ [kWh/a]}$$

Hierin bedeuten:

Q_T = Transmissionswärmebedarf – der durch den Wärmedurchgang der Außenbauteile verursachte Anteil des Jahresheizwärmebedarfs.

Q_L = Lüftungswärmebedarf – der durch Erwärmung der gegen kalte Außenluft ausgetauschten Raumluft verursachte Anteil des Jahresheizwärmebedarfs.

Q_I = interne Wärmegewinne – die bei bestimmungsgemäßer Nutzung innerhalb des Gebäudes auftretenden nutzbaren Wärmegewinne.

Q_S = solare Wärmegewinne – die bei bestimmungsgemäßer Nutzung durch Sonneneinstrahlung nutzbaren Wärmegewinne.

In Zukunft wird es notwendig sein, zwischen Süd-, Nord- und West/Ost-Fenstern zu unterscheiden, z. B. indem unterschiedliche sogenannte äquivalente k-Werte angesetzt werden.

Der Faktor 0,9 berücksichtigt, daß ein Gebäude während der Heizperiode nicht ständig und in

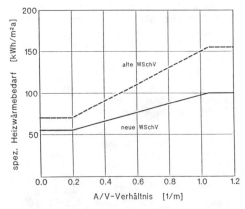

Abb. 1. Anforderungen an den spezifischen Heizwärmebedarf im Vergleich der alten und neuen Wärmeschutzverordnung

Tabelle 2: Berechnungsgrößen

- Wärmeübertragende Umfassungsfläche
  $A = A_W + A_F + A_D + A_G + A_{DL}$ [m²]
- Beheiztes Bauwerksvolumen V [m³]
- A/V-Verhältnis [m⁻¹]
- Anrechenbares Luftvolumen
  $V_L = 0{,}80 \cdot V$ [m³]
- Gebäudenutzfläche
  (lichte Raumhöhe 2,60 m) [m²]
  $A_N = 0{,}32 \cdot V$

allen Teilen gleichmäßig beheizt wird. Der Berechnung werden die in Tabelle 2 zusammengefaßten Berechnungsgrößen zugrundegelegt.

Transmissionswärmebedarf Q_T

Der Transmissionswärmebedarf Q_T berechnet sich wie folgt:

$Q_T = 84 \cdot (k_W \cdot A_W + k_F \cdot A_F + 0{,}8 \cdot k_D \cdot A_D + 0{,}5 \cdot k_G \cdot A_G + k_{DL} \cdot A_{DL} + 0{,}5 \cdot k_{AB} \cdot A_{AB})$

Im Faktor 84 ist eine mittlere Heizgradtagzahl von 3500 [K · Tage/Jahr] berücksichtigt. Sollen die solaren Wärmegewinne mittels äquivalenter Wärmedurchgangskoeffizienten für Fenster berücksichtigt werden, ist k_F durch $k_{eq,F}$ zu ersetzen.

Lüftungswärmebedarf Q_L

Bei der Ermittlung des Lüftungswärmebedarfs Q_L wird unterschieden, ob eine mechanisch betriebene Lüftungsanlage vorhanden ist oder nicht. Der Lüftungswärmebedarf Q_L ohne mechanisch betriebene Lüftungsanlage wird wie folgt ermittelt:

$Q_L = 0{,}34 \cdot \beta \cdot 84 \, V_L$

Hierin bedeuten:

β = Luftwechselzahl
  (Rechenwert 0,8 · h⁻¹)
V_L = Anrechenbares Luftvolumen (0,8 V)

Der Faktor 0,34 berücksichtigt die thermischen Eigenschaften der Luft. Mit diesen Werten ergibt sich

$Q_L = 22{,}85 \cdot V_L$ [kWh/a]

Ist eine mechanisch betriebene Lüftungsanlage vorhanden, darf ein verminderter Lüftungswärmebedarf angesetzt werden. Dieser beträgt

$Q_L = 0{,}95 \cdot 22{,}85 \cdot V_L$ [kWh/a]

Wird gleichzeitig eine Wärmerückgewinnungsanlage eingesetzt, vermindert sich der anrechenbare Lüftungswärmebedarf auf

$Q_L = 0{,}8 \cdot 22{,}85 \cdot V_L$ [kWh/a]

Nutzbare interne Wärmegewinne Q_I

Menschen, Geräte etc. geben Wärme an die umgebende Raumluft ab. Diese darf als interner Wärmegewinn bei Wohngebäuden pauschal berücksichtigt werden nach:

$Q_I = 8 \cdot V$ [kWh/a]

bzw. auf die Gebäudenutzfläche bezogen:

$Q_I = 25 \cdot A_N$ [kWh/a]

Für Gebäude mit vorgesehener ausschließlicher Nutzung als Büro- oder Verwaltungsgebäude dürfen die nutzbaren internen Wärmegewinne um 25 % höher angesetzt werden. Hiernach ergibt sich

$Q_I = 10 \cdot V$ [kWh/a] bzw.
$Q_I = 31{,}25 \cdot A_N$ [kWh/a]

Dieser höhere Ansatz wird mit dichter Personalbelegung und mit höherer Abwärme aus Bürogeräten und Beleuchtung begründet.

Nutzbare solare Wärmegewinne

Die solaren Wärmegewinne können in Abhängigkeit von der Himmelsrichtung entweder mit Hilfe vorgegebener Solarkoeffizienten bei der Berechnung von $k_{eq,F}$ oder durch gesonderte Ermittlung mit Hilfe vorgegebener Strahlungsangebote berücksichtigt werden. Beide Rechenverfahren führen zum gleichen Ergebnis. Bei Fensteranteilen von mehr als ⅔ der Wandfläche darf der solare Wärmegewinn nur bis zu dieser Größe berücksichtigt werden.

Jahresheizwärmebedarf Q'_H bzw. Q''_H

Der Jahresheizwärmebedarf wird je m³ beheiztes Bauwerksvolumen wie folgt ermittelt:

$Q'_H = \dfrac{Q_H}{V}$ [kWh/m³a]

Bezogen auf die Gebäudenutzfläche A_N ergibt sich:

$Q''_H = \dfrac{Q_H}{A_N}$ [kWh/m²a]

Die Anforderungen für Gebäude mit normalen Innentemperaturen sind in Tabelle 3 zusammengefaßt.

Tabelle 3: Maximale Werte des Jahresheizwärmebedarfs

Maximale Werte des auf das beheizte Bauwerksvolumen V oder die Gebäudenutzfläche A_N bezogenen Jahres-Heizwärmebedarfs in Abhängigkeit vom Verhältnis A/V

A/V	Maximaler Jahres-Heizwärmebedarf	
	bezogen auf V Q'_H [1)] nach Ziff. 1.6.7	bezogen auf A_N Q''_H [2)] nach Ziff. 1.6.8
in m^{-1}	in kWh/(m$^3 \cdot$ a)	in kWh/(m$^2 \cdot$ a)
1	2	3
≤ 0,20	17,3	54,0
0,30	19,0	59,4
0,40	20,7	64,8
0,50	22,5	70,2
0,60	24,2	75,6
0,70	25,9	81,1
0,80	27,3	86,5
0,90	29,4	91,9
1,00	31,1	97,3
≥ 1,05	32,0	100,0

[1)] Zwischenwerte sind wie folgt zu ermitteln:
$Q'_H = 13,82 + 17,32$ (A/V)   in kWh/(m$^3 \cdot$ a)
[2)] Zwischenwerte sind wie folgt zu ermitteln:
$Q''_H = Q'_H / 0,32$ in kWh/(m$^2 \cdot$ a)

Tabelle 4: Anforderungen an den Wärmedurchgangskoeffizienten (vereinfachtes Nachweisverfahren)

Anforderungen an den Wärmedurchgangskoeffizienten für einzelne Außenbauteile der wärmeübertragenden Umfassungsfläche A bei zu errichtenden kleinen Wohngebäuden

Zeile	Bauteil	max. Wärmedurchgangskoeffizient k_{max} in W/(m$^2 \cdot$ K)
1	Außenwände	$k_W \leq 0,50$ [1)]
2	Außenliegende Fenster und Fenstertüren sowie Dachfenster	$k_{m,Feq} \leq 0,70$ [2)]
3	Decken unter nicht ausgebauten Dachräumen und Decken (einschließlich Dachschrägen), die Räume nach oben und unten gegen die Außenluft abgrenzen	$k_D \leq 0,22$
4	Kellerdecken, Wände und Decken gegen unbeheizte Räume sowie Decken und Wände, die an das Erdreich grenzen	$k_G \leq 0,35$

[1)] Die Anforderung gilt als erfüllt, wenn Mauerwerk in einer Wandstärke von 36,5 cm mit Baustoffen mit einer Wärmeleitfähigkeit von $\lambda \leq 0,21$ W/(m · K) ausgeführt wird.
[2)] Der mittlere äquivalente Wärmedurchgangskoeffizient $k_{m,Feq}$ entspricht einem über alle außenliegenden Fenster und Fenstertüren sowie Dachfenster nach Maßgabe der Fensterflächen gemittelten Wärmedurchgangskoeffizienten, wobei solare Wärmegewinne nach den Ziffern 1.6.4.2 zu ermitteln sind.

Vereinfachtes Nachweisverfahren für normal beheizte Gebäude

Auch die neue Wärmeschutzverordnung wird wiederum ein vereinfachtes Nachweisverfahren enthalten, allerdings nur für kleine Wohngebäude mit bis zu zwei Vollgeschossen und nicht mehr als drei Wohneinheiten. Für diese Gebäudegruppe gelten die Anforderungen an den Jahresheizwärmebedarf als erfüllt, wenn die in Tabelle 4 für die verschiedenen Bauteile genannten k-Werte nicht überschritten werden.

Das vereinfachte Nachweisverfahren soll weiterhin Bauweisen mit einschaligen Mauerwerkswänden ermöglichen. Daher ist der k-Wert für Außenwände mit $k_W \leq 0,50$ [W/m^{2}K] relativ hoch angesetzt. Als Ausgleich sind die Anforderungen an Dächer und Kellerdecken verhältnismäßig streng.

Insbesondere muß der k-Wert ≤ 0,35 für Kellerdecken als problematisch angesehen werden. Da Beton und Estrich kaum zum Wärmeschutz beitragen, bedeutet dies Dämmschichtdicken von ca. 10 cm (bei Wärmeleitfähigkeitsgruppe 040), die dazu führen, daß zum einen im allgemeinen ein Teil der Wärmedämmung unter der Kellerdecke angeordnet werden muß (Abb. 2), zum anderen, daß der unbeheizte Keller wärmetechnisch von den beheizten Erdgeschoßräumen abgekoppelt wird, d. h. daß der Keller kaum noch von den Wohnräumen mitbeheizt wird. Das kann zur Folge haben, daß

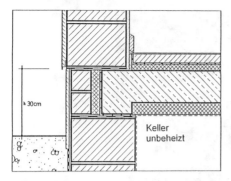

Abb. 2. Zusatzdämmung unter der Kellerdecke eines unbeheizten Kellers

	Kleines Gebäude V = 1 000 m³		Großes Gebäude V = 10 000 m³	
	A	A/V	A	A/V
Alle 8 Würfel in einem größeren Würfel vereinigt	600	0,6	2 785	0,28
Die 8 Würfel in einer Reihe	850	0,85	3 945	0,39
Die 8 Würfel einzeln	1 200	1,2	5 570	0,56

Abb. 3. Einfluß der Gebäudegröße und der Gebäudeform auf das A/V-Verhältnis [1]

sich die in unbeheizten bzw. nur sporadisch beheizten Kellerräumen auch jetzt schon vor allem im Frühjahr bestehenden Tauwasserprobleme in Zukunft erheblich verstärken werden.

Es ist auch nicht nachzuvollziehen, warum bei der Kellerdecke ein um ca. 30 % besserer Wärmeschutz vorgeschrieben wird als bei der Außenwand, obwohl dort ein annähernd doppelt so großes Temperaturgefälle angenommen werden muß.

Abhängig von der örtlichen Situation, dem Wärmeschutz und dem Nutzungskonzept des Kellers ist es daher u. U. empfehlenswert, auf das vereinfachte Rechenverfahren zu verzichten, um hier geringere Dämmschichten einbauen zu können.

3. Auswirkungen der neuen Wärmeschutzverordnung auf Planung und Ausführung von Neubauten

Der bauliche Wärmeschutz ist nicht – wie in der Vergangenheit vielleicht zu sehr – nur unter dem Aspekt der Verringerung der Transmissionswärmeverluste der Außenbauteile, d. h. der Verringerung der k-Werte, zu beurteilen und zu planen, sondern eine ganze Reihe von Entwurfsparametern, wie die Planung kompakter Gebäude, die Minimierung von Wärmeverlusten über Wärmebrücken und die Schaffung einer luftdichten Gebäudehülle, werden zukünftig insbesondere bei dem deutlich angehobenen Dämmniveau neben dem möglicherweise vorzusehenden Einsatz von Maßnahmen zur Begrenzung der Lüftungswärmeverluste eine zunehmend wichtigere Rolle spielen. Es sind daher folgende Hinweise zu beachten.

Stark gegliederte Gebäudeformen vermeiden – kleines A/V-Verhältnis anstreben

Wie bisher wird die Begrenzung des Heizwärmebedarfs vom Verhältnis der Außenhüllfläche eines Gebäudes zu dem dadurch eingeschlossenen Volumen abhängig gemacht. Dabei hat neben der Gebäudegröße – bei gleichbleibender geometrischer Gebäudeform (z. B. Würfel) wird mit zunehmender Größe das Verhältnis A/V kleiner, da das Volumen eines Körpers um eine Potenz schneller wächst als seine Oberfläche – insbesondere die Gebäudeform und Gebäudegliederung Einfluß auf das A/V-Verhältnis (Abb. 3).

Was für einen Verbrennungsmotor in Form der Kühlrippen lebensnotwendig ist, ist bei einem Gebäude (Abb. 4) wegen des hohen Wärmeverlustes negativ zu beurteilen und noch stärker als bisher zu vermeiden. Es sind im Rahmen der vorgegebenen Nutzungs- und Grundstücksbedingungen kompakte Gebäude mit kleinem A/V-Verhältnis anzustreben.

Fenster verstärkt nach Süden ausrichten

Über Fenster in Gebäuden sind erhebliche solare Wärmegewinne möglich. Die neue Wärmeschutzverordnung berücksichtigt dies erstmals dadurch, daß sie für Fenster äquivalente Wärmedurchgangskoeffizienten $k_{eq,F}$ angibt, die wie folgt ermittelt werden.

$$k_{eq,F} = k_F - g \cdot S_F \; [W/m^2K]$$

Abb. 4. Stark gegliederte Außenwandfläche („Kühlrippen")

Hierin bedeuten:

g = der gesamte Energiedurchlaßgrad der Verglasung (bei herkömmlicher Zweischeibenverglasung ist g = ca. 0,8; bei Wärmeschutzverglasung ca. 0,6)

S_F = der Koeffizient für solare Wärmegewinne, der je nach Himmelsrichtung wie folgt angegeben wird:

für Südorientierung:
$$S_F = 2{,}40 \ [W/m^2K]$$
für Ost-/Westorientierung:
$$S_F = 1{,}65 \ [W/m^2K]$$
für Nordorientierung:
$$S_F = 0{,}95 \ [W/m^2K]$$

Das $k_{eq,F}$-Verfahren kann naturgemäß nur eine stark vereinfachte Methode für die durchschnittliche Energiebilanz von Fenstern bieten. Ich halte die angegebenen Werte für S_F für zu optimistisch und überhöht. Dies soll an einem einfachen Beispiel gezeigt werden:

Ein nach Süden orientiertes Fenster mit guter Wärmeschutzverglasung (k_F = 1,5 W/m²K) weist mit S_F = 2,4 einen äquivalenten k-Wert auf von $k_{eq,F}$ = 1,5 − 0,6 · 2,40 = 0,06 W/m²K. Das bedeutet aber nichts anderes, als daß ein solches Fenster so gut wie keinen Wärmeverlust mehr aufweist. Die Entwicklung bei den Fenstern geht aber zu immer kleineren k-Werten. Es wird schon in relativ naher Zukunft Fenster mit k_F-Werten = 1,3 oder kleiner geben. Legt man der Berechnung z. B. einen k_F-Wert = 1,3 W/m²K zugrunde, so ergibt sich für ein Südfenster ein $k_{eq,F}$-Wert von −0,14 W/m²K. Ein negativer k-Wert stellt aber einen Wärmegewinn dar!

Diese sehr niedrigen k-Werte, die deutlich kleiner als die k-Werte jedes noch so gut gedämmten Wandquerschnitts sind, könnten dem Planer suggerieren, daß es energetisch sinnvoll sei, eine Südfassade komplett in Fenster aufzulösen. Folge einer solchen Architektur (Abb. 5) könnte sein, daß insbesondere im Sommer aber auch in den Übergangszeiten einer Überhitzung der Räume durch den Einsatz von Kühlgeräten entgegengewirkt werden müßte. Eine solche Entwicklung würde der Intention der Wärmeschutzverordnung diametral entgegenlaufen. Aus diesem Grund darf bei Fensteranteilen von mehr als ⅔ der Wandfläche der solare Gewinn auch nur bis zu dieser Größe berücksichtigt werden, um den Anreiz zur völligen Verglasung von Südfassaden abzuschwächen. Es bleibt zu hoffen, daß Architekten und

Abb. 5. Übergroßer Fensterflächenanteil an der Fassade

Planer dieses vereinfachte Berechnungsverfahren der Wärmeschutzverordnung nicht auf unsinnige Art und Weise ausreizen.

Pufferräume vorsehen

Zum Beispiel durch geschlossene Glasvorbauten können die Wärmeverluste von Gebäuden verringert werden. Voraussetzung aber ist, daß die Glasvorbauten (Wintergärten) unbeheizt sind. Beheizte Wintergärten können zwar die Wohnqualität erhöhen, sind aber im allgemeinen große Energieverschwender.

Geschlossene, nicht beheizte Glasvorbauten werden durch Abminderungsfaktoren für $k_{eq,F}$ und k_W für Fenster und Wandflächen im Bereich solcher Glasvorbauten berücksichtigt. Diese sind für Glasvorbauten mit

Einfachverglasung	0,70
Isolier-/Doppelverglasung	0,60
Wärmeschutzverglasung ($k_v \leq 2{,}0$ W/m²K)	0,50

Möglichst gleichmäßige Verteilung der Wärmedämmung der Außenbauteile anstreben

Um den planenden Architekten und Ingenieur in seinen Entscheidungen und in seiner Gestaltungsfreiheit nicht zu sehr einzuschränken, läßt die Wärmeschutzverordnung zu, schlecht wärmegedämmte Bauteile durch besonders gut wärmegedämmte Bauteilbereiche an anderer Stelle auszugleichen. Da die Effektivität von Dämmstoffdicken oberhalb von 20 bis 25 cm stark abnimmt, ist es sinnvoll, eine möglichst gleichmäßige Verteilung der Dämmung anzustreben, wie folgende Überlegungen verdeutlichen:

Ein allseitig mit 8 cm Dämmung versehener Raum weist einen mittleren k-Wert $k_m = 0{,}5$ W/m²K auf. Bringt man in der Hälfte der Raumoberfläche die doppelte Dämmschichtdicke (= 16 cm) auf, verringert sich der mittlere k-Wert auf $k_m = 0{,}375$ W/m²K.

Würde man nicht die Hälfte der Raumoberfläche mit 16 cm, sondern sämtliche Raumoberflächen gleichmäßig mit 12 cm dämmen – was den gleichen Dämmstoffeinsatz bedeutet –, würde sich ein um ca. 10 % geringerer mittlerer k_m-Wert = 0,33 W/m²K ergeben. Dies macht deutlich, wie wichtig eine homogene Verteilung der Wärmedämmung ist. Es war und ist eben nicht sinnvoll, im Dach, weil konstruktiv leichter möglich, sehr große Dämmschichtdicken (z. B. 25 cm und mehr) einzubauen und die Wände

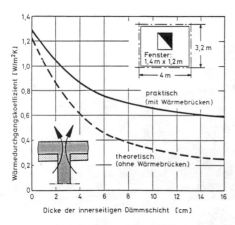

Abb. 6. Einfluß von baulichen Wärmebrücken auf die Transmissionswärmeverluste einer innengedämmten Außenwand in Abhängigkeit von der Dämmschichtdicke [2, 3]

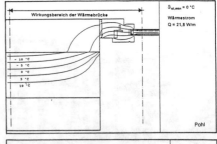
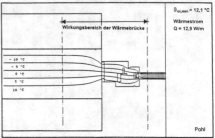

Abb. 7. Einfluß der Lage des Fensters auf den Wärmestrom über die Randanschlüsse [4]

nur dem Mindestwärmeschutz der DIN 4108 entsprechend zu dämmen, obwohl der rechnerische Nachweis den gesamten Wärmeschutz des Gebäudes als ausreichend ausweist.

Wärmebrückenverluste an den Detailpunkten minimieren

Die Anforderungen der neuen Wärmeschutzverordnung an die Begrenzung des Jahresheizwärmebedarfs beziehen sich nur auf den Ausgleich der Wärmeverluste über die Regelquerschnitte der wärmeübertragenden Bauwerksflächen. Die für die tatsächlichen wärmeschutztechnischen Eigenschaften eines ausgeführten Gebäudes und dessen Schadensfreiheit wichtigen Fragen der Detailgestaltung wurden dabei ausgeklammert. Auch der nun vorliegende Verordnungstext enthält aus Gründen der Vereinfachung keine detaillierten Berechnungsvorschriften für Detailpunkte. Um so wichtiger ist es, diese Punkte ergänzend zu behandeln.

Mit der Erhöhung des Wärmedämmniveaus der Gebäudehülle nimmt zwar die absolute Größe der Wärmeverluste über die an vielen Detailpunkten zu beobachtenden Wärmebrücken nicht zu, mit der erheblichen Verminderung des Wärmestroms über die Bauteilflächen wird aber der prozentuale Anteil der Wärmeverluste über die Wärmebrücken wesentlich größer.

Besonders deutlich wird dies bei Innendämmungen: Unterbrechen Decken- und Innenwände die Innendämmung eines sonst dem Mindestwärmeschutz nach DIN 4108 entsprechenden Außenwandbauteils, so werden die Transmissionswärmeverluste der Außenwand mit zunehmender Dämmschichtdicke als Folge der Wärmebrücken größer (Abb. 6), ab ca. 10 cm dicken Innendämmungen verdoppeln sich die Wärmeverluste durch die Wärmebrückenwirkungen nahezu. Das Diagramm macht aber auch deutlich, daß etwa ab dieser Dämmschichtdicke keine wesentliche Verbesserung des Wärmeschutzes mehr möglich ist, wenn nicht die Konstruktionsdetails in wärmeschutztechnischer Hinsicht verändert werden.

Außenseitig gedämmte, mehrschichtige Konstruktionen und einschalige, durch das Wandbaumaterial selbst gedämmte Konstruktionen verhalten sich zwar deutlich günstiger als Bauteile mit Innendämmungen, aber auch hier wächst aus den gleichen Gründen die Bedeutung der Wärmebrücken. Das nachfolgende einfache Rechenbeispiel soll dies verdeutlichen.

Angenommen wird ein 100 m² großes Bauteil, das aus 6 cm Dämmung besteht. Dieses Bauteil weist bei einer Wärmeleitzahl $\lambda = 0{,}04$ W/mK einen mittleren k-Wert von 0,6 W/m²K

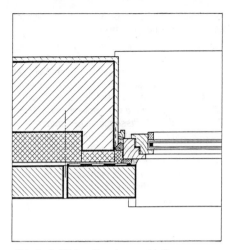

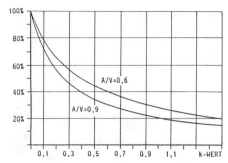

Abb. 10. Anteil des Lüftungswärmebedarfs am Gesamtwärmebedarf eines Wohngebäudes, berechnet auf der Grundlage der neuen Wärmeschutzverordnung

Abb. 8. Seitlicher Fensteranschluß

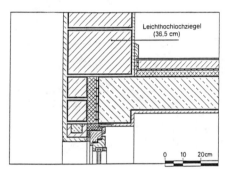

Abb. 9. Oberer Fensteranschluß

auf. Ersetzt man 10 m² dieses Bauteils durch einen Abschnitt mit einem k-Wert von 1,39 W/m²K – dies entspricht dem Mindestwärmeschutz für Außenwände nach DIN 4108 –, so verschlechtert sich der mittlere k-Wert auf 0,68 W/m²K. Wollte man den mittleren k-Wert von 0,6 beibehalten, müßten die restlichen 90 m² Wandfläche nicht mehr mit 6 cm, sondern mit 7,2 cm Dämmstoff gedämmt werden.

Werden dagegen in einem Bauteil aus 15 cm Wärmedämmung mit einem mittleren k-Wert von 0,25 W/m²K wiederum 10 % der Gesamtfläche nur mit dem k-Wert von 1,39 W/m²K ausgestattet, so müßten die restlichen 90 % aus 32 cm Dämmstoff bestehen, um den ursprünglichen k-Wert zu erreichen.

Hieraus wird sehr deutlich, daß die Bedeutung jeglicher Lücken in der Wärmedämmung mit dicker werdenden Dämmschichten erheblich zunimmt. Bei angestrebtem hohen Dämmniveau lassen sich Schwachstellen in dämmenden Außenhüllen, z. B. Wärmebrücken an Detailpunkten, nur noch schwer oder gar nicht durch erhöhten Wärmeschutz an anderer Stelle kompensieren.

In der Vergangenheit wurden Detailpunkte häufig nur so geplant und ausgeführt, daß sichtbare Schäden z. B. in Form von Schimmelpilzbildungen bei „normalen" Raumklimaverhältnissen gerade verhindert wurden. Über die deutlich erhöhten Wärmeverluste an solchen Detailpunkten wurde nicht nachgedacht. Dies muß sich in Zukunft ändern, wenn ein auf höherem Niveau insgesamt ausreichender Wärmeschutz erreicht werden soll.

Untersuchungen von Pohl [4] zeigen, daß bereits die unterschiedliche Lage des Fensters in der Tiefe der Leibung deutlich abweichende Wärmeströme nach sich zieht (Abb. 7). Das in der Wandfläche bündig eingesetzte Fenster weist durch die Wärmebrücke im Anschlußbereich an die Leibung gegenüber dem Einbau im Bereich einer im Querschnitt vorhandenen Wärmedämmung einen um ca. 70 % höheren Wärmestrom auf.

Die beiden Abbildungen 8 und 9 von Fensteranschlüssen an eine zweischalige Wand mit Kerndämmung bzw. im Bereich eines Deckenauflagers sollen den Aufwand deutlich machen, der erforderlich ist, um wärmetechnisch gute Anschlußkonstruktionen mit geringen Wärmeverlusten zu erzielen.

Abb. 11. „Beseitigung" von Zugerscheinungen

feuchtetechnischen Aspekt von Luftundichtigkeiten sei hier nur hingewiesen.

Die Anforderungen der neuen Wärmeschutzverordnung an die Dichtheit der Außenhülle werden daher richtigerweise gegenüber der bisher nur allgemeinen Forderung nach einer Dichtheit entsprechend dem Stand der Technik präzisiert. Es heißt dazu: *Soweit die wärmeübertragende Umfassungsfläche durch Verschalungen oder gestoßene, überlappende sowie plattenartige Bauteile gebildet wird, ist eine luftundurchlässige Schicht über die gesamte Fläche einzubauen, falls nicht auf andere Weise eine entsprechende Dichtheit sichergestellt werden kann.*

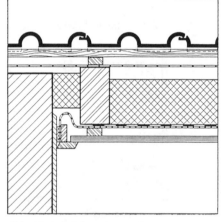

Abb. 12. *Luftdichter Anschluß zwischen Dachfläche und angrenzender Wand mittels Kompriband und Anpreßleiste*

Luftdichte Gebäudehülle zur Reduzierung unkontrollierter Lüftungswärmeverluste herstellen

Allein aus hygienischen Gründen ist in Gebäuden ein Luftaustausch mit Außenluft notwendig. Die Größe des Luftaustausches wird in der Regel durch die sogenannte Luftwechselrate beschrieben. Als hygienischer Mindestluftwechsel wird meist $0,5[h^{-1}]$ genannt. Aufgrund von Undichtigkeiten, unkontrollierter Lüftung durch den Nutzer etc. muß man für Wohnbereiche aber mit Luftwechselraten von etwa 0,8 bis 1,3 rechnen. Wie die Abbildung 10 zeigt, beträgt bei Luftwechselraten von 0,8 der Anteil der Lüftungswärmeverluste bei dem nach der neuen Wärmeschutzverordnung angestrebten Dämmniveau rund 45 bis 60 % des Wärmebedarfs eines Wohngebäudes.

Zugerscheinungen als Folge von Luftundichtigkeiten führen zu direkten Belästigungen der Bewohner – Abbildung 11 zeigt den untauglichen Versuch, die Zugerscheinungen durch Ausstopfen mit Papier der hierfür am stärksten verantwortlich gemachten Spalten zu vermeiden –, die hiermit zwangsläufig einhergehenden hohen Wärmeverluste merken sie im allgemeinen nicht, da ihnen der Vergleich mit einer gleichen, ausreichend luftdichten Wohnung fehlt. Auf den nicht zu vernachlässigenden

Die übrigen Anforderungen (z. B. an die Fugendurchlaßkoeffizienten von Fenstern) werden gegenüber der geltenden Verordnung nicht geändert. Dies erfordert z. B. im ausgebauten Dachgeschoß den lückenlosen Einbau z. B. einer PE-Folie mit verklebten Stößen und dichten Anschlußfugen zwischen Dachfläche und angrenzenden Wänden (Abb. 12). Die Aluminiumkaschierung einer Wärmedämmung reicht zwar im allgemeinen als Dampfsperre, nicht jedoch als Luftdichtung aus. Auch bei Bekleidungen mit Gipskarton- oder Gipsfaserplatten halte ich wegen der häufig in den Anschlußbereichen zwischen Dach und Wand entstehenden Rißbildungen den Einbau einer zusätzlichen luftdichten Schicht für erforderlich.

Je höher das Dämmniveau, d. h. je niedriger die Transmissionswärmeverluste sind, desto größer ist naturgemäß der Anteil der Lüftungswärmeverluste. In Zukunft kommt es daher besonders darauf an, unkontrollierte Lüftungswärmeverluste aufgrund von Undichtigkeiten in der Außenhülle zu vermeiden. Solange der Anteil der Lüftungswärmeverluste an den Gesamtwärmeverlusten nicht entscheidend reduziert wird, macht es keinen Sinn, die Transmissionswärmeverluste mit hohem Aufwand weiter zu senken.

4. Schlußbemerkung

Bei allen Überlegungen und Bemühungen zur Verbesserung der wärmeschutztechnischen Eigenschaften von Gebäuden und ihren Konstruktionsdetails ist auf zwei Gefahren hinzuweisen:

– Im Bemühen um eine möglichst weitgehende Verbesserung des Wärmeschutzes im Detailbereich werden höchst komplizierte Details konzipiert, ohne zu überprüfen, welche tatsächliche Wirksamkeit weitere, zusätzlich eingelegte Dämmstreifen überhaupt haben.

– Bei der Entwicklung von neuen Details wird häufig zu wenig beachtet, daß der Wärmeschutz nur eine wichtige Eigenschaft der Gebäudehülle ist. Der Feuchteschutz und die Verhinderung von Rißbildungen und anderen Schädigungen sind ebenso wichtige Konstruktionsmerkmale.

Bei der Beachtung all dieser Einflußgrößen werden in Zukunft in viel höherem Maß als bisher das Fachwissen und das Verantwortungsbewußtsein von Sachverständigen, Architekten und Fachingenieuren gefordert sein.

Literatur:

[1] Erhorn, H.: Wege zum Niedrigenergiehaus – Bauliche und anlagentechnische Komponenten, Veranstaltungsunterlagen Haus der Technik e. V., Essen, 1993

[2] Andersson, A.-C.: Folgen zusätzlicher Wärmedämmung – Wärmebrücken, Feuchteprobleme, Wärmespannungen, Haltbarkeit. Bauphysik 2 (1980), H. 4, S. 119–124

[3] Gertis, K.: Wärmedämmung innen oder außen? Deutsche Bauzeitschrift 35 (1987), H. 5, S. 631–639

[4] Pohl, W.-H.: Veränderte Einstellung im Umgang mit Energie – Grundlagen, Wärmeschutzverordnung, Niedrigenergiehaus-Standard, Konstruktionsdetails, Unterlagen zum KS-Bauseminar 1994

Feuchtemeßverfahren im kritischen Überblick

Prof. Dr.-Ing. Gerald Schickert, Dir. u. Prof. i. R. der Bundesanstalt für Materialforschung und -prüfung (BAM), Berlin

1. Einführung

Nachfolgend werden gängige Verfahren zur Feuchtemessung zusammengestellt, kurz erläutert und anschließend zusätzlich als Ausblick einige komplexe Prüfmethoden bzw. -geräte vorgestellt. Dabei werden nur solche Meßverfahren betrachtet, die nicht ausschließlich für Labormessungen, sondern vielmehr direkt oder indirekt für Feldmessungen, also für Messungen unmittelbar am Bauwerk, geeignet sind. Ziel der Ausführungen ist eine kritische Übersicht. Die kritischen Anmerkungen betreffen dabei weniger die Prüfgeräte. Diesen sind physikalische Grenzen gesetzt. Sie können nicht mehr leisten, als das Meßprinzip hergibt. Mögliche Qualitätsunterschiede der einen im Vergleich zur anderen Ausführung stehen hier nicht zur Debatte, wurden aber bereits untersucht [1].

Die kritische Betrachtungsweise im nachfolgenden Überblick richtet sich vielmehr auf den sachbezogenen Einsatz der Prüfgeräte und die problemorientierte Anwendung der Prüfverfahren. Kritisch muß der Bausachverstandige sein, indem er nicht nur die Möglichkeiten, sondern auch die vorgegebenen Grenzen und Randbedingungen im jeweiligen Einzelfall kennt und berücksichtigt, unter denen die Feuchtemeßverfahren sinnvoll und zuverlässig einsetzbar sind. Insbesondere muß er kritisch im Sinne von abwägend und prüfend

das Untersuchungsergebnis werten, indem er Überlegungen anstellt etwa nach den Gesichtspunkten

- plausibel,
- visueller Eindruck,
- eigene Erfahrung,
- örtliche Randbedingungen,
- zeitliche Randbedingungen,
- evtl. notwendige Kontrollprüfung.

Außerdem muß der Sachverständige bzw. der Prüfer kritisch

das Meßgerät und ebenso das Meßverfahren überprüfen hinsichtlich der Gesichtspunkte

- stoffbezogene Eignung,
- Meßaufwand und Nutzen,
- zulässiger bzw. zuverlässiger Meßbereich,
- Kalibrierung,
- Zweckmäßigkeit kombinierter Prüfungen.

Nicht jede Meßmethode ist für jeden Stoff geeignet. Der notwendige Meßaufwand ist recht unterschiedlich. Besonders schwierig ist es, den Aussagewert eines Meßergebnisses richtig einzuschätzen. Ein von einem Prüfgerät richtig erfaßter Meßwert ist eben gerade auch dann ohne jeden Aussagewert, wenn die eigentliche Zielgröße der Untersuchung nicht das ist, was das Gerät messen kann. Vor allem müssen die jeweiligen Randbedingungen und das unmittelbare Umfeld eines Meßpunktes in die Beurteilung eines Befundes einbezogen werden. So erweist sich, daß die zuverlässige Feuchtemessung an Baumaterialien keineswegs eine einfache Aufgabe ist. Die nachfolgenden Ausführungen sollen helfen, wesentliche Zusammenhänge des Feuchtezustands und des Feuchtetransports ebenso bewußt zu machen wie Besonderheiten einfacher und auch einiger komplexer Meßmethoden. Fehler in der Handhabung und Fehleinschätzungen von Resultaten lassen sich vermeiden, wenn Schwierigkeiten bekannt sind und stichprobenartige örtlich wie auch zeitlich punktuelle Meßergebnisse nicht überschätzt werden.

Die Komplexität der Baufeuchte zeigt sich u. a. auch darin, daß die von der BAM zusammengestellte Bibliographie zur Feuchtemessung zwar ca. 450 Literaturstellen bzw. Abstracts enthält, darunter aber vergleichsweise nur ganz wenige zu finden sind, die sich mit den praktischen

Belangen auf Baustellen oder bei der Substanzerhaltung von Bauwerken auseinandersetzen [2]. Die Belange des Bauwesens werden dagegen eingehend z. B auf dem etwa jährlich stattfindenden Feuchtetag behandelt, wenn diese Veranstaltung derzeit auch mehr wissenschaftlich als im Sinne eines baupraktischen Erfahrungsaustausches ausgerichtet ist [3]. Für den Baupraktiker geeignete Übersichten enthalten die Literaturstellen [4] bis [8]. So sind im ZfPBau-Kompemdium neben den wichtigsten Feuchtemeßverfahren insgesamt 85 zerstörungsfreie Prüverfahren bzw. Prüfgeräte des Bauwesens zusammengestellt und in den jeweils getrennten Datenblättern erläutert und kritisch bewertet [4]. Abbildung 1 zeigt die Vorderseite eines solchen Datenblattes. Als Stichwort zur Anwendung der Infrarot-Thermografie findet sich hier auch „Feuchteverteilung". Später im Abschnitt 5.1 wird hierauf näher eingegangen.

Mit der Anwendung der IR-Thermografie befaßt sich außerdem ein Merkblatt, das kürzlich veröffentlicht wurde [11]. Es ist Teil einer Merkblattreihe des Fachausschusses „Zerstörungsfreie Prüfung im Bauwesen", der DGZfP, deren Inhalt in [12] kurz dargestellt ist. Bezüglich Feuchte ist in dieser Folge noch nichts erschienen. Die Materie ist zu komplex, zumal wenn auch noch der Salzeinfluß berücksichtigt werden muß [13], [14], und die wissenschaftlichen Grundlagen zur Feuchte darzulegen sind [15]. Bekannt ist bisher lediglich ein Merkblatt zur Feuchtemessung, das sich speziell mit Mauerwerk in der Altbausanierung befaßt [16].

2. Meßumfeld

Bei Feuchtemessungen ist es entscheidend, das Meßumfeld in die Betrachtungen mit einzubeziehen. Der Feuchtezustand ist bekanntlich nicht auf einen Meßpunkt beschränkt. Dies allein deswegen schon nicht, weil in der Regel Baustoffe im Material und in den den Feuchtetransport bestimmenden Eigenschaften sehr inhomogen sind. Dementsprechend ungleichmäßig verteilt sich auch die Feuchte im Material. Hinzu kommen Einflüsse wie die Schwerkraft, das Mikroklima an äußeren Oberflächen und so fort. Der Feuchtezustand kann also schon nicht in Ausnahmefällen anhand nur eines „typischen" oder „repräsentativen" Meßpunktes – d. h. eindimensional – beurteilt werden. Er ist vielmehr zumindest zweidimensional – also zusätzlich in der Breite oder Tiefe – zu erfassen. Letztlich gibt aber nicht einmal eine dreidimensional erfaßte Feuchteverteilung ein vollständiges Bild. Es fehlt noch die Zeitkomponente. So ist der Feuchtezustand abhängig von den klimatischen Randbedingungen. Diese wiederum ändern sich ständig. Die Zeitachse ist sozusagen die vierte Dimension der Feuchte. Nur wenn alle diese vier Dimensionen in die Feuchtebestimmung einbezogen werden – wenn schon nicht in die Messung, weil viele Geräte nur punktuell messen, so doch in die Überlegungen des Sachverständigen –, ergibt sich ein zutreffendes Bild des Feuchtezustandes.

Die Abbildungen 2 und 3 sollen dies verdeutlichen. Der hier dargestellte Vorgang der Austrocknung einerseits und der Durchfeuchtung andererseits wurde mit einem sehr leistungsfähigen numerischen Rechenprogramm simuliert [17]. Zugrundegelegt sind wirklichkeitsnahe Materialkenndaten für die Luft- und die Kapillarporenverteilung, für die Rohdichte, Wärmeleitfähigkeit, Wärmespeicherfähigkeit, die Feuchtetransportkoeffizienten und so weiter, die etwa denen eines Ziegelmaterials entsprechen.

Betrachtet wird ein Wandausschnitt bis zu einer Tiefe von 20 cm. In das Wandmaterial ragt ein zur Außenfläche (A) hin offenes Bohrloch (B) mit 12 mm Durchmesser hinein (Sackloch), wie es z. B. für Feuchtemessungen im Bohrloch (vgl. Abschnitt 4.5) verwendet wird. In Abbildung 2 liegt die eine der beiden Ortsachsen in der Achse dieses Bohrloches (x-Achse) und die andere Ortsachse (y-Achse) auf der äußeren Wandoberfläche. Oberhalb dieses x/y-Schnittes durch die Wand ist im jeweiligen x/y-Punkt des Querschnittes der Wassergehalt des Wandmaterials in Volumen-Prozent aufgetragen.

Als äußere Randbedingung für dieses Modell herrscht sowohl im Bohrloch (B) als auch an der Außenfläche (A) eine relative Luftfeuchtigkeit von 100 %. Damit stellt sich im Wandmaterial zu Beginn der Modellbetrachtung überall eine Augleichsfeuchte von 3 Vol.-% ein. Dann wird in der Simulation plötzlich die äußere Randbedingung für Bohrloch und Außenfläche von 100 % auf 65 % relative Luftfeuchtigkeit gesenkt und der nun einsetzende Austrocknungsvorgang beobachtet. Man erkennt aus Abbildung 2, daß nach 14 Tagen an der Wandung des Bohrlochs ebenso wie unmittelbar an der Außenfläche sich eine neue Ausgleichsfeuchte

| BAM 2.4 | ZfP im Bauwesen | Geräte/Verfahren 1 |

Infrarot-Thermographie

Stichworte: *Wärmebrücken — Emissivität — Temperaturmessung — Infrarot-Strahlung — Bauwerkshaut — Beschichtung — Bildgebendes Verfahren — Feuchteverteilung — Ablösungen — Befestigungselement — Kiesnest — Verdichtungsmangel — Thermogramm*

Kurzbeschreibung: Bildgebendes Verfahren zur Messung der von der Oberfläche eines Körpers ausgehenden Infrarotstrahlung. Die Strahlungsleistung ist mit der Oberflächentemperatur korreliert.

90BAM1

Klassifizierungen	
Technisch:	Prüfverfahren mit aufwendigen Geräten
Ausprägung:	Zerstörungsfrei
Einsatzort:	Sowohl am Bauwerk als auch im Labor
Auswertung:	Die Untersuchung liefert Absolutwerte vor Ort
Handhabung:	Eine Schulung des Prüfpersonals ist notwendig
Zeitaufwand:	Weniger als ein Tag

Nebenbedingungen für den Einsatz: Untersuchungsobjekt muß aus dem Blickwinkel der Kamera zugänglich sein. Keine heißen Objekte im Vordergrund, möglichst keine Sonneneinstrahlung, keine störenden Windverhältnisse. Beste Meßzeit außerhalb der üblichen Arbeitszeit.

Einflußgrößen: Sonnenstand, Wind, Feuchtigkeit, Emissivität der Oberfläche (speziell Glas, Metall).

Eignung zur Bauwerksdiagnose: Gut geeignet zum Auffinden von Wärmelecks und Defekten in oberflächennahen Schichten, falls ein Temperaturgradient exisitert.

Zielgröße Materialbeschaffenheit: Materialaufbau (verschiedene Schichten, Homogenität wie z.B. Verwendung gleichartiger Mauersteine, Hinterfüllungen o. ä.) kann global detektiert werden.

Bauwerksüberwachung: Verfahren eignet sich zur Klärung spezieller Fragestellungen im Rahmen von regelmäßig auszuführenden Überwachungen.

Bauwerksprüfung: Bei speziellen Fragestellungen gut geeignet, da bildgebendes Verfahren.

Bauwerksinstrumentierung: Für die Instrumentierung ungeeignet, derartige Anwendungen nicht bekannt.

Ausführungen: Von hochauflösenden teuren Kamerasystemen mit integrierter Bildverarbeitung bis zu einfachen Überwachungsgeräten.

Entwicklungsstand: Standardverfahren mit Entwicklungsmöglichkeiten.

Gerätekosten: von 60000 bis 500000 DM

Bemerkungen, Empfehlungen, Alternativmethoden: Die IR-Thermographie wird in mehreren Versionen eingesetzt: *Infrarot-Reflektographie, *Induktions-Thermographie, *Infrarot-Strahlungsthermometer.

Abb. 1. Datenblatt Infrarot-Thermografie aus [4]

Austrocknung
zweidimensional (radialsymmetrisch)

Randbedingung: 65 % rel. Luftfeuchte für Bohrloch (B) und Außenfläche (A)

Durchfeuchtung
zweidimensional (radialsymmetrisch)

Randbedingung: 100 % rel. Luftfeuchte für Bohrloch (B) und Außenfläche (A)

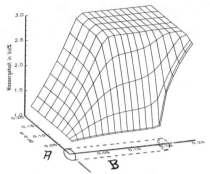

Wassergehalt in Vol-% nach 14 Tagen

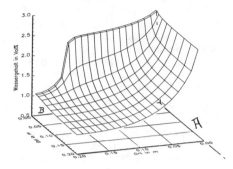

Wassergehalt in Vol-% nach 14 Tagen

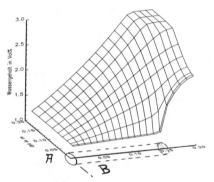

Wassergehalt in Vol-% nach 60 Tagen

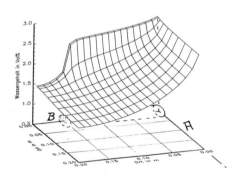

Wassergehalt in Vol-% nach 60 Tagen

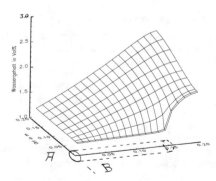

Wassergehalt in Vol-% nach 120 Tagen

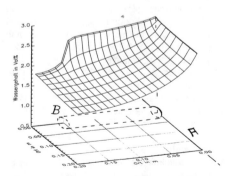

Wassergehalt in Vol-% nach 120 Tagen

Abb. 2. Rechnerische Simulation einer Austrocknung

Abb. 3. Rechnerische Simulation einer Durchfeuchtung

herausgebildet hat, daß jedoch in einigen Zentimetern Tiefe – besonders im Bereich des Bohrlochs – sich nur wenig änderte. Selbst nach 60 Tagen hat der Austrockungsvorgang noch immer nicht denjenigen Bereich erreicht, der 20 cm tief von der Außenfläche und ebenfalls 20 cm tief vom Bohrloch entfernt liegt. Nach 120 Tagen schließlich ist die Austrocknung des Materials unverkennbar, aber dennoch nicht abgeschlossen. Die nach wie vor konstante relative Luftfeuchte von 65 % im Bohrloch steht immer noch nicht im Gleichgewichtszustand mit der Materialfeuchte.

Analog zum in Abbildung 2 dargestellten Austrocknungsvorgang zeigt Abbildung 3 die Durchfeuchtung zum selben Modell und mit denselben Materialkenndaten. Zunächst liegt in diesem Fall langzeitig als äußere Randbedingung eine relative Luftfeuchtigkeit von 65 %, die nun bei der Simulation zum Zeitpunkt Null plötzlich auf 100 % angehoben wird. Die Durchfeuchtung müßte also nach ausreichend langer Zeit wieder den Wert von 3 Vol.-% annehmen, wie er anfangs der Abbildung 2 zugrundelag.

Grafisch ist allerdings diesmal der Feuchtezustand schwierig darzustellen. Um verdeckte Linien zu vermeiden, wurde deshalb das Modell in Abbildung 3 gegenüber Abbildung 2 gedreht. Das Bohrloch (B) befindet sich, wie man am besten am Feuchtezustand zum Zeitpunkt 120 Tage nach Beginn der Durchfeuchtung erkennt, nunmehr am hinteren Rand der betrachteten Querschnittsfläche, die Außenfläche (A) liegt rechts im Bild. Wie schon bei der Austrocknung zeigt sich nun auch in Abbildung 3 bei der Durchfeuchtung, daß die Anpassung der Feuchteverteilung im Material an die geänderte äußere Randbedingung ein ausgesprochen langsamer Vorgang ist. Während der gesamten Zeitspanne von 120 Tagen hatte das Bohrloch eine konstante relative Luftfeuchtigkeit von 65 % bei der Austrocknung bzw. 100 % bei der Durchfeuchtung. Für die tatsächliche Materialfeuchte war diese Luftfeuchte jedoch zu keinem Zeitpunkt repräsentativ. Es liegt auf der Hand, daß bei einem freien Einpendeln bzw. Angleichen (also nicht wie hier konstant gehaltener Luftfeuchte) zwischen Material- und relativer Luftfeuchtigkeit die Vorgänge noch viel träger ablaufen. So wird man dann zwar von einem Tag zum nächsten kaum eine Änderung der relativen Luftfeuchte im Bohrloch feststellen, kann aber nach den Ergebnissen der hier dargelegten Simulationsrechnung keineswegs sicher sein, daß dies tatsächlich den bei verschiedenen Meßverfahren vorausgesetzten Gleichgewichtszustand zwischen der zu ermittelnden Material- und der wirklich gemessenen relativen Luftfeuchtigkeit anzeigt.

Obige Modellbetrachtungen zeigen zudem sehr klar, daß bei den in der Realität ständig wechselnden Austrocknungs- und Durchfeuchtungsvorgängen von einer gleichmäßigen Feuchteverteilung im Material wohl keine Rede sein kann. In den meisten Fällen wird der Feuchtegehalt in oberflächennahen Bereichen am geringsten sein und zum Kernbereich des Materials hin ansteigen. Werden Proben wie Bohrkerne entnommen und getrocknet, um z. B. mit dem ermittelten Feuchtewert die Meßwerte einer Prüfmethode zu kalibrieren, so ist dies stets ein auf die gesamte Probe bezogener, also ein integraler Wert. Dieser kann in Teilpartien der Probe ebenso unter- wie überschritten werden. Erfaßt somit eine Feuchtemeßmethode lediglich die Materialoberfläche, so zeigen diese Überlegungen ebenso wie die aus den Abbildungen 2 und 3 ersichtliche vergleichsweise schnelle Anpassung der Feuchte nur im oberflächennahen Bereich die besondere Schwierigkeit, hieraus mit ausreichender Aussagesicherheit auf den Feuchtegehalt in etwas tiefer gelegenen Bereichen zu schließen. Eine Messung an der Außenfläche (A) oder im Bohrloch (B) hätte bei Feuchtzuständen wie in Abbildung 2 oder 3 nach 14, 60 oder 120 Tagen stets etwa zum gleichen Meßergebnis geführt. Die Feuchte im Innern wies aber erhebliche Unterschiede auf.

3. Meßmöglichkeiten

Als Konsequenz aus den vorangegangenen Modellbetrachtungen bleibt festzuhalten, daß Feuchtmessungen sehr leicht zu irreführenden Resultaten führen, wenn das Meßumfeld unberücksichtigt bleibt. Gängige Meßverfahren, wie sie nachfolgend beschrieben werden, sollten von Bausachverständigen mit „konstruktiver Skepsis" begleitet werden. Diese Meßverfahren sollen eine Aussage, müssen häufig aber nicht als Zahlenwert verwendet, sondern bezüglich der Feuchte noch gewertet werden. Im Zweifelsfall kommt man nicht umhin, sofern allerdings der Mehraufwand gerechtfertigt erscheint und auch einige sonstige Meßvoraussetzungen gegeben sind, auf komplexe Untersuchungsmethoden zurückzugreifen. Aus diesem Grunde werden hier auch komplexe Feuchtemeßverfahren kurz beschrieben.

Vom Meßprinzip her arbeiten die Feuchte-Prüfverfahren
- mit Probenahme
- *mittels* Indikatortechnik
- *mittels* relativer Luftfeuchtigkeit
- *mittels* elektrischer Größen
- *mittels* thermischer Größen
- *mittels* akustischer Größen
- *mittels* nuklearer Wechselwirkung
- *mittels* Mikrowellen.

Dabei ist die Feuchtemeßmethode
- direkt
- indirekt
- hybrid

und das Meßergebnis
- quantitativ
- qualitativ
- relativ
- kombiniert
- stationär
- instationär bzw. erfaßt als Funktion die zeitliche Abhängigkeit.

Mit der eingangs angeführten Einschränkung, daß die zu behandelnden Prüfverfahren unmittelbar oder mittelbar für Feldmessungen geeignet sein sollen, sind derzeit im Bauwesen folgende Feuchtemeßmethoden mehr oder weniger erprobt:

Gängige Feuchtemeßverfahren
- Indikatortechnik
- Trocknung von Bohrmehl
- Trocknung von Bohrkernen
- Kalzium-Karbid-Methode
- Charakteristische relative Luftfeuchtigkeit
- Elektrische Leitfähigkeit / Elektrischer Widerstand
- Dielektrisches (kapazitives) Feuchtemeßverfahren
- λ-Sonde
- Ultraschall-Laufzeitmessung

Komplexe Feuchtemeßverfahren
- Infrarot-Thermografie
- Infrarot-Reflektografie
- Neutronensonde
- Mikrowellen-Transmission
- Radar

Aus dieser Zusammenstellung wird deutlich, daß fast alle angeführten Verfahren nicht direkt den Feuchtegehalt feststellen, sondern vielmehr indirekt *mittels* einer Meßgröße, die mit der Feuchte korreliert. Eine direkte Messung liefert ein *quantitatives* Ergebnis, ausgedrückt in Masse bzw. Gramm Wasser. Dieses wird auf das trockene Material (Masse oder Volumen) bezogen (Masse-% oder Vol.-%) [9]. Es ist klar, daß die indirekten Methoden ein solches exaktes quantitatives Ergebnis nur dann erbringen können, wenn zwischen dem Wassergehalt einerseits und der tatsächlich gemessenen Größe wie z. B. dem elektrischen Widerstand andererseits ein bekannter und eindeutiger Zusammenhang besteht. Bei einer direkten Feuchteermittlung muß einzig der Meßvorgang fehlerfrei sein, bei indirekter Messung ist es zusätzlich die mehr oder weniger enge Abhängigkeit der durch die Feuchte beeinflußten Meßgröße von der tatsächlichen Materialfeuchte.

Bei indirekter Feuchteermittlung begnügt man sich deshalb häufig anstelle der quantitativen mit *qualitativen* Ergebnissen. In der Tat ist es für viele Aufgabenstellungen völlig ausreichend festzustellen, an welcher Stelle ein Objekt merklich mehr oder auch am meisten durchfeuchtet ist. Für die oben aufgelisteten indirekten Meßgrößen – also sozusagen Ersatz-Meßgrößen für den Feuchtegehalt wie elektrischer Widerstand usf. – können an den jeweiligen Meßgeräten durchaus Zahlenwerte abgelesen werden. Es ist aber vermessen und irreführend zugleich, hierin quantitative Angaben für die Materialfeuchte zu sehen. Allenfalls kann dies im Einzelfall gelten, wenn sich nämlich nach eigener (!) Erfahrung herausgestellt hat, daß bei einer bestimmten Material-Varietät (also z. B. Kiefernholz der Lieferung XY) und bei den gleichen örtlichen und zeitlichen Randbedingungen wie zuvor eine gute Korrelation zwischen Ersatz-Meßwert und Materialfeuchte gegeben ist. Man kann von einem indirekten Meßverfahren nicht verlangen, den wirklichen Feuchtegehalt eines Materials wie Zementestrich und daneben auch noch von Holz usw. quantitativ in Masse-% oder Vol.-% generell richtig anzuzeigen. Möglich ist es aber, beim eigenen Meßproblem mit Vorinformationen wie Bezug zu vorangegangenen Messungen gleicher Art z. B. für einen Estrich ganz bestimmter Zusammensetzung zu Feuchteaussagen zu kommen.

In der Regel besser als solches Vorgehen und daher zu empfehlen sind *relative* Messungen. Dabei dienen die qualitativen Meßergebnisse von vornherein nur dazu, sich einen Überblick zu verschaffen. Anschließend werden dann an besonders trocken und an besonders feucht erscheinenden Stellen sowie bei unklaren Situationen quantitative Messungen mit einer direkten Methode durchgeführt. Dies sind die Bezugswerte für alle anderen Meßergebnisse.

Daneben unterscheiden sich die Feuchtemeßverfahren auch noch in einer ganzen Reihe anderer wichtiger Merkmale, die für ihre Auswahl bei der Feldmessung entscheidend sein können. So kann die Meßmethode *punktorientiert* sein und somit stets nur einen einzigen Meßpunkt erfassen. Sie kann aber auch *flächig* arbeiten, indem z. B. automatisch an verschiedenen Meßpunkten der Meßfläche nacheinander gemessen wird („scannen" der Meßfläche). Alle diese Meßwerte können zu einem Feuchtefeld zusammengefaßt werden, was wiederum bei einem *bildgebenden* Verfahren wie der Infrarotthermografie von vornherein der Fall ist. Schließlich ist es für die Auswahl eines Feuchtemeßverfahrens, wenn man die Kosten außer Betracht läßt, entscheidend, ob mit der Meßmethode lediglich die Materialoberfläche oder aber mit Tiefenwirkung auch die oberflächennahen Schichten erfaßt werden oder sogar eine Messung im Materialvolumen möglich ist. Von ganz entscheidender Bedeutung kann auch der Gesichtspunkt der *Wiederholbarkeit* einer Messung in bestimmten Zeitabständen sein, um den Verlauf einer Feuchteverteilung (*instationäre* Feuchteverteilung) ermitteln zu können. Dabei muß das Meßobjekt in seiner Substanz unverändert bleiben. Vom Prinzip her scheidet dann die Entnahme von Proben aus.

Alle diese Auswahlkriterien sind in Abbildung 4 für eine schnelle Übersicht den oben bereits angeführten Feuchtemeßverfahren gegenübergestellt. Dabei mußte vereinfacht werden. Die Zuordnung darf nicht zu eng gesehen werden, die Übergänge sind gleitend.

Letztendlich bleibt noch zu erwähnen, daß mitunter Feuchtemeßverfahren zur Verbesserung der Ergebnisse *kombiniert* werden. Anders als bei Kontrollprüfungen, wo eine Feuchtebestimmung mit einer separaten Meßmethode noch einmal zu Vergleichszwecken wiederholt wird [7], ergibt sich bei kombinierten Verfahren das Feuchteergebnis aus zwei oder mehr gesonderten Teilergebnissen. Auf diese Weise kann u. U. der Störeinfluß verschiedener Randbedingungen, welche die beteiligten Meßverfahren in unterschiedlichem Ausmaß beeinflussen, verringert werden. Als *hybrid* wäre dagegen eine Feuchteermittlung zu bezeichnen, wenn das Vorgehen völlig unterschiedliche Komponenten einschließt. Hybrid ist z. B. die Verknüpfung von Messungen mit Rechenverfahren. Hier wird anhand von Feuchtemessungen im gesamten Volumen des Objektes ermittelt. Dies ist die Grundlage für Berechnungen des Feuchtetransports, die in der heute bereits erreichten Ausbaustufe auch die Prognose von Feuchteverteilungen wie die Vorhersage der Dauer von Austrocknungsvorgängen ermöglichen [17].

4. Gängige Feuchtemeßgeräte und -verfahren

Die gängigen und komplexen Feuchtemeßverfahren werden nachfolgend in der bereits im vorigen Abschnitt angeführten Reihenfolge erläutert. Für alle diese Methoden gelten die vorangestellten besonderen Hinweise zum überaus wichtigen Meßumfeld, so daß die Vorteile des jeweiligen Meßverfahrens, aber auch Vorbehalte und Einschränkungen nicht mehr im einzelnen darzulegen sind.

4.1 Indikatortechnik

Feuchteindikatoren sind besonders kostengünstig. Es handelt sich hierbei um chemisch präparierte Teststreifen oder Testmarken, die bei einem höheren als dem eingestellten Feuchtewert einen Farbumschlag zeigen oder auch den Feuchtewert in verschiedenen Farbstufen von trocken über normal bis feucht ausweisen (Abb. 5). Die Farbstreifen werden in unterschiedlicher Größe gefertigt, z. B 50 mm oder 100 mm lang und 20 mm oder 50 mm breit oder auch größer. Frei aufgehängt zeigen bestimmte Ausführungen die relative Luftfeuchtigkeit an. Andere werden als Haftetiketten geliefert, sind aber ebenfalls für die Anzeige der relativen Luftfeuchtigkeit bestimmt.

Diese allerdings ist bekanntlich abhängig von der Lufttemperatur, so daß eine temperaturabhängige Korrektur der Feuchteanzeige notwendig wird. Die relative Feuchte ist ein Bruchteil des Wasserdampfsättigungsdrucks (dieser entspricht somit 100 % Feuchte), der bei 20 °C Lufttemperatur 2340 Pa, bei 0 °C aber nur 611 Pa beträgt. Diese Konstellation 0 °C / 611 Pa wiederum würde bei auf 20 °C angehobener Lufttemperatur (also 20 °C / 611 Pa) nur einer relativen Feuchte von $611 \times 100 / 2340 = 26{,}1\,\%$ entsprechen.

	Feuchtemessung										
	direkt	indirekt	qualitativ	quantitativ	punktorientiert	flächig	bildgebend	wiederholbar	Oberfläche	Schicht	Volumen
Indikator-Technik	X	X			X			X	X		
Darrmethode	X		X		X				X	X	X
CM-Gerät (Kalzium-Karbid-Methode)	X		X		X				X	X	X
Relative Luftfeuchtigkeit	X	X			X			X		X	
Elektrische Leitfähigkeit	X	X			X			X	X	X	
Dielektrizität	X	X			X			X	X	X	
λ-Sonde	X	X			X			X		X	
Infrarot-Thermografie	X	X				X	X	X	X		
Infrarot-Reflektografie	X		X			X	X	X	X		
Neutronensonde	X			X	X			X		X	X
Mikrowellen-Transmission	X		X		X			X	X	X	X
Radar		X	X			X	X	X		X	X

Abb. 4. Merkmale von Feuchtemeßverfahren

Teststreifen Testmarken	Beim chemisch präparierten Material (auf Papierbasis) erfolgt ein Farbumschlag bei zunehmender Feuchte bzw. Trockenheit
	Die Streifen werden aufgeklebt oder aufgehängt. Sie reagieren auf die **relative Luftfeuchtigkeit** etwa im Bereich von 20% bis 80% r.F.
	Korrektur der rF-Werte notwendig bei niederen oder höheren Temperaturen als 20 °C

Abb. 5. Indikatortechnik

Werden diese physikalischen Zusammenhänge nicht beachtet, sind Fehlinterpretationen – und in deren Gefolge wohl auch Streitfragen – vorgegeben. Dies gilt den eingangs gegebenen Erläuterungen zum Meßumfeld zufolge besonders dann, wenn mit der Indikator-Technik nicht die relative Luftfeuchtigkeit, sondern unmittelbar die Materialfeuchte bestimmt werden soll.

4.2 Trocknen von Proben (Darr-Versuch)

Die Entnahme von Proben in Gestalt von Bohrmehl, Bohrkernen oder auch Aushack- bzw. Ausstemmstücken, die anschließend getrocknet werden, ist sicherlich die gängigste Art der Feuchtebestimmung (Abb. 6). Das Trocknen erfolgt bis zur Gewichtskonstanz bei einer für das Material verträglichen Temperatur. Zumeist wird bei 105 °C getrocknet, aber z. B. Anhydritestrich nur bei 40 °C. Die Proben sind vor und nach dem Trocknen zu wiegen, die Differenz (der Masseverlust) ist der Feuchtgehalt. Werden bei dieser gravimetrischen Methode einige Grundregeln beachtet, so geben die Meßwerte besonders zuverlässig die Materialfeuchte wieder und können damit der Kalibrierung anderer Meßverfahren oder als Stützpunkte für die zuvor erläuterte Relativmessung dienen.

Daß die Entnahme der Proben in einer Weise zu erfolgen hat, die eine Verfälschung des Meßergebnisses ausschließt, erscheint selbstverständlich. Die sonst übliche Kühlung des Bohrgerätes mit Wasser scheidet damit aus. Trotzdem darf wegen der Gefahr des Verdunstens bei der Bohrung keine nennenswerte Wärmeentwicklung entstehen. Dies ist um so mehr zu beachten, je größer das Verhältnis von Mantelfläche zum Kernvolumen des Bohrkerns ist. In dieser Hinsicht ist ein kleiner Bohrkern von z. B. 18 mm (Bohrung 22 mm) ungünstiger als eine 50 mm Bohrung [1]. Ist das Objektmaterial zu hart, wird u. U. nicht gebohrt, sondern es muß gestemmt werden. Üblich ist es in der Praxis, das Probematerial sofort nach der Entnahme luftdicht zu verpacken, um eine Veränderung des Wassergehaltes bis zur Laboruntersuchung zu vermeiden. Besser wäre natürlich eine sofortige Feuchtebestimmung am Entnahmeort. Tatsächlich kann jeder Kontakt zur Luft zum Feuchteaustausch und damit zu einem verfälschten Meßergebnis führen. Wenn schon eine gravimetrische oder andere Analyse an Ort und Stelle nicht möglich ist, so ist wenigstens beim Verpacken die das Material umgebende Luftmenge möglichst gering zu halten. Beutel sind deshalb besser geeignet als Büchsen. Selbstverständlich muß die Verpackung trocken sein. Wegen möglicher Aufnahme von Wasser aus der Probe muß sie auch vor dem Einfüllen des Probenmaterials und nach dem Entleeren gewogen werden. Reaktionen der Probe mit der Umgebung sind um so mehr zu vermeiden, je feiner das Material ist. Besonders bei Bohrmehl besteht die Gefahr des Feuchteverlustes wegen der im Vergleich zum Bohrkern extrem großen Oberfläche. Man muß also im Auge behalten, daß in der Tendenz die gravimetrische Methode zu niedrige, nie zu hohe Feuchtewerte liefert.

Leider wird häufig nicht beachtet, daß große spezifische Kornoberflächen auch andere chemische Reaktionen als nur die kapillare Feuchteaufnahme oder -abgabe begünstigen. Bei zementgebundenen Baustoffen binden z. B. Hydratisierungsvorgänge chemisch Wasseranteile, die dann bei der gravimetrischen Meßmethode nicht mehr mitwirken. Aber auch ohne

Bohrmehl	Die mittels *Trockenbohrung* entnommene Probemenge wird nach dem Trocknen gewogen
Bohrkern	Trockenbohrung, Trocknung und Wägung wie bei Bohrmehl. Minimaler Kerndurchmesser 18 mm (Naturstein), sonst besser ≥ 50 mm
Wägungen	liefern sehr exakte Ergebnisse (gravimetrische Feuchtigkeitsmessung)
Trocknen	i.d.R. bei nicht mehr als 105 °C (Vorsicht bei gipshaltigen Proben!)
Feuchteverluste beim Bohren und Transport des Probematerials sind möglich. Besonders beim **Bohrmehl** Gefahr des Feuchteverlustes wegen der großen spezifischen Oberfläche. Je größer der **Bohrkern**durchmesser, desto geringer sind solche Störeinflüsse, desto länger aber die Trocknungszeit (Feuchtetransport in der Probe ist je nach Material unterschiedlich).	
Bei Entnahme von **Bohrmehl** auf keinen Fall Einzelkomponenten mischen (z. B. für "repräsentative mittlere Feuchte"), da gegenseitige Beeinflussung.	

Abb. 6. Trocknen von Proben

derartige chemische Reaktionen ermöglicht die überaus große Kornoberfläche des Bohrmehls einen vergleichsweise schnellen Feuchtigkeitsausgleich innerhalb des Probenmaterials, was bei der Analyse nur von Teilmengen aus der Gesamtmenge zu beachten ist. Beim Zerkleinern von Beton-Bohrkernen kann man große Kieskörner, die selbst kaum Feuchte enthalten, bei bestimmten Aufgabenstellungen entfernen, um den Feuchtegehalt des übrigen Materials wirklichkeitsnah zu bestimmen. Beim Bohrmehl ist dies nicht möglich. Der im Kern trockene Kies ist Teil des Mahlgutes und mindert im Prinzip also den Feuchtewert. Manche Unterschiede zwischen Bohrmehl- und Bohrkernmessung lassen sich so erklären.

4.3 Gesamt-Wassergehalt des Probenmaterials

Durch obigen Hinweis auf evtl. mögliche chemische Reaktionen drängt sich die Frage auf, wie nicht nur die Menge des freien Wassers (was der praxisüblichen Aufgabenstellung entspricht), sondern auch die des chemisch gebundenen Wasser gemessen werden kann. Nur am Rande, weil bisher weder als gängiges noch als erprobtes komplexes Feuchtemeßverfahren zu bezeichnen, sei daher hier auf ein noch in der Entwicklung befindliches Labormeßverfahren hingewiesen, das anhand der kernmagnetischen Resonanz (NMR) die vorhandenen Wasserstoffkerne mißt [4] (Abb. 7).

Mit Proben mineralischer Baustoffe machte man positive Erfahrung bei der Bewertung der Wassereindringtiefe und bei der Kontrolle der Wirkung von Hydrophobierungsmitteln [18].

4.4 Kalzium-Karbid-Methode

Diese in einigen Baubereichen verbreitete und sehr anerkannte weil auch schnelle Feldmeßmethode ist immer dann ohne Probleme einsetzbar, wenn die im zu prüfenden Material enthaltene Feuchte für die dem Verfahren eigene chemische Reaktion des Wassers mit Kalzium-Karbid (Calciumkarbid) leicht zugänglich ist (Abb. 7). Dies gilt z. B. für die Oberflächenfeuchte von Sanden. Andere Materialien müssen ggf. sorgfältig zerkleinert werden. Die Menge des Probenmaterials ist durch die Größe des Meßgefäßes (Druckflasche), aber auch durch die Reaktionsmenge des beigegebenen Calciumkarbids CaC_2 begrenzt. Je größer das Korn des Probenmaterials ist (i. d. R. 2 mm bis 5 mm), desto größer kann auch die Einwaagemenge sein. Beim Belegen von Fußböden werden zur Kontrolle des Feuchtegehaltes der Tragschicht bei Zementestrich 20 Gramm und bei Anhydritestrichen 50 Gramm Prüfgut zerkleinert. Die Probenahme erfolgt dabei über die gesamte Höhe der Tragschicht [19]. Bei solchem Vorgehen muß man jedoch im Auge behalten, daß i. d. R. der oberflächennahe Bereich trockener ist, es in der Tragschicht also feuchtere Zonen gibt, als der so ermittelte Meßwert ausweist.

In der Druckflasche zertrümmern Stahlkugeln das in einer Glasampulle enthaltene Calciumkarbid, das nunmehr mit Wasser reagiert. Neben Calciumhydroxid entsteht dabei Acetylengas, welches den Gasdruck im Gefäß ansteigen läßt [4]. Anhand von Kalibriertafeln ergibt sich aus dem Maximalwert des Gasdruckes der Gehalt an freiem Wasser.

Für Sande gehören solche Kalibriertabellen zum Gerät. Auch für Estriche wurden kürzlich neue Kalibriertafeln herausgebracht [19]. Für andere Materialien lassen sie sich leicht selbst erstellen. Bekannt wurde diese Meßmethode auch für die schnelle Überprüfung des Wasser/Zement-Wertes von Frischbeton. Da jedoch

Calcium-Carbid-Methode	Die Feuchte einer sorgfältig zerkleinerten Materialprobe von 10 g bis 50 g reagiert in einer Druckflasche mit Calciumcarbid zu Acetylen: $CaC_2 + 2H_2O \rightarrow C_2H_2 + Ca(OH)_2$ Aus dem Druckanstieg im Gefäß ergibt sich der Gehalt an freiem Wasser anhand v. **Kalibriertabellen**
	Methode gut geeignet für **Sande** und - bei ausreichender Erfahrung - auch für ähnliche Materialien. Im Vergleich zum Darrversuch sind Handhabung (keine Waage, keine Flamme) und geringer Zeitaufwand von Vorteil. Für **Frischbeton** (Menge $\geq$ 200 g) jeweils eigene Kalibrierung erforderlich. Methode für erhärteten Beton dagegen i.d.R. nicht geeignet.
Kernspinresonanz (NMR)	Bestimmt werden die in einer Probe vorhand. Wasserstoffkerne: **N**uclear **M**agnetic **R**esonanz (Kernmagnetische Resonanz)
	Messungen (aufwendig, teuer) bisher nur im **Labor**, Proben mit maximalem Durchmesser von 30 mm. Nicht nur freies, auch chemisch gebundenes Wasser wird gemessen. Positive Erfahrung bei Bewertung der **Wassereindringtiefe** und der Wirkung von **Hydrophobierungsmittel**n.

Abb. 7. Feuchtemeßverfahren mit Probenahme

Relative Luft-Feuchtig-keit	Ein Bohrloch bleibt zunächst solange verschlossen, bis sich zwischen Baustoff und eingeschlossener Luft ein **Gleichgewichtszustand** bezüglich Temperatur und Feuchte einstellt. Dann wird der Meßstab (die Sonde) in das Bohrloch eingeführt, das batteriebetriebene Anzeigegerät zeigt den Wert der relativen Feuchte
	Nach gleichem Meßprinzip wird in Großbritannien empfohlen, **Estrich** mit einer Folie abzudecken und darunter bei Erreichen der Gleichgewichtsfeuchte die relative Luftfeuchtigkeit als Maß für die Austrocknung des Belages zu betimmen (British Standard Code of Practice Nr. 203).
	Das Verfahren mit dem Feuchtemeßstab führt nur dann zu brauchbaren Ergebnissen, wenn der **Zeiteinfluß** des Feuchtetransports im Material und andere störende Einflüsse wie **Salzgehalt** gering sind.

Abb. 8. Relative Luftfeuchtigkeit als Meßbasis

praktisch jeder Beton anders zusammengesetzt ist, ist zumindest für jede Betonrezeptur eine gesonderte Kalibrierung erforderlich. Außerdem beträgt die für die Prüfung erforderliche Frischbetonmenge in Anbetracht des groben Betonzuschlags mindestens 200 Gramm [21]. Für Festbeton wurde demgegenüber noch keine positive Erfahrung mit der Kalzium-Karbid-Methode bekannt, was sicherlich mit der bereits erwähnten Notwendigkeit der reaktionsbereiten Verteilung des Wassers der Materialprobe im Zusammenhang steht.

4.5 Charakteristische relative Luftfeuchtigkeit

Für dieses recht häufig angewandte Feuchtigkeitsmeßverfahren gelten in ganz besonderem Maße die Hinweise in Abschnitt 2 zum Meßumfeld mit den Erläuterungen zu den Abbildungen 2 und 3. Sorgfältig zu beachten sind auch die Angaben im Abschnitt 4.1 bezüglich der Definition der relativen Luftfeuchtigkeit.

Das Meßverfahren zur Ermittlung des Feuchtegehaltes eines Objektes beruht auf der Tatsache, daß zwischen der relativen Luftfeuchtigkeit und der Oberflächenfeuchte eines Materialis ständig ein Feuchteaustausch stattfindet, und sich nach einiger Zeit diesbezüglich ein Gleichgewichtszustand (Gleichgewichtsfeuchte oder als Ausgleichsfeuchte bezeichnet) einstellen will. Störend wirken Einflüsse wie das von einer zur benachbarten Stelle meist unterschiedliche Mikroklima. Um beim Messen solche störenden Einflüsse der Umgebung zu vermeiden, wird gegebenenfalls die Oberfläche eines Objektes mit einer Folie abgedeckt, wie es z.B. der britische Standard Nr. 203 für Estrich empfiehlt [20]. Dem Feuchtegehalt im Kernbereich eines Materials kommt man über ein Bohrloch näher, in welches ein Feuchtemeßstab eingeführt wird (Abb. 8). Einige dieser Handgeräte gestatten neben der Feuchte- zugleich auch die – wie zur Indikator-Technik erläutert – wichtige Temperturmessung.

4.6 Elektrische Leitfähigkeit bzw. elektrischer Widerstand

Meßprinzip und Meßvorgang sind beim Bestimmen der elektrischen Leitfähigkeit oder des elektrischen Widerstandes gleich. Eingesetzt werden Handgeräte, die in erster Linie qualitative Aussagen über die Materialfeuchte an der Oberfläche ermöglichen. Je homogener das Material ist und je weniger der Salzgehalt eines Baustoffes die elektrische Leitfähigkeit beein-

Elektrische Leitfähigkeit (Elektrischer Widerstand)	Zwischen zwei Meßpunkten am Handgerät wird die elektrische Leitfähigkeit bzw. der elektrische Widerstand an der **Materialoberfläche** gemessen. Meßfühler können auch in **Bohrungen** von etwa 6 mm Durchmesser und etwa 150 mm Abstand eingeführt werden, um Feuchte in **tieferen Schichten** zu bestimmen.
	Die elektrische Leitfähigkeit ist die reziproke Größe des spezifischen elektrischen Widerstandes. Starke Abhängigkeit vom **Salzgehalt** des Baustoffes.
	Wichtig ist ein guter und stets gleichbleibender Kontakt der Elektroden mit dem zu messenden Material, Bohrlöcher werden mit elektrisch leitendem Gel gefüllt.
	Diese Art von Meßgeräten wird häufig angewendet, zufriedenstellende Ergebnisse insbesondere bei **Holz** und im übrigen bei Vergleichsmessungen am selben Material (z.B. **Feuchtigkeitsverteilung** im **oberflächennahen Bereich** einer Wand).
Dielektrizität	Die dielektrische Eigenschaft von Wasser (Dielektrizitätskonstante von Wasser etwa 80, von Baustoffen dagegen 2...10) erhöht die Kapazität eines Kondensators, diese wird gemessen und ist Maß für Feuchtegehalt (**kapazitives Meßverfahren**).
	Verfügbar sind zwei Ausführungsformen, als **Oberflächenmeßgerät** (geeignet für Relativmessungen zur Feuchteverteilung im oberflächennahen Bereich) und als **Sonde** zum Einsatz in Bohrlöchern (Einschränkungen wie beim Feuchtemeßstab, da im Grunde die relative Luftfeuchtigkeit gemesen wird).

Abb. 9. Feuchtenmessung mittels elektrischer Größen

flußt, desto zuverlässiger ist das Meßergebnis. Die relativ besten Erfahrungen liegen deshalb mit Holz vor, mit Einschränkungen auch mit Estrichprüfungen. Bei letzteren und den meisten anderen Materialien dürfen aber die Randbedingungen des jeweiligen Meßumfeldes – insbesondere der eingangs herausgestellte Zeiteinfluß – bei der Wertung des Prüfergebnisses keinesfalls außer acht gelassen werden. Außer Störgrößen wie Inhomogenitäten im Material und Elektrolytgehalt bleibt auch der Temperatureinfluß zu beachten, zumal es sich um eine reine Oberflächenmessung handelt.

Jeder Baustoff hat eine eigene Transportgeschwindigkeit für Feuchte und auch eine eigene Verdunstungsrate. Ist die Verdunstung an der Oberfläche größer als der Feuchtenachschub aus tieferen Schichten, so zeigt sich die Materialoberfläche trocken, das Material selbst ist es aber nicht. Um tiefere Schichten zu erfassen, werden deshalb die Meßfühler auch in Bohrungen mit etwa 6 mm Durchmesser eingeführt (Abb. 9). Der notwendigerweise stets gleichbleibende Kontakt zum Material kann mit einem elektrisch leitenden Gel hergestellt werden. Ist der Stromübergang von der (Nadel-)Elektrode zum Objekt nicht gut oder nicht konstant, so ergeben sich unbrauchbare Vergleichswerte von Meßstelle zu Meßstelle. Dies gilt ebenso für die Metallspitzen oder die anderen Formen der Elektroden (z.B Ringelektroden für glatte Oberflächen), die an der Materialoberfläche aufgesetzt werden. Die Feuchtemessung mittels elektrischer Leitfähigkeit oder elektrischen Widerstandes ist also mit der besonderen Problematik behaftet, daß der elektrische Kontaktwiderstand zum Meßobjekt zu unsicher und außerdem leicht zu groß sein kann im Vergleich zum Meßwert [4].

4.7 Dielektrisches bzw. kapazitives Feuchtemeßverfahren

Es liegt nahe, als Meßprinzip bei der Feuchtebestimmung die stark unterschiedliche dielektrische Eigenschaft von Wasser gegenüber Baustoffen zu nutzen. Ein Dielektrikon ist ein elektrisch nicht leitender Stoff (Isolator), der im elektrischen Feld eines Kondensators dessen Kapazität erhöht. Baustoffe wirken in dieser Hinsicht in weit geringerem Ausmaß als Wasser, ihre relative Dielektrizitätskonstante ist wesentlich kleiner (Abb. 9). Verständlich, daß auch der Salzgehalt die dielektrischen Eigenschaften ändert.

Als Meßgröße für die Feuchte wird die beim Aufladen des Kondensators erreichbare Kapazität bestimmt [4]. Da dabei ein elektrisches Feld aufgebaut wird, hat das auf der Objektoberfläche aufgesetzte Gerät auch eine gewisse Tiefenwirkung. Bei Stahlbeton ist allerdings die Eindringtiefe zumeist geringer als die Dicke der Betondeckung über der Bewehrung. Umwandlungsprozesse im Material wie die Hydratisierung dürfen nicht vernachlässigt werden, da sich nicht nur der Stoff, sondern möglicherweise auch seine meßbaren dielektrischen Eigenschaften unabhängig vom Gehalt an freiem Wasser ändern. Von Einfluß können auch bestimmte Beimengungen im Material wie ferritische Komponenten sein, welche zu hohe Werte bewirken.

4.8 Lambda-Nadelsonde

Die Bezeichnung dieses Gerätes kennzeichnet bereits das Meßprinzip. Lamdba (λ) ist die Kenngröße der Wärmeleitfähigkeit eines Materials. Durchfeuchtet hat ein Baustoff einen geringeren Wärmedurchlaßwiderstand bzw. eine größere Wärmeleitfähigkeit. Die λ-Sonde ist nicht primär zur Feuchtemessung bestimmt, kann aber zu diesem Zwecke bei vergleichenden qualitativen Messungen am gleichen Stoff sinnvoll eingesetzt werden. Vor allem Veränderungen bei Langzeitbeobachtung lassen sich detektieren, da die Sonde dafür während der gesamten Meßperiode im Material verbleiben kann. Als Vorteil herauszustellen ist, daß der Meßpunkt nacheinander in unterschiedliche Tiefen des Materials gelegt und so ein Feuchteprofil gemessen werden kann.

Eigentlicher Anwendungsbereich für die λ-Sonde sind Wärmedämmstoffe und feinkörnige Schüttgüter [4]. Sie soll mit ihrer nur 1,5 mm dicken Nadel mindestens 60 mm tief in das Prüfmaterial eingeschoben werden (Abb. 10). Mit einer konstanten Heizleistung, die über die punktförmige Nadel in das umgebende Material abgegeben wird, wird dann die Aufheiztemperatur eines Sensors gemessen. Je mehr Wärme abfließt, je größer also die Wärmeleitfähigkeit bzw. bei bekanntem Material der Feuchtegehalt ist, desto weniger ändert sich die Anzeige des Sensors, bei Wärmestau steigt dagegen seine Temperatur. Wichtig dabei ist ein ungestörter Wärmeübergang zwischen Sonde und Meßobjekt.

4.9 Ultraschall-Laufzeitmessungen

Ultraschallprüfungen haben im Bauwesen eigentlich andere Anwendungsbereiche als die Feuchtebestimmung. Bekannt sind die Detektion von Inhomogenitäten sowie Festigkeitsuntersuchung in Verbindung mit Bohrkernen [12, 22]. Jedoch auch die Ultraschallgeschwindigkeit als charakteristische Materialkenngröße wird – ähnlich wie im vorangegangenen Abschnitt die Wärmeleitfähigkeit – durch den Gehalt an Feuchte im Material vergrößert. Bei zementgebundenen Baustoffen wie Beton steigt der Wert gegenüber trocken z. B. etwa um 10 % an. Änderungen der Ultraschall-Laufzeit gestatten somit Rückschlüsse auf die Durchfeuchtung. Bei vergleichenden Prüfungen läßt sich der Austrocknungs- oder Durchfeuchtungsvorgang beobachten.

Sende- und Empfangskopf des Ultraschallgerätes, das für Baustoffe üblicherweise für Frequenzen von 50 oder bis 120 kHz ausgelegt ist, werden hierzu an gegenüberliegenden, notwendigerweise zugänglichen Seiten des Meßobjektes angekoppelt. Gemessen wird die Ultraschall-Laufzeit in Mikro-Sekunden. Zu achten ist auf die sorgfältige Ankopplung der Schallköpfe. Als Kopplungsmittel haben sich Pasten wie Schmierseife, Schlämmkreide u. ä. bewährt [4].

5. Komplexe Feuchtemeßverfahren

Der Aufwand bei komplexen Feuchtemeßverfahren an Gerätekosten und Personal ist recht hoch. Der Bausachverständige wird deshalb wohl nur in Ausnahmefällen solche Prüfmethoden einsetzen. Deshalb wird hier nur für einige wichtige Meßmethoden eine kurze Einführung gegeben und im übrigen auf die angegebene Literatur verwiesen. Allerdings ergeben sich gerade in jüngster Zeit sehr positive Entwicklungen, die eine Vereinfachung und damit Verbilligung erwarten lassen. Demnächst könnte z. B. die Mikrowellentechnik in reduzierter Version für die allgemeine Anwendung zur Verfügung stehen.

5.1 Infrarot-Thermografie

Die IR-Thermografie (Abb. 1) kann als eine Art Video-Aufnahmesystem verstanden werden in Wellenbereichen der elektromagnetischen Strahlung, die für das menschliche Auge jenseits des sichtbaren (roten) Lichtes liegt. Detektiert wird Wärmestrahlung. Besonders vorteilhaft ist, daß diese Prüfmethode ein bildgebendes Verfahren ist und auch sonst der Videotechnik sehr ähnelt und daher mit dieser kompatibel ist [4].

Neben anderen Zielsetzungen wird die Infrarot-Thermografie im Bauwesen schon seit längerem auch für den Feuchtenachweis eingesetzt. Grundlagen und Hinweise zur Anwendung sind in einem Merkblatt zusammengefaßt [11]. Jedes Objekt bzw. jeder Körper mit einer Temperatur oberhalb des absoluten Nullpunktes sendet Wärmestrahlung aus. Diese wird von der IR-Kamera detektiert, wobei heute bei entsprechender Ausrüstung sogar noch Temperaturdifferenzen von weniger als 0,1 K (0,1 °C) nachweisbar sind.

Feuchte Bereiche eines Objektes haben im Normalfall (Gegenbeispiel wäre ein Kühlhaus) stets eine niedrigere Oberflächentemperatur im Vergleich zum trockenen Material [23]. Dies beruht auf zwei Effekten. Zum einen verbraucht Wasser, das an der Oberfläche verdunstet („verdampft"), Energie, die dem Material entzogen wird und so zu einer abgesenkten Oberflächentemperatur führt („Verdunstungskälte"). Stärker wirkt jedoch die bereits im Abschnitt 4.8 angesprochene erhöhte Wärmeleitfähigkeit eines Materials bei Durchfeuchtung (Abb. 10). Die Wärmeenergie fließt schneller ab, die Oberflächentemperatur sinkt („Kältebrücke"). Bei sonst gleichen Voraussetzungen lassen sich somit im IR-Bild feuchte Bereiche im Kontrast zu trockenen nachweisen. Liegen jedoch keine Vorinformationen zum Material und zur Konstruktion des Objektes vor, so können im Infrarot-Thermogramm (Wärmebild) erkennbare Temperaturgradienten auch auf anderen Ursachen als dem Feuchteeinfluß beruhen, wie Unterschieden im Material und in der Wärmeleitfähigkeit, geometriebedingten oder konstruktiven Wärmebrücken usf. Auch sind Nebeneffekte wie Verschattungen oder die Spiegelung wärmerer Sonnenstrahlung an benachbarten Flächen zu beachten.

5.2 Infrarot-Reflektografie

Die IR-Reflektografie ist eine aktive Form der an sich passiven IR-Thermografie [4]. Es wird nicht nur die vorhandene Wärmestrahlung registriert, sondern zusätzlich Strahlung vorgewählter Wellenlänge („Infrarot-Licht") auf die Meßfläche gerichtet. Diese wird von der Oberfläche ungerichtet und diffus reflektiert („Remission") und von der Kamera ebenfalls zusammen mit der dem Objekt eigenen Wärmestrahlung registriert [22]. Das Besondere dieses Vorgehens liegt nun darin, daß die Wellenlänge der Zusatzstrahlung bei 3 µm liegt, also so gewählt ist, daß sie einer wichtigen Absorptionsbande des Wassers entspricht. Strahlung dieser Wellenlänge wird von Wasser besonders stark absorbiert und dementsprechend weniger stark reflektiert (Abb. 10). Je höher die Oberflächenfeuchte ist, desto geringer ist die Reflektion und desto deutlicher treten Unterschiede gegenüber trocken im Infrarotbild zutage. Wird außerdem eine IR-Kamera eingesetzt, die mit zwei Detektoren arbeitet, welche in unterschiedlichen Wellenbereichen empfindlich sind, so lassen sich bei der Auswertung der Thermogramme mittels Computer Bilder erzeugen, die ausschließlich die Verteilung der Oberflächenfeuchte und nicht wie sonst noch die dem Objekt eigene Wärmestrahlung zeigen [7]. Quantitative Feuchteangaben sind allerdings auch mit dieser Methode bisher noch nicht möglich.

5.3 Neutronensonde

Verfügbar sind tragbare Ausführungen als Oberflächensonde und als Tauch- bzw. Stabsonde [4]. Die Geräte enthalten eine Neutronenquelle, die Neutronen hoher Energie freisetzt. Diese erfahren beim Zusammenstoßen mit Wasserstoffkernen Bremsungen, verlieren Energie und wandeln sich so in energiearme („thermische") Neutronen, die sich mit Zählrohren oder entsprechenden Detektoren messen lassen [22]. Die Anzahl der so entstehenden thermischen Neutronen ist ein Maß für den Gehalt an Wasserstoff im Meßobjekt, wobei

λ-Sonde	Einer punktförmigen Wärmequelle (der Nadelsonde) mit konstanter Heizleistung wird durch die Umgebung Wärmeenergie entzogen. Die sich einstellende Aufheiztemperatur des Sensors gibt ein Maß für die **Wärmeleitfähigkeit** in der Sensorumgebung, die bei Feuchtigkeit erhöht ist.
	Geeignet für **feinkörniges Schüttgut** und Proben geringer Härte (wie z. B. **Wärmedämmstoffe**). Die Spitze der Sonde ist 120 mm lang und 1,5 mm dick. Sie soll mindestens 60 mm tief (evtl. schräg) in das Prüfmaterial eingeschoben werden. Bei entsprechender Kalibrierung (an dem jeweiligen Material!) Rückschluß auf den Feuchtegehalt möglich.
Infrarot-Thermografie	Bildgebendes Verfahren zur Messung der von der Oberfläche eines Körpers ausgehenden **Infrarotstrahlung**. Diese hängt von der **Oberflächentemperatur** ab, die bei vorhandener Feuchte im Vergleich zu trockenen Bereichen abgesenkt ist (Effekt der erhöhten Wärmeleitfähigkeit wie bei λ-Sonde, außerdem Temperaturabsenkung beim Verdunsten von Wasser ("*Verdunstungskälte*").
	Sehr vorteilhaft ist die berührungslose und zudem großflächige Temperaturmessung. Feuchtenachweis (qualitativ) allerdings nur bei bekannten Randbedingungen (Material, Konstruktion).
Infrarot-Reflektografie	Die ungerichtete diffuse Reflexion einer Strahlung an einer Oberfläche ("Remission") wird stark von der Feuchte im oberflächennahen Bereich beeinflußt (Absorptionsbande des Wassers bei 3 μm Wellenlänge). Je größer die **Oberflächenfeuchte**, desto geringer die Reflexion.
	Durch Differenzbildung der in unterschiedlichen Wellenbereichen registrierten Strahlung gelingt neuerdings für oberflächennahe Bereiche auch eine klassifizierende (mehr als qualitative) Feuchtebestimmung.

Abb. 10. *Feuchtemessung mittels thermischer Größen*

allerdings nicht hinsichtlich in anderer Weise chemisch gebundenem Wasserstoff wie etwa bei Kunststoffen (z. B. kunststoffmodifizierter Beton oder Reparaturmörtel unterschieden werden kann.

Allein schon aus Gründen des Strahlenschutzes kann dieses Feuchtemeßverfahren nicht ohne spezielle Schulung der Prüfer eingesetzt werden. Es liefert zwar quantitative Ergebnisse, gestattet mit wenig Aufwand Wiederholungsmessungen, wie sie bei Langzeitbeobachtungen erforderlich sind, und es erfaßt die Feuchte auch in der Tiefe. Es ist jedoch nicht eindeutig angebbar, ein wie großes Teilvolumen des Meßobjektes bei der Durchstrahlung tatsächlich erfaßt wird.

5.4 Mikrowellen-Transmission

Dieses vielversprechende Feuchtemeßverfahren ist bei der industriellen Fertigung im Einsatz, für die besonderen Belange des Bauwesens aber noch in der Entwicklung [4]. Diese Entwicklung zielt von vornherein auf eine quantitative und zudem in Einzelschritten wiederholbare Feuchtemessung in beliebiger Tiefe des Meßobjektes [7]. Mit anderen Feuchtemeßverfahren ist dies wohl nicht zu realisieren. Die Methode nutzt die Absorption von Mikrowellen durch Wasser, aus dem Energieverlust bzw. aus dem Dämpfungsverhalten mehrerer Frequenzen im Bereich von 3 bis 10 GHz ergibt sich der Feuchtegehalt.

Zur Meßanordnung gehören zwei Bohrungen, in die schrittweise das Antennenpaar (Sende- und Empfangsantenne) eingeführt wird [24]. Zwischen den beiden parallelen Bohrlöchern (Durchmesser 12 mm, Abstand 50 mm), die z. B. bis zu einer Tiefe von 1 m in das Meßobjekt getrieben werden, können an beliebiger Stelle (Tiefe) und stets (auch nach Monaten) wiederholbar die Mikrowellendämpfung und damit der Feuchtegehalt (bei entsprechender Kalibrierung) gemessen werden. Erfaßt wird also in der jeweiligen Tiefe (tiefenaufgelöste Messung) die Feuchte im Materialvolumen zwischen den beiden Bohrlöchern. Insgesamt ergibt sich aus einer Meßreihe ein in das Innere des Objektes reichendes Feuchteprofil. Mehrere z. B. übereinander liegende Bohrungspaare ermöglichen die Angabe einer flächenhaften Feuchteverteilung in einem Schnittbild senkrecht zur Objektoberflächer (Feuchte-Normalschnitt).

5.5 Radar

Radarmessungen arbeiten mit elektromagnetischen Impulsen im Bereich von 0,5 bis 2,5 GHz [4]. Diese werden an der vorderseitigen, dem aufgesetzten Gerät zugewandten Außenfläche des Meßobjektes und an dessen Rückseite reflektiert. Aus diesen Signalen und der damit verbundenen Laufzeit lassen sich Wanddicken ermitteln, wobei die Laufzeit des Radar-Impulses neben der zurückgelegten Strecke (Wanddicke) auch von der Dielektrizitätskonstanten des Materials abhängt. Letztere wiederum ist (vgl. Abb. 10) deutlich größer, je mehr Wasser im Material ist [24].

Hierauf beruht der Feuchtenachweis mittels Radar. Es ist eine integrale Messung, welche die gesamte Objektdicke erfaßt. Reflexionen ergeben sich aber auch an Grenzflächen, an denen sich die Dielektrizitätskonstante ändert. Auf diese Weise läßt sich z. B. durchfeuchteter Mörtel in Mauerwerksfugen detektieren [7].

Die Meßwerte werden in Form von Radargrammen ausgegeben. Diese gestatten einen schnellen Überblick über große Meßflächen, sind jedoch im übrigen in der heute noch gebräuchlichen Darstellung schwer zu interpretieren.

6. Resümee

Noch mehr als auf anderen Prüfgebieten des Bauwesens sollten bei Feuchtemessungen die verfügbaren Meßgeräte in erster Linie als unterstützendes Instrumentarium gesehen werden. Ein Gesamtbild ergibt sich erst aus dem Sachverstand. Bei der Bewertung von Meßergebnissen muß vor allem auch das Meßumfeld mit Orts- und Zeiteinfluß berücksichtigt werden. Die Prüfgeräte arbeiten mit physikalischen Meßgrößen, die in unterschiedlicher Weise die Feuchte im Baustoff detektieren. Innerhalb einer Meßreihe oder wie bei Langzeitbeobachtungen im Zuge von objektbegleitenden Kontrollen sollte deshalb stets die gleiche Art oder sogar dasselbe Meß- bzw. Anzeigegerät verwendet werden.

Literatur

[1] Arendt, C.: Einsatzmöglichkeiten gängiger Feuchtemeßgeräte unter Berücksichtigung von Salzeinflüssen. Beitrag in [3], S. 147–167

[2] Fachbibliographie Feuchtemessung. Herausgeber: Dokumentation „Messen mechanischer Größen (MMG)" der Bundesanstalt für Materialforschung und -prüfung (BAM), Fachgruppe Meßwesen und Versuchstechnik; Sensorik, Band 4/1990

[3] Wiggenhauser, H.; Müller, H. (Herausgeber): Feuchtetag 1993; Feuchtigkeit in Baustoffen und Bauteilen, Tagungsbericht Band 40 der Deutschen Gesellschaft für Zerstörungsfreie Prüfung e.V. (DGZfP), Berlin 1994

[4] Schickert, G.; Krause, M.; Wiggenhauser, H.: Studie zur Anwendung zerstörungsfreier Prüfverfahren bei Ingenieurbauwerken; ZfPBau-Kompendium, Forschungsbericht 177 der Bundesanstalt für Materialforschung und -prüfung (BAM), Berlin 1991

[5] Krause, M.: Feuchtemessung im Mauerwerk. Lehrgangsunterlagen „Feuchtemessung von festen Stoffen" der Technischen Akademie Esslingen, Oktober 1993, S. 10.1–10.27

[6] Jurnik, A.: Übersicht der in Betracht kommenden destruktionsfreien Meßmethoden, sowie der derzeitige Stand der Kenntnisse zur Ermittlung des Feuchtegehaltes in Beton. Bericht T 1461, IRB Verlag, Wien 1984

[7] Arndt, D.; Geyer, E.; Maierhofer, C.; Niedack-Nad, M.; Rudolph, M.; Wiggenhauser, H. et al.: Anwendung und Kombination zerstörungsfreier Prüfverfahren zur Bestimmung der Mauerwerksfeuchte im Deutschen Dom, Forschungsbericht 200 der Bundesanstalt für Materialforschung und -prüfung (BAM), Berlin 1994

[8] Schickert, G.: Feuchtetag; Forum für Theorie und Praxis: Aufgaben, Entwicklungen, Arbeitsergebnisse und Ausblick. Beitrag in [3] 193–202

[9] Marquardt, H.: Feuchtemessungen in nachträglich gedämmten Betonsandwichwänden. Bauphysik 15 (1993) H. 5, S. 154–160

[10] Arendt, C.: Trockenlegung; Leitfaden zur Sanierung feuchter Bauwerke, Deutsche Verlags-Anstalt (DVA), Stuttgart 1989

[11] Merkblatt für thermografische Untersuchungen an Bauteilen und Bauwerken. Merkblatt B5 der Deutschen Gesellschaft für Zerstörungsfreie Prüfung e.V. (DGZfP), Berlin 1993

[12] Schickert, G.; Wiggenhauser, H.; Neisecke, J.: Neue Merkblätter der DGZfP zur zerstörungsfreien Prüfung im Bauwesen. Jahrestagung 1993 der Deutschen Gesellschaft für Zerstörungsfreie Prüfung (DGZfP), Berichtsband 37.2, Berlin 1993, S. 1068–1072

[13] Friese, P.; Pohlmann, L.: Zustandsanalyse von Mauerwerk mit aufsteigender Feuchtigkeit. Bauphysik 8 (1986) H. 1, S. 7–10

[14] Gertis, K.: Zur praktischen Aussagekraft von Feuchtemessungen bei Baustoffen. Technologie und Anwendung der Baustoffe, Festschrift Rostásy, Verlag Ernst & Sohn, Berlin 1992, S. 1–7

[15] Wenzel, F. et al.: Erhalten historisch bedeutsamer Bauwerke. Sonderforschungsbericht 315, Universität (TH) Karlsruhe, Verlag Ernst & Sohn, Berlin (1987), Beitrag Hilsdorf H.; Kropp, J.: Feuchteschutz in Baukonstruktionen aus mineralischen Baustoffen, S. 47–62

[16] Merkblatt zur Feuchtigkeitsmessung von Mauerwerk in der Altbausanierung und Baudenkmalpflege. Wissenschaftlich-technischer Arbeitskreis für Denkmalpflege und Bauwerkssanierung e.V. (WTA), München 1985, Bericht 1/1985, S. 22–24

[17] Grunewald, J.: Baupraktische Anwendungsbeispiele zur Modellierung des gekoppelten Wärme-, Feuchte- und Lufttransportes in kapillarporösen Stoffen für Feuchte- und Temperaturfelder. BAM-interne Mitteilung Febr. 1994 (vgl. auch Beitrag Häupl/Stopp/Grunewald/Fechner in [3], S. 68–86)

[18] Dobmann, G.: Potentiale der Kernspinresonanztechniken zur Feuchtemessung. Beitrag in [3], S. 23–33

[19] Schnell, W.: Das Trocknungsverhalten von Estrichen; Beurteilung und Schlußfolgerungen für die Praxis. Aachener Bausachverständigentage 1994, Bauverlag, Wiesbaden und Berlin 1994

[20] Oxley, T. A.; Gobert, E. G.: Feuchtigkeit in Gebäuden: Meßgeräte, Diagnose, Behandlung. Verlag R. Müller, Köln 1992

[21] Nischer, P.: Die Wassergehaltsbestimmung von Betonzuschlägen und Beton mit der Karbidmethode. Zement und Beton 30 (1985) H. 2, S. 69–70

[22] Bunke, N. (Bearbeiter): Prüfung von Beton; Empfehlungen und Hinweise als Ergänzungen zu DIN 1048. Schriftenreihe Deutscher Ausschuß für Stahlbeton Heft 422, Beuth Verlag GmbH, Berlin 1991

[23] Geyer, E.; Arndt, D.: Interpretation von IR-Thermogrammen bei der Bestimmung von Oberflächenfeuchte. Beitrag in [3], S. 223–231

[24] Wiggenhauser, H.: Entwicklungen in der Zerstörungsfreien Materialprüfung. Vortrag auf der 21. Sitzung „Brückenkontrolle, Brückenunterhaltung" des Bundesministeriums für wirtschaftliche Angelegenheiten der Republik Österreich, Eisenstadt, 13.–15. 10. 1993

[25] Kahle, M.: Feuchtemessungen an historischem Mauerwerk mit dem Radarverfahren. Beitrag in [3], S. 57–67

Feuchteeinflüsse auf den praktischen Wärmeschutz bei erhöhtem Dämmniveau

Dr.-Ing. Kurt Kießl, Frauenhofer-Institut für Bauphysik, Holzkrichen

Der Wärmetransport in Bau- oder Dämmstoffen unter natürlichen Bedingungen hängt bekanntlich nicht nur von Temperaturunterschieden und der physikalischen Wärmeleitung des Materials ab, er wird zudem vom Wassergehalt in den inneren Hohlräumen, von Diffusions- bzw. Feuchtetransportvorgängen und Latentwärmeeffekten beim Phasenwechsel der Baustofffeuchte beeinflußt. Bei heute üblichen und künftig noch strengeren Anforderungen an den Wärmeschutz von Außenbauteilen erhebt sich die Frage, ob Feuchteeinflüsse auf den Dämmwert einer Konstruktion, z. B. bei größeren Dämmschichtdicken, zu einer absolut oder relativ stärkeren Beeinträchtigung des Dämmverhaltens eines Bauteils führen. Im folgenden werden dazu praktische Aspekte bezüglich des Feuchtezuschlags auf die Wärmeleitung von Baustoffen diskutiert, Einflüsse von Diffusion und Verdunstungswärme abgeschätzt und Beispiele zum Wärme-Feuchte-Verhalten von Wand und Flachdachkonstruktionen vorgestellt.

1. Feuchtezuschlag zur Wärmeleitfähigkeit

Zur Ermittlung des Rechenwertes der Wärmeleitfähigkeit λ_R, welcher die baupraktischen Feuchteeinflüsse auf die Wärmeleitung in wasseraufnahmefähigen Bau- und Dämmstoffen pauschal berücksichtigen soll, wird bekanntlich der sogenannte „Praktische Feuchtegehalt" von Baustoffen nach DIN 4108 [10] zugrunde gelegt. In Tabelle 1 sind einige dieser Normwerte für porige mineralische Baustoffe in Vol.-% und für Dämmstoffe in M.-% angegeben. Die in eckigen Klammern genannten M.-%-Werte für die mineralischen Baustoffe sind rechnerisch über eine bestimmte Rohdichte jeder Baustoffart ermittelt. Der „praktische Feuchtegehalt" gibt denjenigen Feuchtewert an, der in 90 % der Fälle bei Baustoffen in praktisch ausgetrockneten, genutzten Gebäuden nicht überschritten wird. Die Werte gehen auf Praxiserhebungen zurück, die vor Jahren an Gebäuden durchgeführt worden sind.

Bei heute üblichen Baustoffen und Konstruktionen mit funktionssicherem Wärme- und Witterungsschutz sind Feuchtewerte bei diesen Baustoffen anzutreffen, die etwa der Gleichgewichtsfeuchte bei 80 % r. F. entsprechen (Sorptionsfeuchte u_{80}). Dies geht aus Untersuchungen z. B. nach [6], [8] hervor. Vergleicht man die in Tabelle 1 ebenfalls angegebenen Meßwerte für die massebezogene Sorptionsfeuchte $u_{m,80}$ mit den teils auf M.-% umgerechneten Normwerten des praktischen Feuchtegehalts, so wird die Tendenz zu kleineren Wassergehaltswerten speziell bei sorbierenden mineralischen Baustoffen ersichtlich. Auch bei den praktisch nicht hygroskopischen, nicht sorbierenden Dämmstoffen liegen bei funktionierendem Feuchteschutz Wassergehaltswerte deutlich unter den angegebenen Werten vor. Auf weitere Messungen zurückgreifend, zeigt Bild 1 den Unterschied zwischen praktischer Feuchte nach Norm und Ausgleichsfeuchten bei 80 % r. F. für verschiedene sorbierende Baustoffe [7]. Dies bedeutet, daß die praktische Feuchte nach [10] unter den oben genannten Gesichtspunkten relativ hoch angesetzt ist. Wäre sie gleich der Sorptionsfeuchte, dann müßten die Meßpunkte auf der Winkelhalbierenden liegen. Zur Berücksichtigung des Feuchteeinflusses auf die Wärmeleitfähigkeit sind in Tabelle 1 überschlägig gemittelte Meßwerte für die Wärmeleitfähigkeit von Baustoffen im trockenen Zustand sowie für Feuchtezuschläge in % pro M.-% angegeben [3], [4], [8]. Der M.-%-bezogene Zuschlag hat den praktischen Vorteil, daß er für viele mineralische Baustoffe, besonders bei geringeren Rohdichten, näherungsweise als konstant d. h. unabhängig von Rohdichteklassen und physikalisch sinnvoll angesetzt werden darf (vgl. [3], [8]). Die Zuschläge bei den Dämmstoffen stellen pauschalierte Werte nach [4] dar, welche nur für relativ geringe Wassergehalte gelten. Anders als bei hygroskopischen mineralischen Baustoffen, bei denen z. B. die Sorptionsfeuchte bei 80 % r. F. einen natürlichen und praxisüblichen Feuchtezustand mit Werten deutlich größer Null darstellt, sind bei nicht hygroskopischen Stoffen, wie z. B. bei den in Tabelle 1 genannten Dämmstoffen sowie auch bei Ziegel, keine nennenswerten Sorptionsfeuchten bei 80 % r. F. vorhanden. Temporär anzutreffende höhere Wassergehalte bei solchen Stoffen, z. B. während der Bautrocknungsphase oder bei zeitweilig überhöhten Feuchteeinwirkungen, lassen für eine längerfristige, stationäre Betrachtungsweise des Feuchteeinflusses auf die Wärmeleitfähigkeit (stationärer Rechenwert) und bei im Mittel gegebenen Feuchtebedingungen um 80 % r. F. im Baustoff einen sorptionsfeuchteabhängigen Zuschlag jedoch als wenig sinnvoll erscheinen. Hierzu ist in der Tat ein Pauschalzuschlag zur Berücksichtigung zeitweiliger Effekte praktisch zweckmäßig.

Nach den dargestellten Gegebenheiten läßt sich, wie in Bild 2 verdeutlicht, bei der heutigen Wärmeschutzsituation folgendes aussagen: Die hygroskopische Bezugsfeuchte $u_{m,80}$ (siehe auch [11] und ein massebezogener Feuchtezuschlag stellen ein praktisch angepaßtes, physikalisch sinnvolles und flexibles Vorgehen zur Berücksichtigung von Feuchtewirkungen auf die Wärmeleitfähigkeit hygroskopischer Baustoffe dar. Bei nicht hygroskopischen Stoffen erscheint ein pauschalierter Zuschlag aus den genannten Gründen geeignet und auch in das Bewertungskonzept passend.

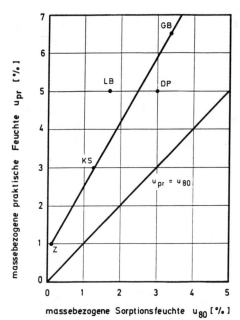

Abb. 1: Gegenüberstellung des praktischen Feuchtegehalts nach [10] mit Meßwerten der Sorptionsfeuchte $u_{m,80}$ für verschiedene Baustoffe nach [7].
Z: Ziegel; KS: Kalksandstein; LB: Leichtbeton; DP: Dämmputz; GB: Porenbeton.

2. Diffusionswirkungen

Bei natürlich gegebenen Temperatur- und Luftfeuchteunterschieden treten in Bauteilen Wärme- und Diffusionsströme immer gemeinsam auf. Durch den Feuchtetransport, bei nicht zu hoch durchfeuchteten Baustoffen im wesentli-

Tab. 1: Praktische Feuchtegehalte nach [10] sowie Meßergebnisse für die massebezogene Sorptionsfeuchte bei 80 % r. F., die Wärmeleitfähigkeit im Trockenzustand und den M.-%-bezogenen Feuchtezuschlag nach [4] [6] [7] [8] [9].

Baustoff	DIN 4108		Messungen			
	u_{prakt} [Vol.-%]	[M.-%]	$u_{m,80}$ [M.-%]	λ_{tr} [W/mK]	ZU [% pro M.-%]	
Porenbeton	3,5	[6,5]	5	0,1	4	*)
Ziegel	1,5	[1]	0,3	0,4	~ 16	*)
Kalksandstein	5	[3]	2	0,8	8	*)
EPS	5	5	(< 5)	0,035	0,05	**)
XPS	5	5	(< 5)	0,030	0,1	**)
Mineralwolle		1,5	(< 1)	~ 0,038	~ 2	**)

*) Zuschlag bezogen auf M.-% näherungsweise rohdichteunabhängig
**) pauschaliert; nur für geringe Wassergehalte

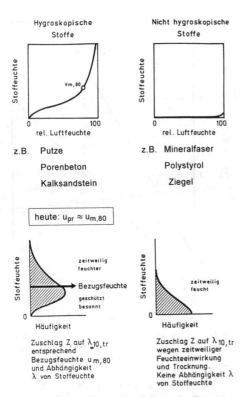

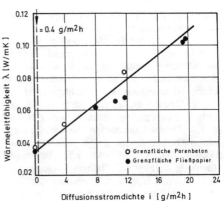

Abb. 3: Gemessene scheinbare Wärmeleitfähigkeiten von Mineralfaserplatten in Abhängigkeit von der Diffusionsstromdichte durch die Platten nach [1] [2]. Die Variation der Diffusionsstromdichten wurde durch Anordnung feuchter Stoffe (Porenbeton, Fließpapier) auf der Warmseite und thermische Beeinflussung erzielt. Die markierte Diffusionsstromdichte von 0,4 g/m²h ergibt sich rechnerisch für eine beidseitig verputzte Mineralfaserplatte mit einem s_d-Wert von ca. 1 m und Randbedingungen von 20°/50 % auf der einen sowie 0°/80 % auf der anderen Seite.

Abb. 2: Schematische Darstellung der Feuchteverhältnisse und des Bezugs für Feuchtezuschläge bei hygroskopischen und nicht hygroskopischen Stoffen. Die Bezugsfeuchte u_{80} bei hygroskopischen Stoffen liegt meist etwas über der häufigsten Stoffeuchte, wodurch kurzfristige instationäre Effekte abgedeckt sind. Zeitweilige Feuchteanreicherungen bei nicht hygroskopischen Stoffen können durch einen pauschalen Zuschlagswert berücksichtigt werden.

chen durch Dampfdiffusion, werden Vorgänge wie z. B. Tauen, Verdunsten, Sorption, Desorption im Material ausgelöst, die aufgrund der Latentwärme des Feuchtestroms den Wärmetransport beeinflussen können. Diesen Effekt kennt man z. B. bei der Messung von Wärmeleitfähigkeiten feuchter Stoffe. Die Verlagerung der Baustoffeuchte zur kälteren Seite hin infolge von thermisch bedingter Diffusion führt zur Ermittlung einer scheinbaren Wärmeleitfähigkeit des Materials, welche von der Latentwärme des Diffusionsstromes beeinflußt ist. Der Diffusionseinfluß steigt theoretisch mit kleiner werdendem Diffusionswiderstand des Baustoffes

(s_d-Wert) und mit größer werdendem Partialdruckunterschied bei den Feuchterandbedingungen. Meßtechnisch läßt sich dieser komplex ablaufende, kombinierte Wärme-/Feuchtetransport nicht trennen, so daß die Diffusionseinflüsse auf den Wärmetransport nur entweder rechnerisch eingegrenzt oder durch systematische Messungen im Labor abgeschätzt werden können. In [1], [2], [9] sind solche Versuche durchgeführt bzw. erläutert worden. Bild 3 zeigt eine Ergebnisdarstellung für den Einfluß der Diffusionsstromdichte auf die dabei gemessene „scheinbare" Wärmeleitfähigkeit von Mineralfaserplatten [1]. Die wie üblich aus dem gemessenen Wärmestrom und den Temperaturdifferenzen ermittelte Wärmeleitfähigkeit zeigt eine deutliche Abhängigkeit von der Diffusionsstromdichte, wobei der Dämmstoff, ein diffusionsoffenes und nicht hygroskopisches Material, im wesentlichen trocken bleibt. Trägt man, wie in [9] geschehen, in diese meßtechnisch einwandfrei ermittelte Abhängigkeit die Diffusionsstromdichte für einen diffusionsoffenen Aufbau mit einem Gesamt-s_d-Wert von ca. 1 m ein (z. B. 6 cm Mineralwolle, beidseitig Putz, ohne Dampfsperre), so ergibt sich für praxisnahe Randbedingungen (20°/50% und 0°/80%) ein Diffusionsstrom von ca. 0,4 g/m²h (die gestrichelte Linie in Bild 3). Das bedeutet, daß nur bei Aufbauten mit s_d-Werten deutlich kleiner 1 ein nennenswerter Einfluß der Diffusion auf die Wärmeleitung gegeben ist. Bei praktischen Konstruktionen und korrekt ausgeführten Wärmeschutzmaßnahmen (Feuchteschutz, Dampfbremsen) liegen s_d-Werte größer 1 vor, wobei der Diffusionseinfluß auf den Dämmwert zu vernachlässigen ist.

3. Verdunstungswirkungen

Der Wärmeentzug durch Verdunstung an nassen Oberflächen, ebenfalls ein Latentwärmeeffekt, tritt praktisch nach Regenereignissen auf, solange der Oberflächenbereich abtrocknet. Für die Dauer dieses Vorgangs sind Wasseraufnahmefähigkeit, Wasserspeicherung, kapillare Leitfähigkeit der äußeren oberflächennahen Zonen des Bauteils („erster Trocknungsabschnitt") sowie die Umgebungsrandbedingungen (Besonnung, Wind, Dampfdruck) maßgebend. Anhand eines vereinfachten Rechenbeispiels soll dieser Einfluß nachfolgend abgeschätzt werden.

Annahmen

k-Wert der Konstruktion	: 0,4 W/m²K
Gradtagzahl	: 3500 Kd
Heiztage	: 200 d
mittlere Sonneneinstrahlung I	: 35 W/m²
Strahlungsabsorptionsgrad a	: 0,4
Wärmeübergangskoeffizient außen α_a	: 23 W/m²K
Stoffübergangskoeffizient außen β	: 40 m/h
mittlere Lufttemperaturdifferenz $\Delta\vartheta_L$	: 17,5 K
red. Wärmedurchgangskoeffizient k^*_{i-0a}	: 0,41 W/m²K

Ohne Verdunstung, ohne Sonne
Wärmestromdichte: $q = k \cdot \Delta\vartheta_L = $ W/m²
Oberflächentemperatur außen: 2,8 °C

Mit Verdunstung, mit Sonne
Bilanz: $q_{innen} - q_{Verdunst.} + q_{Str.abs.} - q_{Überg.a.} = 0$

Wärmestromdichten für

$q_i = k^* (\vartheta_{Li} - \vartheta_{0a})$

$q_v = r_v \dfrac{\beta}{RT} (p_{s,0a} - P_a) \times$ (Zeitanteil Oberfläche naß)

$q_s = I \cdot a$

$q_a = \alpha_a (\vartheta_{0a} - \vartheta_{La})$

Zur Abschätzung des Verdunstungswärmestromes wird folgendes zugrunde gelegt (Mittelwerte):

Partialdruckdifferenz nasse Oberfläche/Umgebung: ca. 200 Pa;
Oberfläche naß nach Regen: ca. 3 Stunden;
Regen: 8 mal/Monat für 7 Monate der Heizperiode.

Mit der Verdunstungswärme von ca. 2500 kJ/kg ergibt sich für den Verdunstungswärmestrom:

$q_v = 2500 \text{ kJ/kg} \cdot \dfrac{40 \text{ m/h}}{0{,}462 \text{ kJ/kgK} \cdot 275 \text{ K}} \cdot 200 \text{ pa} \times$

$\dfrac{8/\text{Mon.} \times 7 \text{ Mon.} \times 3 \text{ h}}{200 \times 24 \text{ h}}$

$= 44 \text{ W/m}^2 \times 0{,}04 = 1{,}5 \text{ W/m}^2$

Aus der Bilanz errechnet sich damit überschlägig eine äußere Oberflächentemperatur im Mittel von 2,7 °C.

Bildet man die Relation

$\dfrac{q_{mit\ Verdunst.}}{q_{ohne\ Verdunst.}} = \dfrac{\vartheta_{Li} - \vartheta_{0a}^*}{\vartheta_{Li} - \vartheta_{0a}}$

so ergibt sich für die getroffenen Annahmen eine Differenz im Gesamtwärmestrom von

$\Delta q = 1\%$.

Die gleiche Überschlagsrechnung mit einem 10fach höheren Zeitanteil für Verdunstung ergibt

$\Delta q = 3\%$.

Schon aufgrund dieser sehr groben Abschätzung zeigt sich, daß Verdunstungseffekte bei nassen Oberflächen allein einen nur geringen Einfluß auf den Wärmeverlust besitzen. Dies ist jedoch unter praktischen Bedingungen nur ein Teilaspekt des Geschehens, wenn man bedenkt, daß parallel dazu immer auch weitere Prozesse mit Auswirkungen auf den Wärmedurchgang durch das Bauteil ablaufen, wie z. B.

— Wasseraufnahme der Außenschicht und kapillarer Weitertransport ins Innere entspre-

chend den stofflichen und konstruktiven Gegebenheiten,
- Erhöhung bzw. Erniedrigung der Sorptionsfeuchte in hygroskopischen Stoffen aufgrund veränderlicher Dampfdruckrandbedingungen (frei werdende bzw. entzogene Latentwärme bei Erhöhung bzw. Erniedrigung des sorptiven Wassergehalts),
- Wasserrückhaltung und Einfluß des Wassergehalts auf die Wärmeleitfähigkeit von Außen- bzw. Dämmschichten,
- instationäre Effekte wie Umkehrdiffusion durch Besonnung und kurzfristige, thermisch bedingte erhöhte Trocknungsraten (Dampfdruck nichtlinear mit Temperatur).

Man erkennt daraus, daß nur eine komplexe Betrachtung des hygrothermischen Gesamtgeschehens, sei es durch Messung oder Rechnung, Aufschluß über die letztlich verbleibende Beeinträchtigung des Wärmeschutzes durch Feuchtewirkung bei einer Konstruktion geben kann. Dazu werden nachfolgend einige Meß- und Rechenbeispiele angegeben.

4. Beispiele

Zweischaliges Mauerwerk mit Kerndämmung:

KS-Vormauerschale, 11,5 cm, mit bzw. ohne Hydrophobierung, Strahlungsabsorptionsgrad 0,6;
Kerndämmung ohne Luftspalt, 6 bzw. 12 cm Mineralfaser;
KS-Innenmauerwerk, 17,5 cm;
Westorientierung, stündliche Klimadaten nach Meßwerten für Holzkirchen, Innenklima mit 20 °C und 50 % r. F. konstant.

Das wärme- und feuchtetechnische Verhalten dieser Wandkonstruktion ist für den Verlauf einer Heizperiode von Oktober bis April mit Hilfe eines weiterentwickelten und mehrfach verifizierten Rechenverfahrens (Erläuterungen in [5] untersucht worden. Bild 4 zeigt die Ergebnisse der kombinierten Wärme-/Feuchteanalyse, dargestellt mit Monatsmittelwerten. Die Wärmeströme bei 6 cm Dämmung liegen wie erwartet ca. 70 % höher als bei 12 cm Dämmung. Die Wärmestromdifferenzen zwischen hydrophobierter und nicht hydrophobierter Vormauerschale hängen deutlich erkennbar mit den in Bild 4, Mitte bzw. unten angegebenen, schlagregenbedingten Wassergehalten der Vormauerschale zusammen. Aufsummiert über die Heizperiode bringt die Hydrophobierung der

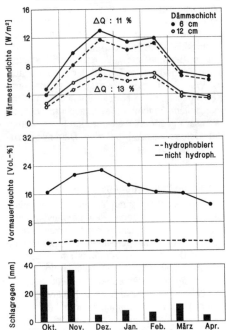

Abb. 4: Monatliche Mittelwerte der Wärmestromdichte durch eine zweischalige Kalksandsteinwand mit 6 bzw. 12 cm Mineralfaser-Kerndämmung ohne Luftspalt und hydrophobierter bzw. nicht hydrophobierter Vormauerschale (oben) über die Heizperiode von Oktober bis April. Die Prozentangaben beziehen sich auf die Differenz der Transmissionswärmeverluste mit und ohne Hydrophobierung. Die Diagramme in Bildmitte bzw. unten zeigen die zugehörigen Wassergehalte der Vormauerschicht bzw. die gemessenen monatlichen Schlagregensummen auf die westorientierte Wand.

Vormauerschale eine etwa 11 %ige (6 cm Dämmung) bzw. 13 %ige (12 cm Dämmung) Reduzierung der Wärmeverluste im Vergleich zur nicht behandelten Vormauerschale. Die Analyse ergibt weiterhin, daß davon ca. 8 % auf die feuchtebedingte Erhöhung der Wärmeleitfähigkeit des Vormauerwerks und ca. 3 % (bei 6 cm Dämmung) bzw. 5 % (bei 12 cm Dämmung) auf diffusionsbedingte Latentwärmeeffekte entfallen. Die Reduzierung um 11 bzw. 13 %, auf eine einfache k-Wert-Betrachtung übertragen, käme einer rechnerischen Verringerung der Wärmeleitfähigkeit der Dämmschicht von 0,04 auf 0,035 W/mK gleich.

Wärmedämmverbundsystem:

KS-Innenmauerwerk, 24 cm, verputzt; Dämmschichten, 8 cm, EPS bzw. Mineralwolle; mineralische Putzsysteme außenseitig; verschiedene Wandorientierung.

Ein spezielles Meß- und Auswerteverfahren (Integration der gemessenen Wärmeströme bezogen auf die ebenfalls in sehr kurzen Zeitabständen erfaßten Temperaturdifferenzen an der Dämmschicht) ermöglicht die Bestimmung der aktuellen Wärmeleitfähigkeit der Dämmschicht in situ, also inklusive aller baupraktischen Effekte über eine bestimmte Zeitperiode. Wie aus den Meßergebnissen in Bild 5 hervorgeht, zeigen die PS-Hartschaumplatten einen deutlichen Austrocknungseffekt vom ersten auf den zweiten Winter nach Bauerstellung. Die baubedingten, erhöhten Wassergehalte im EPS-Dämmstoff bewirken jedoch kein merklichen Einfluß auf die gemessenen Wärmeleitfähigkeiten; sie liegen im zweiten Winter in der gleichen Größenordnung. Hier ist allerdings zu prüfen, ob eine hohe Rohbaufeuchte nicht zu diffusionsbedingten, temporären Beeinträchtigungen der Dämmwirkung in der Trocknungsphase geführt hat. Die Mineralwolle-Systeme zeigen quasi trockene Dämmschichten von Anfang an. Jedoch sind auch hier, wenngleich meßtechnisch nicht erkennbar, gewisse Feuchtewirkungen infolge der Austrocknung des Innenmauerwerks zu vermuten.

Umkehrdach:

Feuchtebedingte Einwirkungen auf den Wärmeschutz treten beim Umkehrdach mit außenliegenden XPS-Dämmplatten in zweierlei Hinsicht auf. Die Unterströmung der Dämmplatten durch Regenwasser entzieht dem Dach Wärme und die Diffusionsvorgänge durch die XPS-Dämmplatten hindurch führen zu Veränderungen des Wassergehaltes der Platten und somit zu Änderungen ihrer Wärmedämmwirkung. Zu letzterem Effekt sind rechnerische Analysen durchgeführt worden.
Man kann davon ausgehen, daß der Dampfdruck an beiden Oberflächen der XPS-Dämmplatte den Diffusionsvorgang durch die Platte bestimmt. In der stets feuchten Auflagefläche unterhalb der Platte ist mit Sättigungsdampfdruck zu rechnen, der Dampfdruck an der

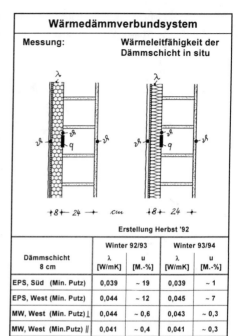

Abb. 5: In-situ-Messung der Wärmeleitfähigkeit verschiedenartiger Dämmschichten in Wärmedämmverbundsystemen und Angabe gemessener Wassergehalte während zweier Winterperioden nach Bauerstellung.

Oberseite der Platte wird vom Außenklima und vom Dachaufbau oberhalb der Dämmschicht bestimmt. Hierbei ist es nun von entscheidender Bedeutung für die Wasseraufnahme der Dämmschicht und die Erhöhung ihrer Wärmeleitfähigkeit, ob der Aufbau thermisch speicherfähig (Durchschlag der Außentemperaturschwankungen), diffusionsoffen oder relativ diffusionsdicht (Kies, Sickerschüttung, Dränschichten, Plattenbeläge, Dachbegrünung etc.) sowie wasserrückhaltend oder leicht entwässerbar ist.

Wie aus Bild 6 hervorgeht, nimmt der Wassergehalt der Dämmschicht nach 5 Jahren bei direkt aufgebrachten Deckschichten mit dem s_d-Wert der Deckschicht systemspezifisch zu (linkes Diagramm). Das rechte Diagramm ermöglicht Abschätzungen der Reduzierung des Wassergehaltes, wenn die Dämmschicht bei gleichem s_d-Wert der Deckschicht dicker wird. Als Ergebnis einer rechnerischen Langzeitanalyse zeigt Bild 7 die Entwicklung des Wasserge-

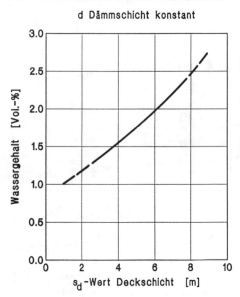

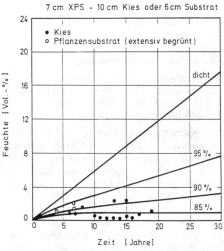

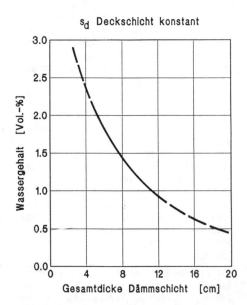

Abb. 6: Berechnete mittlere Wassergehalte in der XPS-Dämmschicht eines UK-Daches im fünften Jahr bei konstanter Dämmschichtdicke (8 cm) und variiertem s_d-Wert der Deckschicht (oben) sowie bei konstantem s_d-Wert der Deckschicht (3,5 m) und variierter Dämmschichtdicke (unten) nach [5].

Abb. 7: Berechnete zeitliche Entwicklung der Wassergehalte in der XPS-Dämmschicht eines UK-Daches abhängig von der relativen Luftfeuchte unmittelbar an der Oberseite der Dämmschicht für natürliche Klimaeinwirkungen über einen Zeitraum von 30 Jahren. Zudem sind Meßwerte für vergleichbare UK-Dachaufbauten (Kies oder Pflanzensubstrat) aus der Praxis angegeben.

haltes einer 7 cm dicken XPS-Dämmschicht unter natürlichen Klimabedingungen und mit verschiedenen Aufbauten (Kies oder Pflanzensubstrat) über einen Zeitraum von 30 Jahren. Die Kurvenparameter geben die angenommenen relativen Luftfeuchten an der Oberseite der Dämmschicht an. Bei Luftfeuchten bis zu etwa 85 % strebt der Wassergehalt einem Grenzwert, hier von etwa 1 Vol.-%, zu. Bei höheren Luftfeuchten über der Dämmschicht bzw. bei dichter Deckschicht nimmt der Wassergehalt kontinuierlich zu. Umgekehrt kann aus dieser Darstellung entnommen werden, daß bei tolerierbaren Wassergehalten nach 30 Jahren bestimmte Luftfeuchten über der Dämmschicht im Mittel nicht überschritten werden sollten. Diese Zielwerte sind vom Dachaufbau abhängig, sie liegen für dieses Beispiel etwa bei 90 bis 95 % r. F., was durch entsprechende Wirkungen von Drän- oder Sickerschichten erreichbar ist. Die eingezeichneten Meßpunkte für Wassergehalte von Dämmschichten funktionierender UK-Dächer (Kies oder extensiv begrünt) belegen dies. Bild 8 zeigt eine ähnliche Analyse, jedoch im Hinblick auf die Erhöhung der Dämmschichtdik-

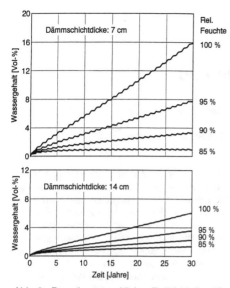

Abb. 8: *Berechnete zeitliche Entwicklung der Wassergehalte in einer 7 cm dicken (oben) bzw. 14 cm dicken (unten) XPS-Dämmschicht eines UK-Daches abhängig von der relativen Luftfeuchte unmittelbar an der Oberseite der Dämmschicht für natürliche Klimaeinwirkungen über einen Zeitraum von 30 Jahren.*

ke. Eine Verdoppelung der Dämmschichtdicke bewirkt nicht nur eine Steigerung des Wärmeschutzes im UK-Dach, sondern reduziert auch die langfristige Wasseraufnahme, wobei sich die Größenordnung der Luftfeuchte über der Dämmschicht weniger deutlich auswirkt als bei geringeren Dämmschichtdicken.

5. Zusammenfassung

Der Beitrag befaßt sich mit dem Problem des Feuchtezuschlags auf die Wärmeleitfähigkeit, Diffusions- und Latentwärmewirkungen beim Wärmedurchgang durch Bauteile und zeigt anhand von Untersuchungsbeispielen für Außenwände mit Kerndämmung, mit Wärmedämmverbundsystemen sowie für UK-Dachaufbauten typische Feuchtewirkungen auf. Daraus kann zusammenfassend festgehalten werden, daß

– die Sorptionsfeuchte $u_{m,80}$ für heutige bauliche Verhältnisse (guter Wärme- und Feuchteschutz) eine geeignete Bezugsgröße für die Ermittlung praxisgerechter, stoffspezifischer und physikalisch zutreffender Feuchtezuschläge auf die Wärmeleitfähigkeit hygroskopischer Baustoffe darstellt;
– Diffusion und Latentwärmeeffekte bei gutem Regenschutz und geringer Wasseraufnahmefähigkeit der äußeren Bauteilschichten von untergeordneter Bedeutung für den Transmissionswärmeverlust sind;
– eine Erhöhung von Dämmschichtdicken eine Steigerung des Wärmeschutzes ohne Feuchteprobleme ermöglicht;
– heutige Möglichkeiten der Feuchteanalyse nicht nur zur besseren Einschätzung von Konstruktionen beitragen, sondern auch Anregung für anzupassende Bewertungsmodalitäten bieten.

6. Literatur

[1] Achtziger, J.: Kerndämmung von zweischaligem Mauerwerk. Einfluß des Wassergehalts und der Feuchtigkeitsverteilung auf die Wärmeleitfähigkeit der Dämmschicht. Bauphysik 7 (1985), H. 4, S. 121–124

[2] Achtziger, J. und Cammerer, J.: Untersuchung des anwendungsbedingten Einflusses der Feuchtigkeit auf den Wärmetransport durch gedämmte Außenbauteile. Bauphysik 12 (1990), H. 2, S. 42–46

[3] Cammerer, W. F.: Der Feuchtigkeitseinfluß auf die Wärmeleitfähigkeit von Bau- und Wärmedämmstoffen. Bauphysik 9 (1987), H. 6, S. 259–266

[4] Cammerer, J. und Achtziger, J.: Einfluß des Feuchtegehaltes auf die Wärmeleitfähigkeit von Bau- und Dämmstoffen. Forschungsbericht des FIW München, 1984

[5] Kießl, K., Krus, M. und Künzel, H. M.: Weiterentwickelte Meß- und Rechenansätze zur Feuchtebeurteilung von Bauteilen. Praktische Anwendungsbeispiele. Bauphysik 15 (1993), H. 2, S. 61–67

[6] Künzel, H.: Zusammenhang zwischen der Feuchtigkeit von Außenbauteilen in der Praxis und den Sorptionseigenschaften der Baustoffe. Bauphysik 4 (1982), H. 3, S. 101–107

[7] Künzel, H.: Zur Frage des Zuschlags auf Meßwerte der Wärmeleitfähigkeit zur Ermittlung des Wärmeschutzes von Baukonstruktionen. WKSB 30 (1985), Sonderausgabe Mai 1985, S. 50–53

[8] Künzel, H.: Wie ist der Feuchteeinfluß auf die Wärmeleitfähigkeit von Baustoffen unter heutigen Bedingungen zu bewerten? Bauphysik 11 (1989), H. 5, S. 185–189

[9] Künzel, H.: Feuchteeinfluß auf die Wärmeleitfähigkeit bei hygroskopischen und nicht hygroskopischen Stoffen. WKSB 36 (1991), H. 29, S. 15–18

[10] DIN 4108 Wärmeschutz im Hochbau. Teil 4 (1991)

[11] DIN 52620 Bestimmung des Bezugsfeuchtegehalts von Bau- und Dämmstoffen (1991)

Baufeuchte – Einflußgrößen und praktische Konsequenzen

Prof. Dr.-Ing. Rainer Oswald, Architekt und Bausachverständiger, Aachen

Bei den meisten üblichen Bauweisen ist es unvermeidlich, daß durch den Entstehungsprozeß, die Herstellung, die Lagerung, die Verarbeitung und die Baustellenbewitterung bei porösen Baustoffen der Anfangsfeuchtegehalt nach dem Einbau meist deutlich höher als die „praktische Ausgleichsfeuchte" ist. Dieser Sachverhalt wirft Probleme auf, die im vorliegenden Aufsatz im Überblick dargestellt werden sollen.

1. Feuchtegehalte

In Tab. 1 sind typische Feuchtegehalte von häufig verwendeten, porösen Baustoffen aufgelistet. Neben der Ausgleichsfeuchte gemäß DIN 4108 ist die Auslieferungs- bzw. Herstellungsfeuchte und – als ungünstigster Wert – der Feuchtegehalt bei Wasserlagerungen in Vol.-% angegeben. In den letzten beiden Spalten ist die Differenz zwischen Herstellungsfeuchte bzw. Feuchtegehalt bei Wasserlagerung und der Ausgleichsfeuchte errechnet. Damit ist die Menge an nicht gebundenem Wasser bezeichnet, die vom ausgeführten Bauteil abgegeben werden muß. So ist zu ersehen, daß z. B. bei 30 cm dicken Porenbetonwänden 20 bis 50 l freies Wasser/m² Bauteilfläche in den Neubau eingebracht werden. Gipsputze enthalten bei einer Putzdicke von 1,5 cm 11 bis 13 l freies

Tab. 1. Feuchtegehalt von häufig verwendeten mineralischen Baustoffen des Hochbaus

Gehalt an nicht gebundenem Wasser	Vol %			kg/m² bei Bauteildicke d (cm)	
	1	2	3	4	5
	Auslief. Herstel.	Wasserlagerung	Ausgl.-F. DIN 4108	1–3	2–3
Ziegel	1– 1,5	15–25	1,5	d = 30	
				0	40– 70
KS-Stein	1– 8	15–25	5	d = 30	
				0– 9	30– 60
Bimsbeton	5–30	20–40	4	d = 30	
				3–78	48–108
Porenbeton	10–20	15–35	3,5	d = 30	
				20–50	35– 95
Normalbeton WZ 0,45–0,70	10–15	10–15	5	d = 15	
				7–15	7– 15
Zementestrich	10–20	10–20	5	d = 5	
				2,5–7,5	2,5– 7,5
Gipsputz	75–90	–	2	d = 1,5	
				11–13	–

Wasser/m². Als besonders krasses Beispiel der Schwankungsbreiten ist auf die Werte von Bimsbeton hinzuweisen: Unter günstigen Bedingungen beträgt die Menge an nicht gebundenem Wasser 3 l/m²; bei extremem Kontakt mit flüssigem Wasser während der Bauzeit (Lagerung in Pfützen, starke Beregnung) kann der Wert jedoch auch bis zu über 100 l/m² betragen.

2. Bauphysik der Trocknung

Hinsichtlich der bauphysikalischen Einzelheiten wird auf die Quellen [1] und [3] verwiesen. Wesentlich für eine überblickende Betrachtung und auch für das Verhalten in der Baupraxis ist der Sachverhalt, daß die Trocknung bei porösen Baustoffen im wesentlichen aus zwei Phasen besteht: einem Trocknungsprozeß durch Kapillartransport an die Bauteiloberfläche und Verdunstung des Wassers und einem Trocknungsprozeß durch Wasserdampfdiffusion. Der zuerst genannte Prozeß transportiert um 3 bis 4 Zehnerpotenzen größere Wassermengen pro Zeiteinheit als der Diffusionsprozeß. Der Feuchtegehalt, bei dem der Kapillartransport einsetzt, wird als kritischer Feuchtigkeitsgehalt bezeichnet. Der Wert ist im wesentlichen von der Porenstruktur des Baustoffs abhängig und daher baustoffspezifisch. Abb. 1 aus Künzel [2] zeigt, daß der kritische Feuchtigkeitsgehalt z. B. bei Porenbeton bei ca. 20 Vol.-% Feuchtigkeitsgehalt liegt. Wichtig ist, daß unter dem kritischen Feuchtigkeitsgehalt der Trocknungsvorgang im wesentlichen über den langsamen Prozeß der Diffusion erfolgt und daß im eingebundenen Zustand die Baustoffe überwiegend Feuchtegehalte unter diesem Grenzwert aufweisen.

Die Geschwindigkeit der Austrocknung durch Diffusion ist im wesentlichen von folgenden Einflußgrößen abhängig:

– der Wasserdampfleitfähigkeit der Stoffschichten und deren Dicke, also dem Wasserdampfdiffusionswiderstand;
– der Wasserdampfteildruckdifferenz zwischen dem durchfeuchteten Bauteilbereich und der Luft zu beiden Seiten des Bauteils.

Die Wasserdampfteildruckdifferenz wiederum ist von einer größeren Zahl von Einflußgrößen anhängig:

– der Temperatur im Bauteilquerschnitt (beeinflußt durch Beheizung, Besonnung und Lage von Dämmschichten);
– der Temperatur und der Luftfeuchtigkeit auf der Außenseite (z. B. abhängig von der Orientierung);
– der Temperatur und der Luftfeuchtigkeit im Gebäudeinneren (Einflußgrößen: Beheizung und Belüftung).

In Abb. 2 sind für vier typische Bauteilquerschnitte die Diffusionsstromdichten eines typischen Winter- bzw. Sommertages nach innen und außen dargestellt:

Querschnitt (tragende Wand aus 30 cm Porenbeton, in der Bauteilmitte durchfeuchtet = 100 % relative Luftfeuchtigkeit).

Innenoberfläche:

Beispiel 1 und 3: Gipsputz,
Beispiel 2 und 4: Gipsputz plus Vinyltapete.

Außenoberfläche:

Beispiel 1: hinterlüftete Bekleidung,
Beispiel 2: Kunstharzbeschichtung ($s_d = 2$ m),
Beispiel 3: mineralisches Wärmedämmverbundsystem, 10 cm dick,
Beispiel 4: Polystyroldämmplatten mit Kunstharzbeschichtung ($s_d = 2$ m).

Als Klimarandbedingungen wurden gewählt:

Winter: außen 0 °C, 80 % rF,
innen 20 °C, 50 % rF,

Für den Sommerfall wurden außen und innen jeweils + 12 °C, 70 % rF angenommen.

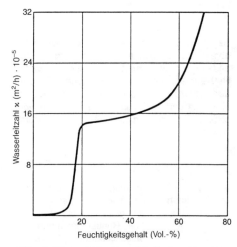

Abb. 1: Wasserleitzahl und kritischer Feuchtegehalt von Porenbeton [2]

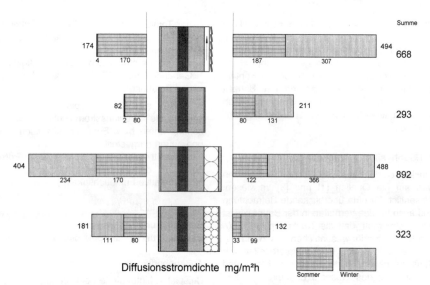

Abb. 2: *Typische Diffusionsstromdichten auf der Innen- und Außenseite von vier unterschiedlichen Wandquerschnitten mit hohem Baufeuchtegehalt im Wandkern*

Es ist zu erkennen, daß die Diffusionsstromdichte und damit die Menge des abgegebenen Wassers stark von der Gestaltung der Oberflächen abhängig ist, daß aber auch durch eine Erhöhung der Temperatur im Bauteilquerschnitt durch außenseitige Dämmaßnahmen die Diffusionsstromdichte für den Winterfall wesentlich erhöht werden kann.

Besonders ungünstig sind Situationen, bei denen die Außenseite der Bauteile durch dampfdichte Außenschichten keinerlei Feuchtigkeit abgeben können. Dies ist zum Beispiel in der Regel bei Räumen der Fall, die außenseitig abgedichtet sind, d. h. bei Kellerräumen und anderen im erdberührten Bereich liegenden Nutzräumen. Hier ist die Trocknung völlig von der Beheizung und Belüftung des Innenraums abhängig und muß daher meist durch technische Trocknungsmaßnahmen unterstützt werden.

3. Dauer des Trocknungsverlaufs

In Abb. 3 sind zwei mögliche Befeuchtungs- und Trocknungsverläufe eines porösen Wandbaustoffs grafisch dargestellt. Es ist zu erkennen, daß je nach den Randbedingungen der Befeuchtung und anschließenden Trocknung sehr unterschiedliche Trocknungsdauern möglich sind.

Wie bereits dargestellt, spielen zwar die Bauteildicke und die Materialeigenschaften eine wichtige Rolle. Berechnungsformeln, wie die von Cadiergues, die nur diese beiden Einflußgrößen berücksichtigen, müssen daher aber zu weit von der Wirklichkeit abweichenden Ergebnissen führen. Die Trocknungsdauer kann demnach wenige Monate, sie kann jedoch auch mehrere Jahre betragen.

Der Zeitpunkt bis zum völligen Austrocknen eines Bauteils ist jedoch im wesentlichen von theoretischem Interesse. Breyer [5] schlägt daher vor, die Trocknungsdauer auf den Zeitpunkt zu beziehen, an dem die pro Quadratmeter Bauteilfläche aufgrund der Baufeuchte abgegebene Feuchtigkeitsmenge 5 ml pro Tag unterschreitet – bezogen auf einen mittelgroßen Raum entspricht dies etwa der Wassermenge, die eine Topfpflanze abgibt (ca. 20 g/h). Ein derartiger Grenzwert erscheint daher realistisch.

Für den Praktiker wesentlich, ist zu erkennen, daß eine exakte Bezifferung des Austrocknungszeitraums nur mit sehr großem Untersuchungsaufwand möglich wäre und daher in den meisten Fällen aufgrund der Unverhältnismäßigkeit des Aufwands nicht durchgeführt werden kann.

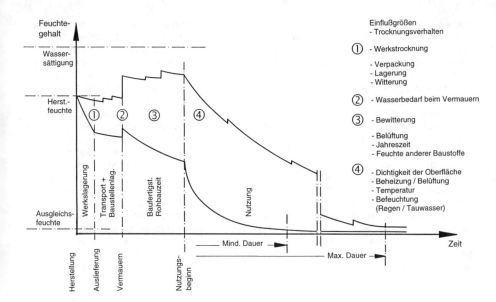

Abb. 3: *Günstiger und ungünstiger Befeuchtungs- und Trocknungsverlauf am Beispiel von Mauerwerk aus bindemittelgebundenen Steinen und Auflistung der Einflußgrößen [5]*

4. Praktische Konsequenzen und Beurteilungsprobleme

Aus den dargestellten Sachverhalten ergeben sich eine größere Zahl von praktischen Konsequenzen und Beurteilungsprobleme des Sachverständigen. Während unmittelbar während der Bauzeit der erfahrene Bauleiter in krassen Fällen intuitiv erfaßt, wenn der angelieferte Baustoff „zu feucht" bereitgestellt wurde und daher zunächst vor dem Einbau trocknen muß, ist es für den beurteilenden Sachverständigen im nachhinein kaum möglich zu rekonstruieren, ob ein poröser Baustoff die „übliche erhöhte Baufeuchte" oder eine ungewöhnlich hohe Baufeuchte aufgewiesen hat. Hier verbleiben daher grundsätzlich meist Beurteilungsunsicherheiten. (Im Hinblick auf den Problemkreis „zu feucht" eingebauten Holzes wird auf den Aufsatz von Grosser verwiesen.)

Der erhöhte Feuchtigkeitsgehalt verändert die Eigenschaften des Baustoffs, z. B. die Wärmeleitfähigkeit (siehe dazu den Aufsatz von Kießl), jedoch auch die Druckfestigkeit und weitere Eigenschaften (siehe Aufsatz Schubert). Die Feuchtigkeitsabgabe ist in der Regel mit einer Volumenverminderung verbunden, so daß die feuchteabgebenden Teile schwinden. Dieses Bauteilverhalten muß vom planenden Architekten und Ingenieur und ggf. auch vom ausführenden Handwerker berücksichtigt werden. So sind die konstruktiven Konsequenzen des Schwindverhaltens z. B. von Beton, Zementestrich, Mauerwerk, Holz der Gegenstand einer großen Zahl von Fachregeln, die hier nicht näher angesprochen werden können.

Die erhöhte Baufeuchte wirkt sich jedoch ebenfalls auf die umgebenden Bauteile und die Klimabedingungen des angrenzenden Innenraums aus. Insbesondere die Auswirkungen auf die Nachbarbauteile sind vom Planer und Handwerker zu berücksichtigen (z. B. Feststellung der Belegereife von Estrichen – siehe Aufsatz Schnell).

Die hohe Feuchtigkeitsabgabe von frisch eingebauten Naßputzen und Estrichen veranlaßt z. B. die Hersteller von Wärmedämmverbundsystemen zur Forderung, daß das Wärmedämmverbundsystem erst nach dem Einbau und der Austrocknung der Putze und Estriche aufgebracht werden darf. Besonders detailliert sind z. B. die Anforderungen der Firma alsecco:

„Voraussetzung für die Ausführung von Wärmedämmverbundsystemen ist die ausreichende Durchtrocknung des Baukörpers. So müssen z. B. Innenputze und Estriche ausreichend trocken sein. Dabei darf die Feuchtigkeit des Wandbildners vor Beginn der kalten Jahreszeit das Zweifache, nach der kalten Jahreszeit das Dreifache der Ausgleichsfeuchte nicht überschreiten. Wir empfehlen, den Feuchtigkeitsgehalt der Wand durch geeignete Methoden zu ermitteln." Angesichts der beschriebenen, meist sehr ungleichmäßigen Verteilung der Feuchtigkeit in Wandquerschnitten und der Schwierigkeiten unter baupraktischen Bedingungen, den Feuchtegehalt zu bestimmen, halte ich diese Anforderungen für übertrieben detailliert. Wie in Abb. 2 ersichtlich ist, ist hinsichtlich des Wasseraustauschs durch Diffusion die Situation bei außenseitig wärmegedämmten Wänden mit mineralischen Dämmstoffen und mineralischem Putz ähnlich günstig wie bei einer hinterlüfteten Fassadenkonstruktion. Es besteht allerdings bei tiefen Außentemperaturen grundsätzlich die Gefahr einer unzulässig umfangreichen Tauwasserbildung auf der Rückseite des Außenputzes. Insofern ist grundsätzlich auch bei mineralischen Wärmedämmverbundsystemen empfehlenswert, die Systeme erst nach dem Einbringen der Innenputze und der Estriche auszuführen.

Ein wichtiges Problemfeld und ein häufiger Streitpunkt stellen die Konsequenzen der erhöhten Baufeuchtigkeit für die Nutzung dar: Wie erläutert, findet ein wesentlicher Teil der Austrocknung – auch bei den Außenbauteilen – über die angrenzenden Innenräume statt. Zum Abführen der erhöhten Luftfeuchtigkeit ist daher ein verstärkter Luftwechsel erforderlich, wenn Schimmelpilzprobleme und andere negative Folgen an Innenbauteilen und Möbeln vermieden werden sollen. Erhöhter Luftwechsel und verminderter Wärmeschutz führen daher insgesamt zu einem deutlich größeren Heizenergiebedarf.

An Niedrigenergiehäusern in Heidenheim hat das Fraunhofer Institut für Bauphysik, Stuttgart (Erhorn), in großem Umfang vergleichende Untersuchungen zum Heizenergieverbrauch gleicher Häuser unterschiedlicher Bauart durchgeführt. Die Tab. 2 zeigt die Konstruktionsweisen von zwei dieser Häuser, Abb. 6 den Nettoheizenergieverbrauch der Heizperioden 1990/91 bis 1992/93 (da die Messungen erst nach dem ersten Viertel der Heizperiode 1990/91 begannen, sind die Zahlenwerte zu dieser Heizperiode hochgerechnet). Während das Holzständerfertighaus keine nennenswerten Schwankungen im Nettoheizenergieverbrauch zeigte, ist beim Porenbetonhaus in der ersten Heizperiode im Vergleich zur dritten Heizperiode ein um 75 % erhöhter Heizenergieverbrauch und in der zweiten Heizperiode ein um 25 % höherer Heizenergieverbrauch festzustellen, der auf die Neubaufeuchte dieser Bauweise zurückgeführt werden muß.

Wenn die Quelle [8] angibt, daß verschiedene Gerichte bei Neubaufeuchtigkeit im ersten Jahr eine Kürzung der Heizkosten um 25 % (LG Mannheim bzw. AG Köln) bzw. 20 % (LG Lübeck) für gerechtfertigt halten, so ist die Größenordnung der eingeschätzten erhöhten Heizaufwendungen angesichts der dargestellten Messungen durchaus realistisch.

Ich halte es jedoch grundsätzlich für nicht sachgerecht, die erhöhten Heizkostenaufwendungen als Gebäudemangel einzuschätzen, der Mietminderungen oder Heizkostenkürzungen rechtfertigt. Die erhöhte Baufeuchte ist bei der überwiegenden Zahl der üblichen Bauweisen unvermeidbar. Es muß von den Bauherren bzw. Mietern erwartet werden, daß sie dem Sachverhalt Rechnung tragen. Auch bei einem Pkw wird es doch nicht als Mangel empfunden,

Tab. 2. Konstruktionsmerkmale der Niedrigenergiehäuser in Heidenheim, deren Netto-Heizenergieverbrauch in Abb. 4 dargestellt ist [7]

Haustyp Bauteile	NEH-D$_1$	NEH-E
Außenwand	Holzständerbauw., 24 cm Dämmung	37,5 cm Porenbeton
Fenster	Zweischeiben-Wärmeschutzglas	Zweischeiben-Wärmeschutzglas
Dach	20 cm Dämmung	14,5 cm Porenbeton, 18 cm Dämmung
Kellerdecke	Holzbalkendecke, 24 cm Dämmung	25 cm Porenbeton, 4,7 cm Dämmung
Beheizte Wohnfläche [m^2]	171	176

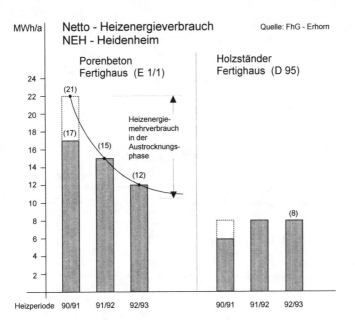

Abb. 4: Netto-Heizenergieverbrauch von zwei Niedrigenergiehäusern Heidenheim, Konstruktionsmerkmale (siehe Tab. 2) in den Heizperioden 1990/91 bis 1992/93 [7]

daß während einer Einfahrphase nicht mit voller Geschwindigkeit gefahren werden kann. Die wesentliche Beurteilungsschwierigkeit besteht darin abzuschätzen, wann von einer unverhältnismäßigen, nicht zumutbaren Baufeuchte ausgegangen werden muß.

Vor mehr als hundert Jahren konnte dieses Problem aufgrund der sehr einheitlichen Bauweisen durch die Definition einer Frist zwischen Fertigstellung des Rohbaus und Erstbezug gelöst werden. So formuliert die „Bauordnung für die Königlich-Preußische Haupt- und Residenzstadt Berlin" von 1853: „Wohnungen in neuen Häusern ... dürfen erst nach Ablauf von 9 Monaten nach Vollendung des Rohbaus bezogen werden." Angesichts der Vielfalt der Einflußfaktoren und dem wirtschaftlichen Zwang nach minimierten Wartezeiten bis zum Erstbezug ist eine derartige Zeitangabe heute nicht mehr möglich, es wäre aber sinnvoll, einfach meßbare Grenzwerte zu definieren, um diesen Streitpunkt zu lösen.

Zusammenfassend stelle ich fest, daß Neubaufeuchtigkeit bei den meisten Bauweisen unvermeidbar ist und insofern grundsätzlich keinen Mangel darstellt. Die Intensität und Dauer der erhöhten Neubaufeuchtigkeit ist von einer Großzahl von Randbedingungen abhängig und daher nicht global durch einfache Formeln abschätzbar. Die Baufeuchte muß in vielfacher Hinsicht durch alle an der Planung, Ausführung und Nutzung von Gebäuden Beteiligten berücksichtigt werden. Die Definition „zulässiger Grenzwert" steht noch aus.

Aufgrund des o. a. Vortrags wurden durch Herrn Chr. Tanner, EMPA Dübendorf/Schweiz, folgende Meßmethoden der Lufttemperaturen und der rel. Luftfeuchtigkeit in Neubauten und die entsprechenden Grenzwerte (nach § 29 der Ausführungsvorschriften der Direktion des Gesundheitswesens zur Verordnung über allgemeine und Wohnhygiene vom 9. Juni 1967) mitgeteilt:

1. Messung mit Aspirations-Psychrometer in Raummitte eines Zwischenzimmers, bei geschlossenen Fenstern und Türen des Meßraumes und der angrenzenden Räume, sowie im Freien [im Schatten].

2. Zahl der zu messenden Zimmer: Pro Haus sind mindestens 2 Zimmer, ein West- und ein Ostzimmer, zu messen. Bei größeren Häusern ist auf je 10 bewohnte Zimmer 1 Zimmer zu messen (mind. 2 pro Haus). Wenn mehr als 4

Zimmer zu messen sind, sind sie auf die verschiedenen Himmelsrichtungen zu verteilen.

3. Vorbereitung durch den Auftraggeber am Tag vor der Messung:
a) Abstellen der Heizung im Meßraum und den angrenzenden Räumen.
b) Schließen von Fenstern und Türen im Meßraum und den angrenzenden Räumen.

4. Anfangsmessung
a) im angetroffenen Zustand ohne vorheriges Lüften [= Anfangsmessung, wenn φ zwischen 45 % und 60 %].
b) wenn Messung a) weniger als 45 % oder mehr als 60 % rel. Luftfeuchtigkeit ergibt, Lüften des Meßraumes und der angrenzenden Räume durch 1–2 Minuten Durchzug.
c) Neue Messung 1/4 Std. nach dem Lüften [= Anfangsmessung, wenn φ zwischen 45 % und 60 %].
d) Event. nochmaliges Lüften wie b) und neue Messung wie c) bis φ zwischen 45 % und 60 %].

5. Nach der Anfangsmessung verschließen und plombieren des Zimmers und der angrenzenden Räume.

6. Schlußmessung 48 Std. nach der Anfangsmessung: zuerst Kontrolle, ob Plomben intakt; anschließend Messung gemäß 1. an den gleichen Stellen wie die Anfangsmessungen.

7. Berechnen der Zunahme der rel. Luftfeuchtigkeit bezogen auf die Temperatur der Anfangsmessung.

8. Orientierende Angabe der Temperatur und Luftfeuchtigkeit im Freien.

9. Die errechnete Zunahme der rel. Luftfeuchtigkeit in 48 Stunden darf höchstens 10 %. betragen.

Literatur

[1] Klopfer, H.: Wassertransport durch Diffusion in Feststoffen, Wiesbaden, 1974

[2] Künzel, H.: Gasbeton, Wärme- und Feuchtigkeitsverhalten, Wiesbaden, 1971

[3] Lutz, P. u. a.: Lehrbuch der Bauphysik, Stuttgart, 1989

[4] Breyer, G.: Baufeuchte – Schlagwort oder Problem?
In: Zement und Beton, Heft 4/1985, Seite 145ff.

[5] Oswald, R.: Baufeuchte und ihre Beurteilung durch den Sachverständigen.
In: Tagungsband zum 28. Bausachverständigen-Tag, Frankfurt, 1992

[6] Oswald, R.: Schwachstellen – Neubauprobleme – Baufeuchte.
In: Deutsche Bauzeitung, Heft 5/1992, Seite 97ff.

[7] Erhorn, H. u. a.: Niedrigenergiehäuser Heidenheim – Hauskonzepte und erste Meßergebnisse, IBP-Bericht WB 73/1992.
In: Veranstaltungsunterlagen „Wege zum Niedrigenergiehaus", Haus der Technik e. V., 1993

[8] Deutscher Mieterbund, (Hrsg.): Wohnungsmängel und Mietminderung, Köln, 1987

Feuchtegehalte von Mauerwerkbaustoffen und feuchtebeeinflußte Eigenschaften

Dr.-Ing. P. Schubert, Institut für Bauforschung der RWTH Aachen (ibac)

1. Allgemeines

Mauerwerk wird heute zunehmend aus großformatigen Mauersteinen mit teil- bzw. unvermörtelter Stoßfuge hergestellt. Dadurch bedingt ist der Mörtelanteil im Vergleich zum Anteil des Mauersteines klein. Er beträgt dann überwiegend rd. 5 % und weniger, bei Verwendung von Dünnbettmörtel sogar nur noch 1 bis 2 %. Aus diesem Grunde bestimmen die Steineigenschaften immer mehr die Mauerwerkeigenschaften. Die heute hauptsächlich verwendeten Mauersteinarten sind: Mauerziegel, Kalksandsteine, Porenbetonsteine und Leicht- sowie Normalbetonsteine.

Der Feuchtegehalt in den Mauerwerkbaustoffen bzw. im Mauerwerk beeinflußt zahlreiche wesentliche Eigenschaften. Dies sind z. B. Festigkeiten (Druckfestigkeit, Zug-, Biegezugfestigkeit), Formänderungen (Schwinden, Kriechen, Wärmedehnung bzw. Wärmedehnungskoeffizient), Wärmeleitfähigkeit sowie die Dauerhaftigkeit (Frostwiderstand, Einwirkung von schädlichen Stoffen – Lösen und Transport, Reaktionen mit schädlicher Wirkung).

Die Kenntnis über die Herkunft, die Wirkung und die Beeinflussung von Feuchtigkeit in Mauerwerkbaustoffen und im Mauerwerk ist von großer Bedeutung.

2. Feuchtegehalte von Mauerwerkbaustoffen und Mauerwerk

2.1 Herstell-, Lieferfeuchte von Mauersteinen

Die Herstellfeuchte der Mauersteine wird durch den Produktionsprozeß vorgegeben. Sie ist bei Mauerziegeln und Kalksandsteinen sehr gering, bei Leichtbetonsteinen und vor allem bei Porenbetonsteinen hoch. Bei Leichtbetonsteinen wird die hohe Mauersteinfeuchte im wesentlichen durch den großen Wasseranteil im Leichtzuschlag verursacht. Bei den Porenbetonsteinen ist ein hoher Wasseranteil erforderlich, um die flüssige bis breiige Konsistenz der Rohmischung zu gewährleisten.

Die Herstellfeuchten der Mauersteine betragen etwa: < 1 M.-% für Mauerziegel, überwiegend 3 bis 5 M.-% für Kalksandsteine, 25 bis 45 M.-% für Porenbetonsteine und 20 bis 50 M.-% für Leichtbetonsteine.

Durch werkseitige Lagerung bis zur Auslieferung kann sich der Feuchtegehalt in den Mauersteinen verändern. Dies trifft im wesentlichen für Leichtbetonsteine bei entsprechender werkseitiger Lagerung (Stapelung in Steintürmen auf Lücke) zu.

2.2 Einbaufeuchte

Der Feuchtegehalt der Mauersteine zum Zeitpunkt des Vermauerns (Einbaufeuchte) hängt von den Bedingungen während des Transportes und während der bauseitigen Lagerung ab. Die Mauersteine werden heute überwiegend folienverpackt transportiert. Dadurch ist eine Änderung des Feuchtegehaltes während des Transportes weitgehend ausgeschlossen. Wird durch entsprechende Maßnahmen auch eine wesentliche Feuchtaufnahme während der bauseitigen Lagerung ausgeschlossen, so entspricht die Einbaufeuchte etwa der Herstell- bzw. der Lieferfeuchte.

Um dem Mörtel nicht zu viel Anmachwasser zu entziehen, empfiehlt es sich, stark wassersaugende Mauersteine vor dem Vermauern leicht vorzunässen. Dadurch und durch den relativ wasserreichen Mauermörtel (Normal-, Leichtmörtel) kann der Feuchtegehalt des Mauerwerks je nach Mörtelanteil etwa max. um 1 bis 2 M.-% zunehmen.

2.3 Gleichgewichtsfeuchte des Mauerwerks

Die Gleichgewichtsfeuchte ist der hygroskopische Feuchtegehalt im planmäßigen Gebrauchszustand. Sie ist abhängig von der Porenstruktur der Mauerwerkbaustoffe, den klimatischen Bedingungen – vor allem von der relativen Luftfeuchte – sowie von der Bauteilgröße – im wesentlichen der Bauteildicke. Nach welcher Zeit die Gleichgewichtsfeuchte erreicht wird, hängt von der Einbaufeuchte, den klimatischen Bedingungen während des Rohbaus und nach Nutzungsbeginn, der Bauteilgröße sowie der Bauteilkonstruktion (Bekleidung etc.) ab.

Die Gleichgewichtsfeuchte unterscheidet sich je nach Mauersteinart und liegt etwa zwischen rd. 0,5 und 6 M.-%.

2.4 Praktischer Feuchtegehalt

Unter praktischem Feuchtegehalt versteht man den Feuchtegehalt von genügend ausgetrockneten Bauten zum dauernden Aufenthalt von Menschen, der in 90 % aller Fälle nicht überschritten wird. Er wird durch Untersuchung an Bauwerken ermittelt. Nach neueren Erkenntnissen kann für den praktischen Feuchtegehalt ersatzweise die Gleichgewichtsfeuchte im Klima 23 °C und 80 % relative Luftfeuchte herangezogen werden.

Der praktische Feuchtegehalt ist wichtig für die Festlegung des Rechenwertes der Wärmeleitfähigkeit. Er ist je nach Mauersteinart unterschiedlich hoch und beträgt in M.-% (Vol.-%): 1,0 (1,5) für Mauerziegel, 3,0 (5,0) für Kalksandsteine, 6,5 (3,5) für Porenbetonsteine und 5,0 (4,0) für Leichtbetonsteine.

3. Austrocknungsverhalten vom Mauerwerk

3.1 Einflüsse

Die wesentlichen Einflüsse auf das Austrocknungsverhalten von Mauerwerk sind:

- die Porenstruktur (Form, Größe, Anteil, Verteilung der Poren) der Mauerwerkbaustoffe, im wesentlichen der Mauersteine, da diese mit 80 bis 98 % den größten Anteil im Mauerwerk ausmachen;
- die Einbaufeuchte der Mauersteine, die abhängig ist von der Herstell-, Lieferfeuchte und den bauseitigen Bedingungen bis zum Einbau (Austrocknung, Feuchteaufnahme);
- Bauteil, Konstruktion, d. h. Aufbau und Dicke des Bauteils (Art der Bekleidung, Putz, Anstrich, Art und Anzahl der Schichten bzw. Schalen, verwendete Baustoffe). So kann z. B. das Austrocknungsverhalten einer einschaligen Mauerwerkwand sehr stark von den feuchtetechnischen Eigenschaften (vor allem Wasserdampfdiffusionswiderstand) der Wandbekleidung (Putz, Beschichtung, Anstrich, etc.) beeinflußt werden. Bei einer zweischaligen Mauerwerkaußenwand hängen Austrocknungsverhalten und Feuchtegehalt der Außenschale wesentlich davon ab, ob sich hinter der Außenschale eine belüftete Luftschicht befindet oder nicht (Kerndämmung). Im letzteren Falle kann die Verblendschale Feuchtigkeit nur nach außen abgeben – die Austrocknung verläuft langsamer;
- klimatische Bedingungen während des Rohbaues und der Nutzung; von vorrangigem Einfluß ist, ob die Bauteile während des Rohbaus austrocknen konnten oder Feuchtigkeit aufgenommen haben (Einwirkung von Niederschlag) und wie die klimatischen Bedingungen (relative Luftfeuchte, Temperatur) nach Nutzungsbeginn sind.

3.2 Austrocknungszeiten

Wegen der Vielzahl der Einflüsse (siehe Abschnitt 3.1) sind Austrocknungszeiten für den Einzelfall nicht genau angebbar. Bei Kenntnis der entsprechenden Baustoffeigenschaften und der relevanten Feuchtegehalte bei Bauteilherstellung bzw. Nutzungsbeginn ist eine grobe rechnerische Abschätzung grundsätzlich möglich.

Die 1954 von Cardiergues für grobe Näherungsberechnungen aufgestellte Formel

$$t_A = s \cdot d^2$$

mit

t_A: Austrocknungszeit bis zur Gleichgewichtsfeuchte in Tagen
s: Baustoffspezifische Kenngröße
d: Wanddicke in cm

(Austrocknungsbedingungen: Raumluft von etwa 20 °C und 70 % relativer Luftfeuchte)

ist wegen der bereits erwähnten Vielzahl der Einflüsse und der heutigen Vielfalt der Mauerwerkbaustoffe und ihrer Kombinationsmöglichkeiten nicht zutreffend!

Zur Austrocknungszeit von Mauerwerk liegen nur sehr wenige systematische Versuche vor. Sie stammen meist aus früheren Jahren. Deshalb sind die Versuchsergebnisse auch nicht direkt auf die heutigen Gegebenheiten übertragbar. Als grobe Anhaltswerte lassen sich folgende Austrocknungszeiten für Mauerwerkwände üblicher Wanddicke (etwa bis zu 36,5 cm) und aus folgenden Mauersteinen angeben: 0,5 bis 1 Jahr für Mauerziegel, 0,5 bis 1 1/2 Jahr für Kalksandsteine, 1 bis 3 Jahre für Porenbetonsteine (s. Abb. 1) und 1 bis 2,5 Jahre für Leichtbetonsteine.

Zu beachten ist dabei, daß unter in etwa gleichbleibenden Austrocknungsbedingungen der zeitliche Verlauf hyperbelförmig ist, d. h. ein großer Anteil der Baustoffeuchte wird bereits nach relativ kurzer Zeit abgegeben.

3.3 Feuchteverteilung über die Bauteildicke

Die Feuchteverteilung hängt im wesentlichen von der Ausgangsfeuchte, der Porenstruktur der Mauerwerkbaustoffe bzw. deren feuchtetechnischer Eigenschaften, der Bauteildicke bzw. -konstruktion und Oberflächenbekleidung (z. B. Putz, Beschichtung) sowie den Austrocknungsbedingungen (relative Luftfeuchte, Luftbewegung) ab. Bei hohem Ausgangsfeuchtegehalt (Einbaufeuchte), großer Bauteildicke bzw. dichter Bekleidung (s. Abb. 2 und 3), ungünstiger Porenstruktur (geringe Kapillarität) sowie schneller Austrocknung entsteht eine sehr ungleichmäßige Feuchteverteilung über die Bauteildicke.

Der Feuchtegehalt an den Bauteiloberflächen verringert sich sehr schnell auf kleine Werte, während er im Kernbereich nur sehr langsam abnimmt. Dadurch entstehen im oberflächennahen Bereich Zugspannungen, die bei großem Feuchteunterschied zwischen Rand und Kern und geringer Zugfestigekit der Mauersteine zu Rissen führen können (Schalenrisse). Um dies zu vermeiden, ist eine möglichst gleichmäßige Feuchteverteilung während des Austrocknungsvorganges anzustreben, d. h. keine zu schnelle Austrocknung, auch kein übermäßiges Heizen bei Nutzungsbeginn!

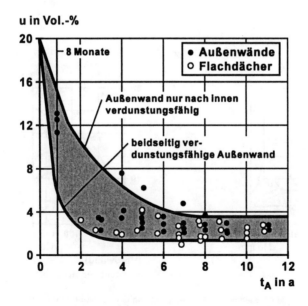

Feuchtegehalt u in Abhängigkeit von der Austrocknungszeit t_A, Porenbeton - Außenbauteile (nach Künzel)

Abb. 1 Austrocknungsverhalten von Mauerwerk – Austrocknungsverlauf, -zeit

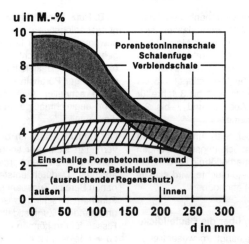

Feuchtegehalt u in Abhängigkeit von der Wanddicke d
(nach Künzel)

Abb. 2 Austrocknungsverhalten von Mauerwerk – Feuchteverteilung

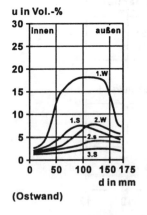

(Ostwand)

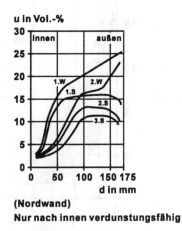

(Nordwand)
Nur nach innen verdunstungsfähig

Feuchtegehalt u in Abhängigkeit von der Bauteildicke d nach
Winter (W), Sommer (S); Porenbeton - Außenwand (Ostwand),
beidseitige Kunststoffbeschichtung (nach Künzel)

Abb. 3 Austrocknungsverhalten von Mauerwerk – Feuchteverteilung

4. Feuchtebeeinflußte Eigenschaften

4.1 Formänderungen

Die Formänderungseigenschaften Schwinden, Kriechen und Wärmedehnung können erheblich vom Feuchtegehalt bzw. von der Feuchteabgabe während der Austrocknung beeinflußt werden. Dies trifft besonders auf das Schwinden bzw. die Schwinddehnung zu.

Die Schwinddehnung von Mauerwerkbauteilen ist abhängig von der Porenstruktur der Mauerwerkbaustoffe, dem Stein- und Mörtelanteil im Mauerwerk, der Einbaufeuchte sowie der Gleichgewichtsfeuchte. Die Schwinddehnung nimmt zu mit größerer Einbaufeuchte und kleinerer Gleichgewichtsfeuchte (s. Abb. 4). Durch behindertes Schwinden können Risse entstehen. Anzustreben ist deshalb ein möglichst geringes Schwinden, d. h. eine möglichst kleine Einbaufeuchte.

Das Kriechen bzw. die Kriechdehnung vergrößert sich, wenn während des Kriechvorganges eine zusätzliche Austrocknung stattfindet (Trocknungskriechen). Mit zunehmender Feuchteabgabe nimmt auch das Kriechen zu.

Die Wärmedehnung errechnet sich aus Wärmedehnungskoeffizient · Temperaturunterschied. Der Wärmedehnungskoeffizient ist eine Baustoffkenngröße und wächst mit steigendem Feuchtegehalt, z. B. bei Porenbeton von 5 auf $8 \cdot 10^{-6}/K$, wenn der Feuchtegehalt von unter 3 auf über 10 Vol.-% steigt.

4.2 Festigkeiten

Druck-, Zug-, Biegezugfestigkeit werden vom Feuchtegehalt beeinflußt. Bei der Zug- und Biegezugfestigkeit wirken sich vor allem Unterschiede in der Feuchteverteilung über den Querschnitt aus.

Die Druckfestigkeit nimmt mit steigendem Feuchtegehalt ab (Abb. 5). Dies ist im wesentlichen auf die Absorption von Wassermolekülen an den Partikeloberflächen zurückzuführen, wodurch die Oberflächenenergie verringert wird.

Die Druckfestigkeit der Mauersteine verändert sich vor allem im Bereich kleiner Feuchtegehalte sehr stark. Zwischen dem lufttrocknen und dem wassergesättigten Zustand nimmt die Druckfestigkeit bei Mauerziegeln um etwa 10 %, bei anderen Mauersteinen um etwa 20 % ab. Bezogen auf den wassergesättigten Zustand ist die Druckfestigkeit bei bindemittelgebundenen Mauersteinen im getrockneten Zustand um etwa 50 % höher.

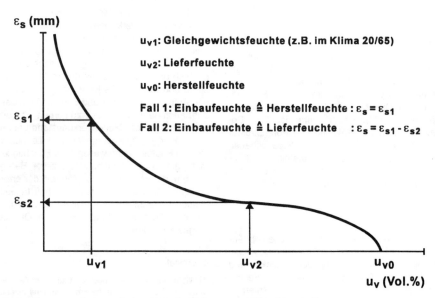

Abb. 4 Zusammenhang zwischen Schwinddehnung und Feuchtegehalt u

Wärmeleitfähigkeit λ

→ λ nimmt mit steigendem Feuchtegehalt zu

→ ZunahmeΔλ mit Δu ist je nach Mauerstein und Mörtelart verschieden:
3 bis 10% je 1 M.-% Feuchtegehalt

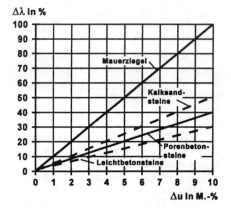

Mittlere Zunahme der Wärmeleitfähigkeit Δλ in Abhängigkeit vom Feuchtegehalt Δu bei Mauerwerk (nach DIN 52611, Vorlage für E)

Abb. 5 Feuchtebeeinflußte Eigenschaften

4.3 Wärmeleitfähigkeit

Da die Wärmeleitfähigkeit im Wasser mit rd. 0,60 W/(m · K) bekanntlich 25mal so hoch ist wie die in Luft, nimmt die Wärmeleitfähigkeit der Mauerwerkbaustoffe mit steigendem Feuchtegehalt zu. Dies bedeutet, daß sich die Wärmedämmung entsprechend verschlechtert. Bedingt durch die unterschiedliche Porenstruktur und die verschiedenen Feststoffeigenschaften ist die Zunahme je nach Mauerstein- und Mörtelart verschieden hoch und beträgt 3 bis 10% je 1 M.-% Feuchteanstieg (s. Abb. 6).

4.4 Frostwiderstand

Der Frostwiderstand ist im wesentlichen abhängig von der Porenstruktur (Form, Größe, Anteil, Verteilung der Poren), von der Festigkeit und Steifigkeit der Porenwände sowie vom Feuchtegehalt im Baustoff. Ein wesentliches Kriterium für den Frostwiderstand ist im allgemeinen der kritische Feuchtegehalt. Ist der vorhandene Feuchtegehalt im Baustoff größer als der kritische, ist eine Zerstörung des Gefüges bei Frosttauwechselbeanspruchung zu erwarten. Bei Mauerziegeln und Kalksandsteinen kann der kritische Feuchtegehalt zu etwa 80% des max. Feuchtegehaltes angesetzt werden. Bei Porenbetonsteinen beträgt der kritische Feuchtegehalt etwa 60 bis 70 M.-%. Der Frostwiderstand von Leichtbetonsteinen ist sehr wesentlich abhängig vom Anteil abschlämmbarer Zuschlagbestandteile. Überschreitet dieser Anteil einen Grenzwert, so verschlechtert sich der Frostwiderstand deutlich.

Die Dauerhaftigkeit von Mauerwerkbauteilen kann jedoch auch durch Stoffe mit Schadenspotential aus der Luft, dem Niederschlag, dem Baugrund u. a. mehr beeinträchtigt werden. Alle diese Stoffe benötigen Wasser, damit sie entsprechend wirken bzw. reagieren können. Als Beispiele hierfür sind zu nennen: das Sulfatbzw. Ettringittreiben aus der Reaktion von Sulfaten mit kalkhaltigen Bestandteilen der Mauerwerkbaustoffe, insbesondere des Mörtels; die schädliche Wirkung von Salzen durch Erhöhung der hygroskopischen Feuchte sowie durch Kristallisationsdruck und die ästhetische Beeinträchtigung durch Ausblühungen.

5. Fazit

Der Feuchtegehalt in Mauersteinen, Mauermörtel und Mauerwerk beeinflußt viele wichtige Eigenschaften. Mit zunehmendem Feuchtegehalt verschlechtern sich die Eigenschaftswerte, zum Teil ganz erheblich. Am günstigsten sind deshalb dauerhaft trockene (lufttrockene) Baustoffe und Bauteile. Es ist somit eine wesentliche Aufgabe der Planer und Bauausführenden, aber auch der Nutzer, dafür zu sorgen, daß der Feuchtegehalt der Mauerwerkbaustoffe bei der Verwendung möglichst gering ist, die hergestellten Bauteile keine wesentliche Feuchtigkeit mehr aufnehmen können (Schutz vor Beregnung) und nach Nutzungsbeginn und der erforderlichen Austrocknungszeit dauerhaft trocken bleiben. Dies ist durch geeignete Konstruktion und eine Ausführung in ausreichender Qualität zu gewährleisten.

6. Literatur

[1] Wittmann, F. H.: Advances in Autoclaved Aerated Concrete. Proceedings of the 3rd Rilem International Symposium on Autoclaved Aerated Concrete. Zürich,

Druckfestigkeit β_D

→ β_D nimmt mit steigendem Feuchtegehalt ab
(Adsorption von Wassermolekülen an Partikeloberfläche, Spaltdruck, Verringerung der Oberflächenenergie)

→ große Veränderung β_D im Bereich kleiner Feuchtegehalte
zwischen lufttrocken und wassergesättigt:
bei Mauerziegeln $\quad\Delta\beta_D \approx 10\%$
bei anderen Mauersteinen $\quad\Delta\beta_D \cong 20\%$

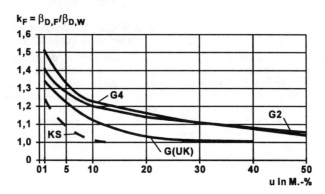

Zusammenhang zwischen dem Verhältniswert k_F und dem Feuchtegehalt u (aus [12,5])

Abb. 6 Feuchtebeeinflußte Eigenschaften – Wärmeleitfähigkeit

Zwitzerland, 14–16 October 1992. (Lit.-Nr. 38140–28189). Rotterdam: Balkema, 1992.
[2] Weber, H.; Hullmann, H.: Das Porenbeton Handbuch: Planen und bauen mit System. Wiesbaden: Bauverlag, 1991
[3] Künzel, H.: Gasbeton, Wärme- und Feuchteschutz. Wiesbaden: Bundesverband Gasbetonindustrie e. V., 1989
[4] Kasten, D.; Meyer, G.: Zum Feuchtegehalt von Mauersteinen. Bonn: Deutsche Gesellschaft für Mauerwerksbau e.V., 1991 – In: Proceedings of the 9th International Brick/Block Masonry Conference, Berlin, Germany 13–19 October 1991, S. 79–86
[5] Materialprüfungsamt für das Bauwesen der Technischen Universität München: Einfluß der Prüf-Feuchtigkeit des Gasbetons auf seine Druckfestigkeit, München. Materialprüfungsamt für das Bauwesen der Technischen Universität München, 1990. – Untersuchungsbericht Nr. 20
[6] Neunast, A.; Theiner, J.: Bims: Bauen mit Bimsbaustoffen. Köln: R. Müller, 1981
[7] Institut für Ziegelforschung: Bauwerksbemessungen hinsichtlich der Frostbeanspruchung von Verblendziegeln bei Kerndämmung, Mitteilungen des Instituts für Ziegelforschung, Juni 1984
[8] Schubert, P.: Zur Feuchtedehnung von Mauerwerk. Aachen, Technische Hochschule, Fachbereich 3, Diss., 1982
[9] Schubert, P.: Formänderungen von Mauersteinen, Mauermörtel und Mauerwerk. Berlin: Ernst & Sohn – In: Mauerwerk-Kalender 17 (1992), S. 623–637
[10] Schubert, P.; Schmidt, St.: Schwindverhalten von Mauerwerk. Teil 1: Kalksandsteine, Gasbetonsteine. Aachen: Institut für Bauforschung, 1988. – Forschungsbericht Nr. F 188
[11] Schubert, P.; Tebbe, H.: Schwindverhalten von Mauerwerk Teil 2: Schwindversuche an Leichtbetonsteinen und Mauerwerk aus diesen Steinen. Aachen: Institut für Bauforschung, 1992. – Forschungsbericht Nr. F 377
[12] Schubert, P.; Schmidt, St.: Einfluß des Feuchtigkeitsgehaltes auf die Druckfestigkeit von Mauersteinen. Aachen: Institut für Bauforschung der RWTH Aachen, 1988. – Forschungsbericht Nr. F 277

Das Trocknungsverhalten von Estrichen – Beurteilung und Schlußfolgerungen für die Praxis

Dipl.-Ing. Werner Schnell, Institut für Baustoffprüfung und Fußbodenforschung, Troisdorf

1. Einleitung

Estriche werden in der Ausbauphase verlegt, in der Regel nach dem Putz. Danach folgen nur noch die Bodenbeläge und die Malerarbeiten. Das Trocknungsverhalten der Estriche ist deshalb eine wichtige Größe im Bauablaufplan, vor allem, weil die Bodenbelagsverlegung maßgebend davon abhängt. Bei einzelnen Estrichen wird auch die Belastbarkeit vom Trocknungszustand des Estrichs beeinflußt.

2. Estricharten

Estriche werden nach dem Bindemittel, der Konsistenz, der Funktion und der Verlegeart unterschieden. Im Gegensatz zu vorgefertigten Trockenestrichen und Gußasphaltestrichen müssen die mit Wasser hergestellten

- Anhydritestriche,
- Magnesiaestriche und
- Zementestriche

je nach Nutzung trocknen, bevor sie belegt und/oder belastet werden können. Für knappe Bautermine können aber schon seit längerer Zeit mit „Schnellzementen" hergestellte Schnellestriche verwendet werden, die nach Herstellerangaben innerhalb von 3 Tagen nach entsprechender Überprüfung des Feuchtigkeitsgehaltes mit jedem Bodenbelag belegt werden können.

Hinsichtlich der Konsistenz werden steifplastische, auch konventionelle Estriche genannt, und Fließestriche unterschieden.

Estriche werden im Verbund, auf Trennschicht sowie auf Dämmschicht (schwimmende Estriche) verlegt. Heizestriche sind beheizbare Estriche auf Dämmschicht, wobei die Heizelemente sowohl im Estrich eingebettet als auch in der Dämmschicht angeordnet sein können. Nähere Einzelheiten können den Normteilen 2 bis 4 der DIN 18 560 – Estriche im Bauwesen – [1] entnommen werden.

3. Definition Ausgleichsfeuchte, Belegreife und praktischer Feuchtigkeitsgehalt

Die **Ausgleichsfeuchte** ist der Feuchtigkeitsgehalt, der sich in einem porösen Baustoff bei einem bestimmten Klima, gekennzeichnet durch Temperatur und relative Luftfeuchtigkeit, nach Lagerung bis zur Gewichtskonstanz einstellt. Der Zusammenhang zwischen dem Estrichwassergehalt und der relativen Luftfeuchtigkeit ist für eine bestimmte Temperatur den Sorptionsisothermen zu entnehmen. Beispiele für einen Anhydritestrich und einen Zementestrich sind in den Abb. 1 und 2 dargestellt. Die Ausgleichsfeuchte gilt also streng genommen nur für einen bestimmten Estrich bestimmter Zusammensetzung und Verdichtung bei einem bestimmten Klima. Es hat sich allerdings gezeigt, daß für die übliche Zusammensetzung der Estriche im Wohnbau und gewerblichen Bau die Unterscheidung nach

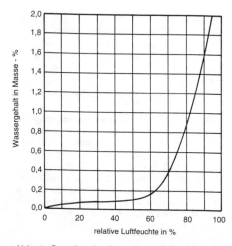

Abb. 1. Sorptionsisotherme von Anhydritestrich (Wassergehalt bestimmt durch Trocknung bei 40 °C bis zur Gewichtskonstanz)

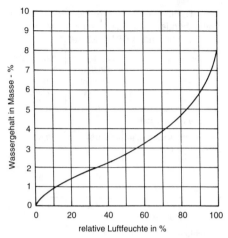

Abb. 2. *Sorptionsisotherme von Zementestrich (Wassergehalt bestimmt durch Trocknung bei 105 °C bis zur Gewichtskonstanz)*

Bindemitteln in der Regel genügt. Für den Praktiker bedeutsam ist aber, daß die Ausgleichsfeuchte für das Baustellenklima von z. B. 12 °C und 80 % relativer Luftfeuchtigkeit wesentlich von der Ausgleichsfeuchte bei Wohnraumklima von z. B. 22 °C und 50 % relativer Luftfeuchtigkeit abweicht und daß die Ausgleichsfeuchte des Wohnraumklimas auch durch lange Trockenzeiten unter dem angegebenen Baustellenklima nicht erreicht werden kann. Der teilweise auch heute noch bei den Estrichpraktikern verwendete Begriff „Haushaltsfeuchte" ist deshalb irreführend, weil er vorgibt, daß sich dieser mit „Haushaltsfeuchte" bezeichnete Wassergehalt bei jedem Klima einstellt.

Die **Belegreife** ist der Grenzfeuchtigkeitsgehalt des Estriches, der vor der Verlegung einer bestimmten Bodenbelagsart abgewartet werden muß. Die in DIN 4725 Teil 4 [2] festgelegten Grenzfeuchtigkeitsgehalte (Tab. 1) basieren im wesentlichen auf Untersuchungen im Institut für Baustoffprüfung und Fußbodenforschung [3] (siehe auch Abb. 3). Die Belegreife liegt in der Regel über der Ausgleichsfeuchte für das trockene Wohnraumklima.

Der **praktische Feuchtigkeitsgehalt** ist nach DIN 4108 Teil 4 [4] der Feuchtegehalt, der bei der Untersuchung genügend ausgetrockneter Bauten, die zum dauernden Aufenthalt von Menschen dienen, in 90 % aller Fälle nicht überschritten wurde.

4. Einfluß der Verlegearten

Estriche werden im Verbund, auf Dämmschicht und auf Trennschicht verlegt (siehe Abb. 4).

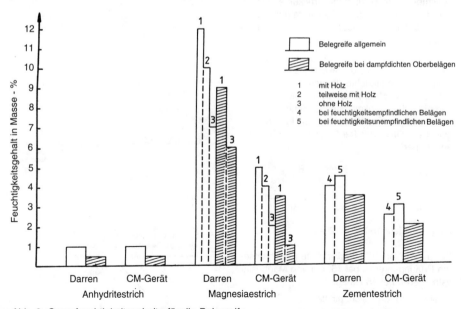

Abb. 3. *Grenzfeuchtigkeitsgehalte für die Belegreife*

Das Trocknungsverhalten von Verbundestrichen hängt maßgeblich vom Feuchtigkeitsgehalt des Untergrundes ab. Das Trocknungsverhalten von Estrichen auf Dämm- und Trennschicht ist dagegen weitgehend unabhängig vom Untergrund. Die bei Verbundestrichen vorhandene Trocknung nach unten wird bei Estrichen auf Dämmschicht durch die wasserundurchlässige Abdeckung und bei Estrichen auf Trennschicht durch die meist wassersperrende Trennschicht weitgehend verhindert. Bei Estrichen auf Trenn- und Dämmschicht ohne Beläge entsteht deshalb beim Trocknen immer ein Feuchtigkeitsgefälle von unten nach oben. Im folgenden wird vorwiegend das Trocknungsverhalten von Estrichen auf Dämm- und Trennschicht behandelt.

5. Einflüsse auf den Trocknungsverlauf

5.1 Wassertransportarten

Die Trocknung von Estrichen hängt vorwiegend von den Wassertransportarten Kapillarität und Diffusion sowie der Luftbewegung an der Estrichoberfläche ab. Kapillarität allerdings nur in dem Stadium, in dem Wasser in flüssiger Form vorhanden ist. Bei der Diffusion sind die Wasserdampfdiffusion und bei Proben mit höherem Feuchtigkeitsgehalt die Oberflächendiffusion zu beachten. Wasserdampfteildruckunterschiede und hier insbesondere Wasserdampfkonzentrationsunterschiede lösen Wasserdampfdiffusion aus.

Die Wasserdampf-Diffusionswiderstandszahl µ ist eine Kenngröße, die allerdings mit zunehmender Baustoffeuchte abnimmt. Dennoch ist mit diesem Materialkennwert die Wasserdampfdurchgängigkeit eines Estriches zu beurteilen. Folgende µ-Werte werden für Zementestriche in DIN 4108 Teil 4 [4] bzw. von Buss [5] angegeben:

DIN 4108 Teil 4 µ	Buss µ 0–50 % RH	50–100 % RH
Zementestrich 15/35	20–58	5–19

Der µ-Wert von Anhydritestrich liegt nach unseren Prüfungen etwa bei 15, der von Magnesiaestrich etwa bei 15 bis 20.

Zugluft stört das sich einstellende Gleichgewicht zwischen Estrich und Umgebung und

Tab. 1: Für die Belegreife der Bodenbeläge maßgebende maximale Feuchtigkeitsgehalte von Estrichen nach DIN 4725 Teil 4

Bodenbelag	Feuchtigkeitsgehalt bei Zementestrich	Feuchtigkeitsgehalt bei Anhydritestrich
Stein- und keramische Beläge im Dünnbett	2,0 %	0,5 %
Stein- und keramische Beläge im Mörtelbett auf Trennschicht	2,0 %	0,5 %
Stein- und keramische Beläge im Dickbett	2,0 %[1]	0,5 %[1]
Dampfdurchlässige textile Bodenbeläge	3,0 %	1,0 %
Dampfbremsende textile Bodenbeläge	2,5 %	0,5 %
Elastische Bodenbeläge, z.B. PVC, Gummi, Linoleum	2,0 %	0,5 %
Parkett	2,0 %	0,5 %

[1] Bei feuchtigkeitsabsperrenden Haftbrücken (geplante Änderung)

1. Verbundestrich

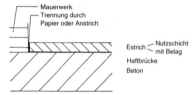

2. Estrich auf Trennschicht

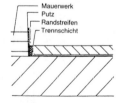

3. Estrich auf Dämmschicht

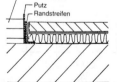

Abb. 4. Verlegearten mit Randanschluß

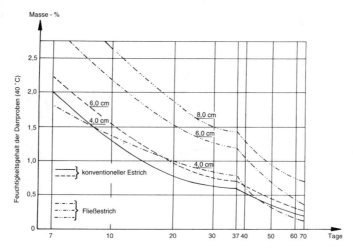

Abb. 5. *Austrocknungsverlauf der Anhydritestriche bei Lagerung in feuchtem (10/75) und anschließend in trockenem 20/50) Klima*

beschleunigt deshalb die Trocknung. Auf die allgemein bekannten Nachteile einer Trocknung durch Zugluft bei Zementestrichen wird allerdings hingewiesen. Weitere Details zum Wassertransport sind z. B. bei Klopfer [6] und Buss [5] zu finden.

5.2 Baustellenklima

Die Abb. 5 und 6 zeigen Meßergebnisse an unterschiedlich dicken Anhydrit- und Zementestrichen auf Trennschicht, die teilweise aus [3] stammen, teilweise aus neueren Messungen. Den Bildern ist zu entnehmen, daß der Feuchtigkeitsgehalt in der Anfangszeit bei jedem der beiden gewählten Lagerungsklimate (etwa 12/80 und 22/50) anfänglich schnell abnahm und sich dann asymptotisch einem Grenzwert, der Ausgleichsfeuchte, näherte. Diese wurde nicht abgewartet, sondern aus den Kurvenverläufen abgeschätzt.

Die jeweilige Ausgleichsfeuchte wird beim feuchten Klima (Baustellenklima) langsamer als beim trockenen Klima (Wohnraumklima) erreicht. Nach der Umlagerung der Platten vom feuchten zum trockenen Klima wurde trotz etwa 35tägiger Vorlagerung bei dem feuchten Klima weiteres Wasser frei.

Bei Heizestrichen kann die Trocknung und Erhärtung des Estriches durch niedrige Vorlauftemperaturen ($\leq$ 20 °C) im Winter in geschlossenen Räumen u. U. schon beim Einbringen des Estriches unterstützt werden. Unabdingbar ist das Vorheizen vor der Bodenbelagsverlegung (siehe [2]).

5.3 Estrichdicke

Die Ausgleichsfeuchte stellt sich bei dünnen Estrichen wesentlich schneller ein als bei dikken Estrichen. Bei sonst gleichen Verhältnissen und Zusammensetzung sollte man näherungsweise davon ausgehen, daß die Estrichdicke etwa im Quadrat in die Austrocknungszeit eingeht.

Bei dem trockenen Wohnraumklima ist die Belegreife bei etwa 4 cm dicken Estrichen für alle Bodenbeläge in der Regel nach 3 Wochen erreicht. Beim feuchten Baustellenklima stellt sich bei 4 cm dicken Estrichen in der Regel ohne besondere Maßnahmen nur die Belegreife für feuchtigkeitsunempfindliche Bodenbeläge ein.

5.4 Estrichzusammensetzung und -konsistenz

Großen Einfluß auf den Trocknungsverlauf hat auch der Wasser-Bindemittelwert und die Dichte des Estriches, die nicht nur von der Konsistenz des Estriches, sondern auch von der Verlegeart bestimmt wird. Bei Anhydrit-Fließestrich können sich an der Oberfläche relativ undurchlässige Schichten aus Feinmörtel mit hohem Fließmittelanteil bilden, die deshalb sobald wie möglich entfernt werden sollten.

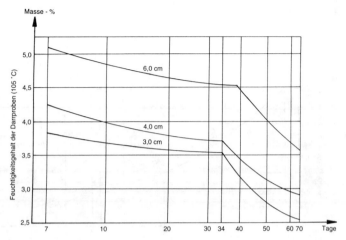

Abb. 6. Austrocknungsverlauf der Zementestriche bei Lagerung in feuchtem 13/80 und anschließend in trockenem (22/50) Klima

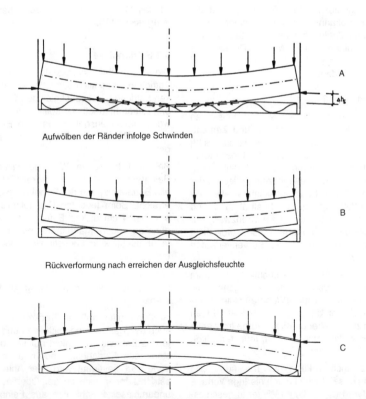

Abb. 7. Absenken der Ränder nach Belagsverlegung infolge Schwindens des Estriches bzw. Umkehrung des Feuchtigkeitsgefälles.

Fließestriche sollten bei Heizestrichen nicht über 8 cm und bei unbeheizten Estrichen möglichst nicht über 5 cm dick ausgeführt werden, da sonst, insbesondere bei nahezu dampfdichten Bodenbelägen, umfangreiche Trocknungsmaßnahmen durchgeführt werden müssen, um den Baufortschritt nicht übermäßig zu hemmen. Falls größere Konstruktionshöhen überbrückt werden müssen, sollte zunächst ein Ausgleichestrich eingebracht werden. In diesem Zusammenhang muß angemerkt werden, daß zulässige Toleranzen (Ebenheits- und Winkeltoleranzen) in der Rohdecke eines Raumes durchaus zu Dickenunterschieden innerhalb des Estriches vom 20 mm führen können, wenn die durch die Verkehrslast vorgegebene Estrichmindestdicke an jeder Stelle eingehalten wird. Wegen der Quertrocknung innerhalb der Estrichebene darf allerdings eine örtliche Erhöhung der Estrichdicke hinsichtlich des Trocknungsverhaltens nicht mit dieser Estrichdicke über die gesamte Raumfläche gleichgesetzt werden.

6. Einflüsse des Trocknungsverhaltens auf Formänderungen des Estriches bzw. der Fußbodenkonstruktion

6.1 Einflüsse bei Zementestrichen

Zementestriche verkürzen sich wie jeder zementgebundene Baustoff beim Austrocknen. Diese mit Schwinden bezeichnete Erscheinung führt bei den beweglichen Zementestrichen auf Dämm- und Trennschicht neben der Verkürzung des Estriches in horizontaler Richtung zur konkaven Krümmung der Estrichplatte. Das sich beim Trocknen einstellende Feuchtigkeitsgefälle von unten nach oben hat ein unterschiedliches Verkürzungsbestreben über den Estrichquerschnitt zur Folge. Der Verkrümmung wirkt das Eigengewicht entgegen. Deshalb beschränkt sich die Verwölbung in der Regel auf einen etwa 0,5 bis 1,5 m breiten Randbereich. Der mittlere Bereich senkt sich unter die Ausgangslage ab, da die Dämmschicht wegen der kleineren Auflagefläche höher belastet wird (siehe Darstellung A in Abb. 7). Abb. 8 zeigt, daß die Aufwölbung der Ränder auch bei kleinen Estrichplatten ähnlich groß werden kann wie im Randbereich großer Platten, da sich bei kleinen Platten das Eigengewicht des Estriches auf die Formänderungen kaum auswirkt.

Das Schwindmaß ist von ähnlichen Faktoren wie das Trocknen abhängig:

– Umgebungsklima,
– Estrichzusammensetzung (W/Z-Wert, Zementgehalt),
– Zeitpunkt des Austrocknungsbeginns,
– Estrichdicke

Eine anfängliche Feuchthaltung oder Abdeckung des Estriches vermindert zwar das

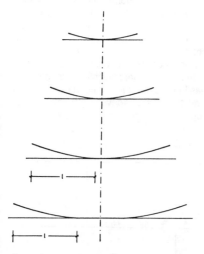

Austrocknung nach oben (Schwinden)
Abkühlung von oben

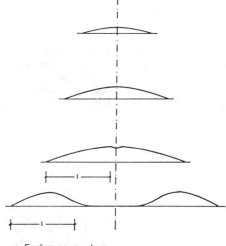

Erwärmung von oben

Abb. 8. Aufwölbung der Ränder

Schwindmaß, kann aber eine konkave Verkrümmung bei nachfolgender Trocknung nicht verhindern (siehe Abb. 9 [7]). Die durch die besondere Nachbehandlung verlorene Trocknungszeit wiegt deshalb den Vorteil der kleineren Verkrümmung in der Regel nicht auf [8]. Zudem wurde bei Untersuchungen ermittelt, daß die sich in geschlossenen Räumen über dem Zementestrich bildende Feuchtigkeitsglocke eine schnelle Austrocknung behindert und dadurch die Verkrümmung einschränkt.

Die Verkrümmung wird auch nur unwesentlich durch eine Bewehrung des Estriches mit Baustahlgitter behindert, insbesondere dann, wenn das Baustahlgitter entsprechend der Norm etwa im mittleren Drittel angeordnet wurde.

Die Verkrümmung geht bei weiterer Trocknung bis auf einen bleibenden Anteil zurück, der von der ursprünglichen Größe der Aufwölbung und damit wesentlich von den Trocknungsbedingungen unmittelbar nach der Herstellung des Estriches abhängt (siehe Darstellung B in Abb. 7). Der bleibende Anteil geht in der Regel durch Kriechen unter der Verkehrslast im Laufe der Zeit vollständig zurück.

Bei nahezu dampfdichten Bodenbelägen wird die Oberseite des Estriches zunächst mit einem wasserhaltigen Material (Vorstrich, Spachtelmasse, Dünnbettmörtel) behandelt. Das Wasser aus diesen Materialien erhöht den Wassergehalt der obersten Schicht des Estriches und gleicht das noch vorhandene Feuchtigkeitsgefälle von unten nach oben weitgehend aus. Der bleibende Anteil der Aufwölbung wird dadurch kleiner.

Bei dicken Spachtelmassen und Fliesenverlegung im Dünnbett kann sich das Feuchtigkeitsgefälle umkehren, wenn nicht genügend Zeit für die Trocknung dieser Materialien zur Verfügung steht. Die Fugen sollten deshalb nicht schon am nächsten Tag verfugt werden, die Spachtelmasse mindestens 48 Stunden, bei ungünstiger Witterung u. U. länger, austrocknen.

Wird der Zementestrich bis zur Belegreife getrocknet, bevor der Fliesenbelag verlegt wird, und bleiben die Fugen offen, bis das Dünnbett getrocknet ist, sind nach unseren Messungen etwa 70 % bis 80 % des Endschwindmaßes des Estriches erreicht, insbesondere, wenn durch künstliche Trocknung nachgeholfen wurde. Die weitere Verkürzung des Zementestriches erfolgt innerhalb eines wesentlich größeren Zeitraumes als der bis dahin vorhandene Anteil des Endschwindmaßes. Die zwischen dem kaum schwindenden Fliesenbelag und dem Zementestrich dadurch entstehenden Zwängungsspannungen werden schon in der Entstehungsphase durch Kriechen weitgehend abgebaut. Risse sind nach unserer Erfahrung dann nicht zu erwarten. Allerdings werden wegen der nachträglichen Verkürzung kleinere Randabsenkungen sichtbar sein.

Dagegen stellen sich im Fußboden in der Regel nach der ersten Heizperiode, u. U. aber auch erst nach Ablauf von 3 Jahren Risse ein, wenn der Fliesenbelag zu früh, also vor dem Erreichen der Belegreife aufgebracht wird. Die nachträgliche größere Verkürzung des Estriches wird dann durch den mit dem Estrich verbundenen Fliesenbelag behindert. Die gesamte Verbundkonstruktion verformt sich konvex (siehe Darstellung C in Abb. 7 und Abb. 10). Die Ränder senken sich über die Ausgangslage ab, die mittlere Fläche hebt sich von der Dämmschicht ab. Der noch im Estrich verbliebene, zu hohe Restfeuchtigkeitsgehalt konzentriert sich unter dem nahezu dampfdichten Dünnbettmörtel. Das Feuchtigkeitsgefälle kehrt sich dadurch um und fördert das konvexe Verwölbungsbestreben.

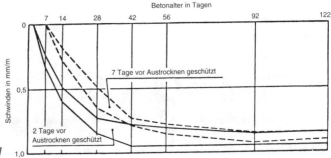

Abb. 9. Trocknungsverlauf von Fließbeton [7]

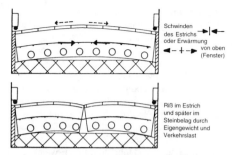

Abb. 10. Verformung der Verbundkonstruktion

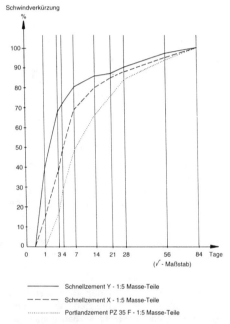

Abb. 11. Schwindverkürzung bei Schnellestrichen

Der Zementestrich ist in der Regel nicht selbsttragend. Er reißt deshalb unter Eigengewicht in der nicht von der Dämmschicht unterstützten, mittleren Fläche von unten her ein. Der Fliesenbelag senkt sich in diesem Bereich ab. Zunächst ist kein Riß sichtbar, da sich der Fliesenbelag in der Druckzone befindet. Erst in der Folgezeit wird sich der Riß im Estrich unter der Verkehrslast vergrößern und sich dann auch im Fliesenbelag zeigen.

Anhaltswerte für die in der Praxis beobachteten und gemessenen Randverformungen sind in [9] enthalten. In [10] wird gezeigt, daß Randverformungen konstruktionsbedingt bei jedem Zementestrich auftreten und daß Randabsenkungen bis etwa 5 mm auch bei sorgfältiger Ausführung nicht zu vermeiden sind. Elastoplastische Fugenmassen reißen bei dieser Dehnung immer ab und müssen erneuert werden.

6.2 Einflüsse bei Anhydritestrichen

Anhydritestriche verkürzen sich beim Trocknen im Vergleich zu Zementestrichen wenig. Sie verkrümmen sich beim Trocknen deshalb kaum. Für neuere Bindemittel auf Calciumsulfatbasis wurde dieser Nachweis allerdings noch nicht durchgehend geliefert. Nach ersten Beobachtungen scheinen sich bei den mit diesen Bindern hergestellten Estrichen beim Trocknen größere Verkürzungen einzustellen als bei den bisher nahezu ausschließlich mit synthetischen Anhydritbindern hergestellten Estrichen.

Anhydritestriche weisen in der Regel einen Kristallsationsgrad < 100 % auf. Bei nachträglicher Durchfeuchtung oder beim Einsperren über die Belegreife hinausgehender Wassermengen können Binderbestandteile nachkristallisieren. Dies kann zum Quellen des Estriches und zur Beulenbildung der Fußbodenkonstruktion führen.

6.3 Einflüsse bei Magnesiaestrichen

Bei Magnesiaestrichen liegt das Schwindmaß etwa zwischen dem von Anhydritestrichen und dem von Zementestrichen. Auf Magnesiaestrichen werden in der Regel aber keine Fliesenbeläge verlegt. Verformungen und Rißbildungen wurden bei dieser Estrichart deshalb selten festgestellt. Dies hängt aber auch damit zusammen, daß der Magnesiaestrich vorwiegend im Industriebau und dort im Verbund eingesetzt wird.

6.4 Schnellestriche

Bei den Schnellestrichen für den Innenbereich wird das Wasser vorwiegend durch Ettringitbildung gebunden. Das vorgegebene Verhältnis Wasser zu Bindemittel muß deshalb eingehalten werden. Das Schwindmaß des Estriches aus Schnellzement sollte nach 3 Tagen etwa bei 60 % bis 70 % des Endschwindmaßes liegen, damit Fliesen, wie vom Hersteller des

Sonderbindemittels vorgegeben, darauf verlegt werden können (siehe Abb. 11). Sonst sind ähnliche Verkrümmungen zu erwarten, wie bei Zementestrichen aus Normzementen bei zu früher Verlegung.

7. Einflüsse der Trocknung auf das Festigkeitsverhalten

7.1 Einflüsse bei Zementestrichen

Zementestriche sollten nicht zu schnell trocknen, da sonst der oberen Zone das für die Hydratation notwendige Wasser vorzeitig entzogen wird. Die Folge ist eine geringe Oberflächenfestigkeit und bei extremen Bedingungen in dünnen Schichten sogar ein Abfall in der Festigkeit und Tragfähigkeit des Zementestriches. Im Wohnungsbau ist das Schließen der Fenster und Türen ausreichend.

7.2 Einflüsse bei Anhydritestrichen

Bei Anhydritestrichen nimmt die Festigkeit des Estriches mit zunehmendem Feuchtigkeitsgehalt ab. Nach Prüfungen im Institut für Baustoffprüfung und Fußbodenforschung kann die Biegezugfestigkeit bei trockenem Wohnraumklima um bis zu 50 % höher liegen als bei feuchtem Baustellenklima. Die Festigkeitsreserven sind aber, insbesondere bei Fließestrichen, so groß, daß dadurch auch bei feuchtem Bauklima keine Mängel entstehen, wenn der Estrich offen liegt.

Anhydritestriche sollten im Gegensatz zu Zementestrichen nur 2 Tage vor Zugluft und Wärme geschützt werden. Danach sollten sie ungehindert austrocknen können. Wird die Raumluft zur schnelleren Trocknung des Estriches erwärmt, sollte durch entsprechendes Lüften für den Abzug der Feuchtigkeit gesorgt werden. Während kurzzeitige Durchfeuchtungen für den Anhydritestrich nicht schädlich sind, wirkt sich eine Dauerdurchfeuchtung nachteilig aus. Die Feuchtigkeit darf deshalb nicht eingesperrt werden. Wird die Belegreife bei nahezu dampfdichten Belägen nicht eingehalten, konzentriert sich der Wasserüberschuß in der oberen Estrichzone und führt zu deren Erweichung. Da Calciumsulfat auch in geringen Mengen im Wasser löslich ist, zersetzt sich der Estrich allmählich.

7.3 Einflüsse bei Magnesiaestrichen

Magnesiaestriche sind beständig gegen kurzfristige Durchfeuchtung. Bei Dauerdurchfeuchtung können sie sich zersetzen. Im wesentlichen gelten dieselben Vorsichtsmaßnahmen wie bei Anhydritestrichen.

8. Messung des Feuchtigkeitsgehaltes

Wegen der zahlreichen Einflußmöglichkeiten ist der Feuchtigkeitsgehalt eines Estriches nicht vorauszuberechnen. Die Belegreife muß jeweils durch Messung festgestellt werden. Dies ist auch – entgegen der Festlegung in der ATV-Norm DIN 18 365 [11] – für Heizestriche zu empfehlen. Die Durchführung der Messungen muß bei Heizestrichen schon bei den Leistungsbeschreibungen eingeplant und später koordiniert werden, z. B. Markierung der 3 Meßstellen je 200 m² durch den Heizungsbauer, Einbettung der Markierungen durch den Estrichleger und Messung an den markierten Stellen durch den Bodenleger.

Gemessen wird auf der Baustelle mit dem CM-Gerät, im Labor durch Trocknung (gravimetrische Messung) bei 105 °C (Magnesia- und Zementestriche) bzw. 40 °C (Anhydritestriche) bzw. 50 °C (Schnellestriche). Elektrische Meßverfahren, die qualitative Aussagen liefern, können zum Auffinden der feuchtesten Stelle eingesetzt werden, an der dann mit dem CM-Gerät nachgemessen wird. Das CM-Gerät liefert beim Zementestrich kleinere Werte als die Trocknungsmethode (Darrmethode). Bei zahlreichen Vergleichsversuchen wurde für den Bereich der Belegreife etwa folgender Zusammenhang festgestellt (siehe Abb. 12 bis 14):

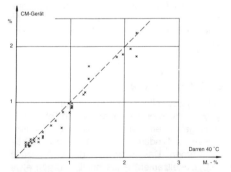

Abb. 12. Vergleich CM-Gerät und Darrversuch (40 °C) bei Anhydritestrichen

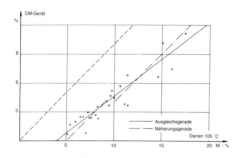 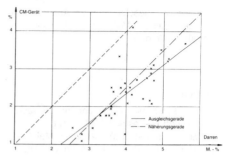

Abb. 13. Vergleich CM-Gerät und Darrversuch (105 °C) bei Magnesiaestrichen

Abb. 14. Vergleich CM-Gerät und Darrversuch (105 °C) bei Zementestrichen

Anhydritestriche: CM-Wert ≙ Darrwert bei 40 °C
Magnesiaestriche: CM-Wert ≙ Darrwert bei 105 °C − 5 %
Zementestriche: CM-Wert ≙ Darrwert bei 105 °C − 1,5 %

Nischer [8] ermittelte bei seinen Messungen bei Feuchtigkeitsgehalten über der Belegreife für dampfdichte Beläge eine Abweichung des CM-Wertes von dem Darr-Wert von 2 % und befindet sich damit in Übereinstimmung mit den Werten in Abb. 14.

9. Zusammenfassung

Das Trocknungsverhalten von Estrichen wird außer von der Zusammensetzung und der Estrichdicke wesentlich von den Verlegearten, dem Trocknungsbeginn, den Trocknungsbedingungen und dem Bodenbelag bestimmt. Der Trocknungsverlauf hat nicht nur Auswirkungen auf die Festigkeit, sondern, insbesondere bei Zementestrichen mit keramischen und Steinbelägen, auch auf die Verformung. Bei den gegen Dauerdurchfeuchtung empfindlichen Anhydritestrichen und Magnesiaestrichen ist die Einhaltung der Belegreife bei nahezu dampfdichten Bodenbelägen besonders wichtig.

Verformungen in Form von konkaven Verformungen bei der Austrocknung und in Form von konvexen Verkrümmungen im Verbund mit keramischen und Steinbelägen (Randabsenkungen) sind bei Zementestrichen auch bei sorgfältiger Ausführung und bei Beachtung aller fachlichen Regeln nicht zu vermeiden. Die Verformungen werden mit folgenden Maßnahmen eingeschränkt:

- Estrichherstellung mit niedrigem W/Z-Wert und mit möglichst geringem Zementleimgehalt;
- Türen und Fenster mindestens 7 Tage geschlossen halten. Zugluft und sonstige schädlichen Einflüsse in dieser Zeit vermeiden;
- Belegreife abwarten, bevor der Bodenbelag verlegt wird. Notfalls mit künstlichen Maßnahmen (bei Heizestrichen mit anfangs niedrigen Vorlauftemperaturen ≦ 20 °C) oder durch Erwärmen und Lüften des Raumes. Der Einfluß des Schwindmaßes des Estriches auf die Randverformungen wird bei Stein- und keramischen Belägen durch Einhalten der Belegreife klein gehalten;
- Raum auf 15 °C bis 18 °C temperieren, bevor vorgestrichen bzw. gespachtelt wird.

Schnelle Trocknung wird bei Zementestrichen bis auf die Nachbehandlung durch dieselben Maßnahmen erreicht, die für eine geringe Verformung gelten. Dazu kommen folgende Maßnahmen für alle Estriche:

- die Trocknung bei Magnesia- und Anhydritestrichen nach einem 2tägigen Schutz durch Lüftung beschleunigen;
- die Estrichdicke auf das notwendige Maß beschränken. Unzulässige Ebenheiten des Untergrundes vor der Verlegung des Estriches ausgleichen lassen;
- ggf. muß der Planer durch Anordnen einer Dampfsperre Wasser aus dem Untergrund fernhalten.

Das Temperieren des Raumes vor dem Vorstreichen bzw. Spachteln auf 15 bis 18°C hat auch eine bessere Haftung des Bodenbelages zur Folge und beschleunigt die Austrocknung der wasserhaltigen Vorstriche, Spachtelmasse und Dünnbettmörtel.

Literatur

[1] DIN 18 560 Teil 2 – Estriche im Bauwesen; Estriche und Heizestriche auf Dämmschichten (schwimmende Estriche) – Ausgabe Mai 1992
DIN 18 560 Teil 3 – Estriche im Bauwesen; Verbundestriche – Ausgabe Mai 1992
DIN 18 560 Teil 4 – Estriche im Bauwesen; Estriche auf Trennschicht – Ausgabe Mai 1992

[2] DIN 4725 Teil 4 – Warmwasser-Fußbodenheizungen; Aufbau und Konstruktion – Ausgabe Mai 1992 mit verabschiedeten aber noch nicht veröffentlichten Änderungen

[3] Schnell, W.: Zur Ermittlung der Belegreife und Ausgleichsfeuchte von mineralisch gebundenen Estrichen, boden-wand-decke 31 (1985) Heft 1

[4] DIN 4108 Teil 4 – Wärmeschutz im Hochbau; Wärme- und feuchteschutztechnische Kennwerte – Ausgabe August 1981

[5] Buss, H.: Aktuelles Tabellenhandbuch Feuchte, Wärme, Schall
Weka-Fachverlag GmbH & Co. KG, Verlag für Baufachliteratur, Kissing 1987

[6] Klopfer, H.: Wassertransport durch Diffusion in Feststoffen
Bauverlag Wiesbaden 1971

[7] Nischer, P.: Estriche aus Fließbeton
Zement und Beton 28 (1983) Heft 3

[8] Nischer, P.: Weniger Risiko bei der Estrichherstellung – Einflüsse auf das Schwinden, Aufschüsseln und den Austrocknungsverlauf von schwimmenden und gleitenden Zementestrichen
Zement und Beton 32 (1987) Heft 4

[9] Schnell, W.: Randverformungen bei schwimmenden Estrichen/Heizestrichen – Einflüsse und Folgerungen, boden-wand-decke 33 (1987) Heft 10

[10] Schnell, W.: Randverformungen bei schwimmenden Zementestrichen – Analyse und Bewertung, boden-wand-decke 36 (1990) Heft 11

[11] DIN 18 365 Bodenbelagarbeiten

Feuchtegehalte und Trocknungsverhalten von Holz und Holzwerkstoffen

Dr. D. Grosser und Dr. G. Lesnino, Institut für Holzforschung, Uni München

1. Einleitung

Holz ist ein anisotrop aufgebauter, poröser Körper mit einem ausgeprägten Hohlraumsystem. Dieses ist wiederum als ein weitverzweigtes Kapillarsystem zu verstehen, zusammengesetzt aus den teils bereits makroskopisch, teils erst mikroskopisch erkennbaren Zellhohlräumen (Abb. 1 und 2) und den submikroskopischen intermicellaren und interfibrillären Räumen der Zellwand, so daß Holz insgesamt als **kapillarporöser Körper** mit einer äußerst großen inneren Oberfläche aufzufassen ist. Allein die innere Oberfläche der Zellhohlräume beträgt etwa 0,10 bis 0,15 m²/cm³ und die der Zellwände in Abhängigkeit von der Rohdichte der betreffenden Holzart rund 20 bis 280 m²/cm³ bzw. rund 200 m²/g Holzmasse.

Im lebendem Baum ist dieses Hohlraumsystem mit Wasser bzw. wässerigen Lösungen, zum Teil aber auch mit Gasgemischen gefüllt. Da Holz unter normalen Bedingungen niemals vollkommen auszutrocknen vermag, enthält sowohl das gefällte als auch verarbeitete Holz stets in einem gewissen Umfang Wasser. Wie

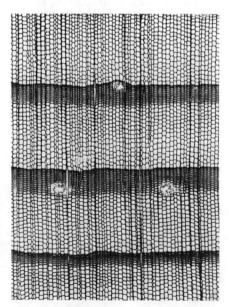

Abb. 1: *Querschnitt durch ein Nadelholz am Beispiel der Kiefer mit grundsätzlich englumigen Zellen, deren Hohlräume makroskopisch kaum in Erscheinung treten. Mikroskopische Aufnahme, Vergr. 1:22*

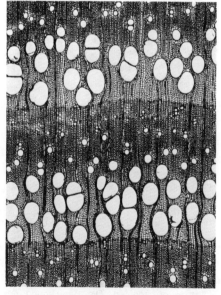

Abb. 2: *Querschnitt durch ein Laubholz am Beispiel der Esche mit teils englumigen, teils sehr weitlumigen Zellen, die bereits makroskopisch auffällig in Erscheinung treten. Mikroskopische Aufnahme, Vergr. 1:18*

noch zu beschreiben ist, liegt das Wasser in unterschiedlichen Aggregatzuständen vor, die allgemein und zusammenfassend als **Holzfeuchte** bezeichnet werden.

Neben der Rohdichte stellt die Holzfeuchte eine der wichtigsten physikalischen Zustandsgrößen des Holzes dar, da sie mehr oder weniger stark praktisch alle sonstigen physikalischen und verwendungsrelevanten mechanisch-technologischen Eigenschaften beeinflußt. Ebenso übt sie einen starken Einfluß auf die Bearbeitbarkeit, das Tränken und den Heizwert aus. Von besonderer Bedeutung ist die Holzfeuchte ferner in Zusammenhang mit einem möglichen Befall durch holzverfärbende und holzzerstörende Pilze, da diese nur Holz mit höheren Feuchtegehalten von über 20%, meist sogar erst von über 30% befallen können.

Für die meisten seiner Verwendungen muß Holz zunächst getrocknet werden. Dafür stehen verschiedene Trocknungsverfahren zur Verfügung, und hinsichtlich ihres **Trocknungsverhaltens** kann zwischen leicht und schwer zu trocknenden Hölzern unterschieden werden. Hierauf soll im Rahmen dieses Beitrages jedoch nicht eingegangen werden, sondern das Trocknungsverhalten vielmehr unter dem Gesichtspunkt der sich im verbauten Holz abspielenden **Schwindvorgänge** bei Austrocknung und **Quellvorgänge** bei Feuchtezufuhr als natürliche Begleiterscheinungen klimabedingter Feuchteschwankungen behandelt werden.

2. Definition der Holzfeuchte

Die Holzfeuchte (Kurzzeichen u) ist definiert als das Verhältnis zwischen der Masse des im Holz enthaltenen Wassers und der Masse des wasserfreien (= absolut trockenen, „darrtrockenen") Holzes. Angegeben wird sie in Prozent:

$$u = \frac{m_W}{m_o} \cdot 100\ (\%)$$

m_W errechnet sich aus $m_W = m_u - m_o$, wobei m_u die Masse des feuchten Holzes in g und m_o die Masse des wasserfreien (= darrtrockenen) Holes in g bedeuten. Die Berechnung der Holzfeuchte erfolgt somit nach der Beziehung:

$$u = \frac{m_u - m_o}{m_o} \cdot 100\ (\%)$$

Danach bedeuten z. B. 25% Holzfeuchte, daß auf 100 Teile absolut trockene Holzsubstanz 25 Teile Wasser kommen. Bei 100% Holzfeuchte enthält Holz eine Wassermenge, die genau seinem Gewicht im darrtrockenen Zustand entspricht, während Holzfeuchten oberhalb von 100% besagen, daß das Holz Wassermengen aufweist, die höher als sein Darrgewicht sind. Letzteres ist z. B. im Splintholz waldfrischer Nadelhölzer der Fall. Beim Holz wird also der Feuchtegehalt nicht, wie bei anderen Stoffen (z. B. im Energiebereich) üblich, als bestimmter Anteil x vom Ganzen (mit einem theoretischen Maximalwert von 100%) verstanden (vgl. Formel), sondern als Massenverhältnis von vorhandener Wassermenge zur absolut trockenen Holzsubstanz.

$$x = \frac{m_W}{m_u} \cdot 100\ (\%)$$

3. Hygroskopizität, Feuchtegleichgewicht, Fasersättigungsfeuchte

Als kapillarporöser Körper ist Holz **hygroskopisch**, d. h. es nimmt aus feuchter Luft Wasserdampf auf und gibt an trockene Luft Wasserdampf ab, wobei es sich hinsichtlich seines Feuchtegehaltes bis zum Erreichen eines Gleichgewichtszustandes der jeweils herrschenden relativen Luftfeuchte und Lufttemperatur anpaßt. Holz wird also bei Änderung des Klimas entweder feuchter oder trockener. Die gesetzmäßige Beziehung zwischen relativer Luftfeuchte und Lufttemperatur einerseits und der sich dazu einstellenden Holzfeuchte andererseits wird als **hygroskopisches Gleichgewicht** bezeichnet, die entsprechende Holzfeuchte in diesem Zustand als **Feuchtegleichgewicht (u_{gl})**.

Weist z. B. die umgebende Luft eine Temperatur von 15°C und eine relative Luftfeuchte von 70 bis 85% auf, so stellt sich im Holz nach ausreichend langer Verweildauer in diesem Klima ein Feuchtegehalt von 15 bis 18% ein. Bei gleicher Temperatur und relativer Luftfeuchte von 65% (sog. Normalklima) beträgt die sich im Holz einstellende Gleichgewichtsfeuchte 12% und unter Bedingungen, wie sie in den Wintermonaten in zentralgeheizten Räumen anzutreffen sind, ergeben sich Feuchtegehalte unterhalb von 10%. Zum Beispiel nimmt Holz bei 20°C und 30% relative Luftfeuchte einen Feuchtegehalt von etwa 6% an (Abb. 3).

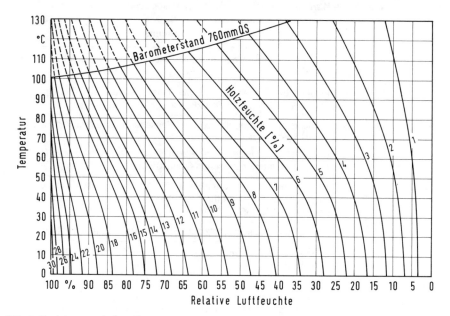

Abb. 3: Beziehung zwischen Temperatur, relativer Luftfeuchte und Holzfeuchte am Beispiel der Sitkafichte. Nach Loughborough, umgerechnet und extrapoliert von Keylwerth

Das feuchteste Klima herrscht bei einer relativen Luftfeuchte von 100 %. Die sich unter diesen Bedingungen einstellende Gleichgewichtsfeuchte ist die **Fasersättigungsfeuchte** (u_{fs} oder u_F). Sie schwankt in Abhängigkeit von der Holzart bei den einheimischen Holzarten zwischen 22 und 35 %, also in einem größeren Bereich. Deshalb wird auch richtigerweise vom **Fasersättigungsbereich des Holzes** und nicht wie früher üblich vom Fasersättigungspunkt gesprochen. Für überschlägige Angaben wird allgemein vereinfacht mit einem Mittelwert von 28 % (oder zuweilen auch 30 %) gearbeitet.

Wie in Abschnitt 5 noch näher zu erklären ist, spielen sich die Schwind- und Quellvorgänge ausschließlich im hygroskopischen Feuchtebereich des Holzes zwischen u = 0 % (darrtrocken) und u = 28 %–30 % (Fasersättigung) ab. Tabelle 1 enthält charakteristische Werte für die Holzfeuchte einschließlich Gleichgewichtsfeuchten in verschiedenen Einsatzbereichen.

4. Sorption – Desorption

Die Erscheinung der Aufnahme von Feuchte bei Berührung mit kondensierbarem Wasserdampf bis zum Erreichen eines Gleichgewichtszustandes wird als **Sorption** (oder Adsorption) bezeichnet. Der umgekehrte Vorgang der Feuchteabgabe an die trockene Luft heißt **Desorption**. Sorption und Desorption führen zu etwas unterschiedlichen hygroskopischen Gleichgewichtsfeuchten, und zwar liegt das sich bei Desorption einstellende Feuchtegleichgewicht etwa um 1 bis 2 % höher als bei der Sorption. Dieser als **Hysterese** bezeichnete Effekt führt bei graphischer Auftragung der beiden Kurven zur Bildung einer sogenannten Sorptionsschleife (Abb. 4).

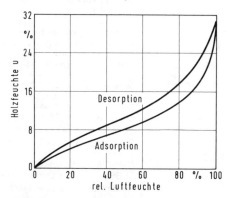

Abb. 4: Unterschiedlichkeit von Adsorption und Desorption (sog. Sorptionsschleife) für Fichtenholz bei 25° C. Nach Stamm 1938

Tab. 1: Charakteristische Werte für die Holzfeuchte im hygroskopischen Feuchtebereich

Holzfeuchte	Charakterisierung
0 %	Darrgewicht des Holzes; darrtrockenes, ofentrockenes, absolut trockenes („atro") Holz
9 % (± 2 %)	Feuchtegehalt bei Parkett zum Zeitpunkt der Lieferung; bei Fertigparkett-Elementen 8 % ± 2 % (nach DIN 280).
9 % (± 3 %)	Gleichgewichtsfeuchte bei allseitig geschlossenen Bauwerken mit Heizung (nach E DIN 1052). Gleichgewichtsfeuchte in zentralbeheizten Räumen zwischen 6 bis 8 (10) %, in ofenbeheizten Räumen zwischen 8 bis 10 (12) %.
etwa 12 %	Gleichgewichtsfeuchte im Normalklima (20° C, 65 % relative Luftfeuchte), Zugleich üblicher Bezugswert für die Prüfung und Angaben von Holzeigenschaften nach DIN 52185 bis 52192.
12 % (± 2 %)	Feuchtegehalt für Laubschnittholz zum Bau von Treppen (nach DIN 68368).
12 % (± 3 %)	Gleichgewichtsfeuchte bei allseitig geschlossenen Bauwerken ohne Heizung (nach DIN E 1052).
14 bis 20 %	Gleichgewichtsfeuchten des im Freien gelagerten bzw. verarbeiteten Holzes (= lufttrockenes Holz); in luftig gelagertem Schnittholz stellt sich im Sommer z. B. eine Gleichgewichtsfeuchte von etwa 15 % ein, während in den Herbst- und Wintermonaten mit durchschnittlich etwas höheren Werten bis ca. 20 % gerechnet werden muß. Der Begriff „lufttrocken" („lutro") kennzeichnet somit keine konstante, sondern eine für ein bestimmtes Holz je nach gegebenen Verhältnissen u. U. ständig wechselnde Größe.
15 %	Maximale Holzfeuchte von Schnittholz für Leimverbindungen (nach E DIN 1052).
15 % (± 3 %)	Gleichgewichtsfeuchte bei überdeckten, offenen Bauwerken (nach E DIN 1052).
18 %	Meßbezugsfeuchte für ungehobeltes Laubschnittholz (nach DIN 68372).
18 % (± 6 %)	Gleichgewichtsfeuchte bei allseitig der Witterung ausgesetzten Bauteilen (nach E DIN 1052).
20 %	Unterer Grenzwert für einen Befall durch holzverfärbende und holzzerstörende Pilze (nach DIN 68800 T 1, DIN 68364).
20 %	Grenzwert für die Bezeichnung „trocken" (nach DIN 4074, DIN 68365).
28 % (30 %)	Mittelwerte für die Fasersättigungsfeuchte (= Gleichgewichtsfeuchte bei angenähert 100 % relative Luftfeuchte).
30 %	Grenzwert für die Bezeichnung „halbtrocken" nach DIN 4074 und DIN 68365, wenn bei Querschnitten bis 200 cm^2 der mittlere Feuchtegehalt des Bauholzes diesen Wert nicht überschreitet.
35 %	Grenzwert für die Bezeichnung „halbtrocken" nach DIN 4074 und DIN 68365, wenn bei Querschnitten über 200 cm^2 der mittlere Feuchtegehalt des Bauholzes diesen Wert nicht überschreitet. Dieser Wert liegt bereits oberhalb des hygroskopischen Feuchtebereiches des Holzes, so daß im Holz außer gebundenem auch freies Wasser (vgl. Abschnitt 5) vorliegt.

5. Gebundenes Wasser – freies Wasser

Das Wasser liegt im Holz als sogenanntes gebundenes und freies Wasser vor (Abb. 5). Geht man vom absolut trockenen Holz aus, erfolgt im hygroskopischen Bereich von u = 0% bis ca. 28–30% die Wasseraufnahme ausschließlich innerhalb der Zellwände. Dieses sorptiv an die Zellwand gebundene bzw. in den intermicellaren und interfibrillären Hohlräumen der Zellwände eingelagerte Wasser ist das **gebundene Wasser** (Abb. 5).

Im einzelnen geschieht diese Bindung durch molekulare Anziehungskräfte (Chemosorption), Anziehungskräfte der „inneren" Oberfläche des Holzes (Adsorption) und Kapillarkräfte (Kapillarkondensation), wobei im Holzfeuchtebereich von 0 bis 6% Chemosorption vorliegt, zwischen 6 und 15% verschiedene Phasen der Adsorption überwiegen und oberhalb von 15% Kapillarkondensation vorherrscht.

Mit der Aufnahme des Wassers kommt es zum Quellen der Zellwand. Kann sich die Zellwand aufgrund ihres submikroskopischen Feinbaus nicht weiter ausdehnen, ist ihre Möglichkeit, weiter Feuchte aufzunehmen, erschöpft. Die Zellwand ist voll mit Wasser gesättigt, die Fasersättigungsfeuchte, die man vielleicht auch besser als Zellwandsättigungsfeuchte bezeichnen könnte, erreicht. Es wurde bereits ausgeführt, daß sich diese immer dann einstellt, wenn Holz über einen gewissen Zeitraum von wassergesättigter Luft (relative Luftfeuchte annähernd 100%) umgeben ist. Umgekehrt schwindet das Holz bei Feuchteabgabe innerhalb des hygroskopischen Bereichs (Abb. 5).

Über den Fasersättigungsbereich hinaus erfolgt die weitere Wasseraufnahme, z. B. bei nachhaltiger Durchfeuchtung durch Niederschläge oder Wasserlagerung, außerhalb der Zellwände in tropfbarer Form als **freies Wasser** in den Zellhohlräumen (Abb. 5). Dabei ist für die Holzeigenschaften von wesentlicher Bedeutung, daß die Einlagerung des freien Wassers keine Änderungen in den Abmessungen des Holzes mehr bewirkt, wie auch die Festigkeitswerte kaum noch nennenswert beeinflußt werden.

Waldfrisches Holz ist durch einen sehr hohen Feuchtegehalt gekennzeichnet, der in Abhängigkeit von der Holzart, dem Holzalter, den Standortbedingungen und der Jahreszeit Werte

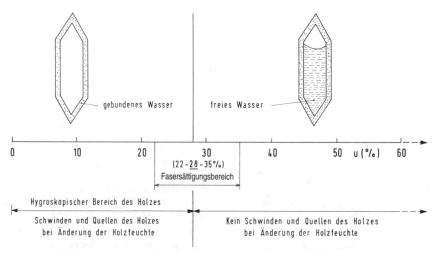

Abb. 5: Aggregatzustände des Wassers im Holz. Unterhalb Fasersättigung liegt es fast ausschließlich als sorptiv an die Zellwand gebundenes Wasser vor. Oberhalb der Fasersättigungsfeuchte befindet sich zusätzlich in den Zellhohlräumen in tropfbarer Form das freie Wasser. Der Übergang zwischen gebundenem und freiem Wasser ist fließend, so daß es keinen eigentlichen Fasersättigungspunkt gibt und deshalb vom Fasersättigungsbereich gesprochen wird. Unabhängig hiervon wird die Fasersättigung vielfach vereinfacht mit $u_{fs} = 28\%$ (oder auch 30%) angenommen. Für die Holzverwendung ist von ausschlaggebender Bedeutung, daß Schwind- und Quellverformungen ausschließlich unterhalb Fasersättigungsfeuchte erfolgen.

von über 100% bis 200% oder mehr annehmen kann. Da im stehenden Baum die Wasserleitung in die Krone und die Speicherung des Wassers vornehmlich in den äußeren Jahrringen – also im Splintholz – erfolgt, nimmt der Wassergehalt über den Stammquerschnitt vom Mark nach außen zur Rinde hin zu. Dabei lassen sich insbesondere bei den Nadelhölzern gravierende Unterschiede zwischen Splint- und Kernholz feststellen. In den innenliegenden Stammteilen des Kernholzes liegen vielfach relativ niedrige Feuchtewerte vor, die oftmals nur wenig höher als die Fasersättigungsfeuchte sind (Abb. 6), da das Kernholz nicht mehr an der aktiven Wasserleitung des Baumes beteiligt ist.

Sind sämtliche Zellhohlräume mit Wasser gefüllt, weist das Holz seinen **maximalen Wassergehalt (u_{max})** auf. Dieser Wert wird allerdings im lebenden Baum nur selten und dann allenfalls in den äußersten Jahrringen des Splintholzes erreicht. Unter Gebrauchsbedingungen stellt sich der Zustand der vollkommenen Wassersättigung erst nach monate- bis jahrelanger Lagerung des Holzes unter Wasser ein.

6. Weitere Feuchtebegriffe

Zwischen Kleinstwert u_o (darrtrocken) und theoretischem Höchstwert u_{max} (Wassersatt) des Feuchtegehaltes liegen zahlreiche Feuchtewerte mit definierten Begriffen, die jeweils von großer praktischer Bedeutung in der Holzbe- und verarbeitung sind. Einen Überblick über die wichtigsten Feuchtebegriffe – einschließlich der bereits erläuterten – gibt Tabelle 2.

7. Schwinden und Quellen

Wie in Abschnitt 5 erläutert, führt im hygroskopischen Feuchtebereich des Holzes, das heißt bei Holzfeuchten unterhalb der Fasersättigung, eine Feuchteabnahme zu einem Schwinden der Zellwände und umgekehrt eine Feuchteaufnahme zu einem Quellen der Zellwände. Verbunden sind hiermit Volumenänderungen des Holzes. In diesem Zusammenhang wird in der Praxis allgemein vom **„Arbeiten"** des Holzes gesprochen. Zutreffender hierfür ist der Begriff **„Stehvermögen"**, das jedoch außer vom Schwind- und Quellverhalten auch vom Sorptionsverhalten einer Holzart und weiteren Faktoren beeinflußt wird.

Quellen und Schwinden wirken sich entscheidend auf die technische Verwendung des Holzes aus und können die Verwendung des Holzes für Gegenstände und Bauteile, für die strengere Maßhaltigkeit gefordert werden, erheblich erschweren. Entsprechend sind Kenntnis und Berücksichtigung dieser Vorgänge von äußerster Wichtigkeit für die fachgerechte Verwendung des Holzes, um Formänderungen sowie Zwängungskräfte infolge behinderten Schwindens und Quellens auszuschließen bzw. zumindest möglichst klein zu halten.

Zahlenmäßig werden die Schwind- und Quellvorgänge durch das **Schwindmaß (β)** und **Quellmaß (α)** ausgedrückt. In beiden Fällen ist die tatsächliche Volumendifferenz die gleiche, die jeweiligen Werte sind jedoch etwas unterschiedlich, da beim Schwindmaß die prozentuale Maßänderung auf die Abmessungen des voll gequollenen Holzes bei Fasersättigung, beim Quellmaß hingegen auf die Abmessungen im darrtrockenen Zustand bezogen wird. Entsprechend liegen die Schwindmaße etwas

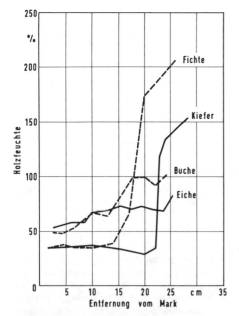

Abb. 6: Veränderung der Holzfeuchte im Stamm über dem Querschnitt vom Mark zur Rinde. 1 Fichte; 2 Kiefer; 3 Buche; 4 Eiche. Nach Trendelenburg und Mayer-Wegelin 1955

Tab. 2: Feuchtebegriffe für bestimmte Feuchtegehalte des Holzes

absolut trocken	darrtrockenes Holz (siehe dort).
atro	Abkürzung für absolut trocken.
darrtrocken (u_o)	Holz im wasserfreien Zustand (= absolut trocken). Zum Darren wird das Holz in einem Wärmeschrank einer Temperatur von 103 ± 2° C ausgesetzt und bis zur Gewichtskonstanz getrocknet. Darrtrocken ist eine wichtige Größe als Bezugspunkt bei der Angabe von Holzeigenschaften, die von der Holzfeuchte abhängig sind, wie z. B. die Rohdichte. Das Gewicht (Masse) einer darrtrockenen Holzprobe ist das Darrgewicht. Darrtrockenes Holz nimmt infolge der Hygroskopizität des Holzes sofort und gierig wieder Wasser auf.
Fasersättigungsfeuchte (u_{fs})	Holz mit feuchtegesättigten Zellwänden, die Zellhohlräume jedoch frei von Wasser. Mittlerer Wert u_{fs} = 28–30 %; Schwankungsbereich 22 bis 35 % in Abhängigkeit von der Holzart.
frisch	siehe unter „trocken, halbtrocken, frisch".
lufttrocken (u_l)	Holzfeuchte des längere Zeit luftgelagerten Holzes, bis keine größeren Feuchteänderungen mehr auftreten. Mittlerer Wert u_l = 15 %; Schwankungsbereich von etwa 14 bis 20 % in Abhängigkeit von der Witterung und Jahreszeit. Im Sommer allgemein niedrigere, im Winter höhere Werte.
lutro	Abkürzung für lufttrocken.
halbtrocken	siehe unter „trocken, halbtrocken, frisch".
Normalfeuchte (u_N)	Sich im Normalklima 20/65 nach DIN 50014 (= 20° C und 65 % relative Luftfeuchte) einstellende Holzfeuchte, die in Abhängigkeit von der Holzart etwas über oder unter 12 % liegt. Wichtiger Bezugswert für die Prüfung und Angaben von Holzeigenschaften (s. Tab. 1).
Sollfeuchte	Auf den späteren Verwendungszweck des Holzes einzustellende Endfeuchte bei der Holztrocknung. Bestimmend hierfür ist das Feuchtegleichgewicht, das sich am Verwendungsort einstellt, um ein Schwinden oder Quellen zu vermeiden (s. Abschnitt 6).
saftfrisch, waldfrisch	Feuchtegehalt des Holzes unmittelbar nach der Fällung. Eine variable Größe, die etwa dem Feuchtegehalt des lebenden Baumes entspricht (vgl. Abb. 6).
trocken, halbtrocken, frisch	Nach DIN 4074 und DIN 68365 wie folgt definiert: trocken: Holz mit einer mittleren Feuchte bis 20 % halbtrocken: Holz mit einer mittleren Feuchte von über 20 % und höchstens 30 %, bei Querschnitten über 200 cm² bis 35 %. frisch: Holz mit mittleren Feuchten von über 30 % bzw. bei Querschnitten über 200 cm² über 35 %, d. h. ohne Begrenzung nach oben. Genannte Werte liegen auch den Tegernseer Gebräuchen zugrunde.
wassersatt (u_{max})	Absolut nasses Holz; sowohl Zellwände als auch Zellhohlräume sind mit der höchstmöglichen Menge Wasser gefüllt. Der maximale Wassergehalt ist stark holzartenabhängig. Beispiele: Fichte u_{max} = 201 % (= 761 kg/m³), Buche u_{max} = 116 % (= 649 kg/m³).

niedriger als die Quellmaße. Ihre Werte sind annähernd proportional der Rohdichte einer Holzart. Das heißt, schwere (dichtere) Holzarten weisen größere Schwind- bzw. Quellmaße auf als leichtere Holzarten. Des weiteren entspricht die Volumenänderung der Hölzer beim Schwinden annäherungsweise dem Volumen der abgegebenen Wassermenge. Zu berücksichtigen ist allerdings, daß von diesen statistischen Gesetzmäßigkeiten einzelne Holzarten abweichen. So schwinden bestimmte Holzarten, wie z. B. Eiche, weniger stark, andere wiederum, wie z. B. Fichte, stärker als aus ihrer Rohdichte zu erwarten ist.

Von großer praktischer Bedeutung ist ferner, daß die Maßänderungen in den drei anatomischen Hauptrichtungen des Holzes longitudinal (in Faserrichtung), radial (in Richtung der „Markstrahlen") und tangential (in Richtung des Jahrringverlaufes) sehr unterschiedlich sind (Abb. 7 und 8). Im großen Durchschnitt liegt bei

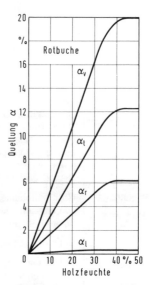

Abb. 8: Quellmaße in den drei Hauptrichtungen longitudinal (1), radial (r) und tangential (t) und für das Volumen (V) am Beispiel von Buchenholz. Man spricht von Quellungsanisotropie. Nach Mörath 1931

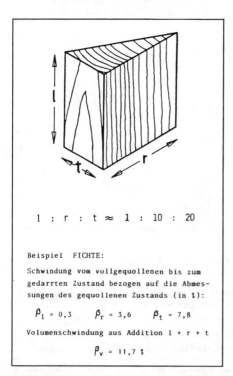

Abb. 7: Quellung und Schwindung in Abhängigkeit von der Faserrichtung bzw. den anatomischen Richtungen des Holzes. Angenäherte durchschnittliche Verhältniszahlen

den einheimischen Holzarten das durchschnittliche

– Längenschwindmaß (β_l) bei 0,4 %
– Radialschwindmaß (β_r) bei 4,3 %
– Tangentialschwindmaß (β_t) bei 8,2 %

bezogen auf das Volumen des fasergesättigten Holzes. Das heißt, daß sich die Schwindmaße in genannter Reihung der anatomischen Richtung etwa wie 1:10:20 verhalten. Während die longitudinalen Abmessungsänderungen vernachlässigbar klein bleiben, resultieren aus den stark unterschiedlichen Schwind- und Quellbewegungen senkrecht zur Faser je nach Jahrringverlauf und Ausmaß der Schwindungsanisotropie charakteristische Formänderungen von ursprünglich rechteckigen Holzquerschnitten (sog. „Verziehen" des Holzes) bei der Austrocknung bzw. Befeuchtung (Abb. 9).

In Tabelle 3 sind die maximalen Schwindmaße und Quellmaße für einige wichtige im Bauwesen eingesetzte einheimische Holzarten wiedergegeben. Die Volumenänderung als Gesamtschwindmaß errechnet sich vereinfacht durch Addition der Schwindmaße der drei anatomischen Hauptrichtungen, überschlägig aus

Addition des Tangential- und Radialschwindmaßes. Zu berücksichtigen ist, daß es sich bei den in Tabelle 3 aufgeführten Werten um Mittelwerte handelt, so daß von Holzteil zu Holzteil gewisse Abweichungen möglich sind.

Die maximalen Schwind- und Quellmaße dienen in erster Linie dem Vergleich zwischen den anatomischen Hauptrichtungen und zwischen den Holzarten. Für die praktische Holzverwendung sind sie hingegen wenig nützlich, da derart extreme Trocknungs- bzw. Befeuchtungsverhältnisse in der Praxis nicht auftreten. Praxisgerechter sind Schwindmaße, die sich bei der Trocknung vom fasersatten (d. h. nassen) Zustand des Holzes auf einen Feuchtegehalt von 17 % und den normalklimatisierten Zustand von 12 % Holzfeuchte ergeben. Letzteres Schwindmaß wird auch als Trocknungs-Schwindmaß (β_N) bezeichnet. Die entsprechenden Werte sind in Tabelle 3 aufgelistet.

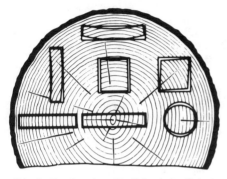

Abb. 9: Durch unterschiedlich starke Schwindung in Radial- und Tangentialrichtung bedingte Krümmungen und Verzerrungen von Querschnittkanten. Besonders deutlich erkennbar die starke Ausprägung der Tangentialschwindung, die durchschnittlich doppelt so groß wie die Radialschwindung ist. Nach US Forest Products Laboratory 1955

8. Rechnerische Abschätzung möglicher Abmessungsänderungen

Um ein „Aufgehen" bei zu großer Quellung bzw. umgekehrt ein „Aufreißen" bei zu großer Schwindung konstruktiv zu vermeiden, ist es in der Praxis vielfach erforderlich, die feuchtebedingten Abmessungsänderungen zu berechnen. Kenngrößen hierfür sind nach DIN 52184
– die differentielle Quellung q,
– der Quellungskoeffizient h,
– die Quellungsanisotropie A_q.

Tab. 3: Schwind- und Quellmaße ausgewählter einheimischer Holzarten

Holzarten	Maximales Schwindmaß β_{max} in % (= Schwindmaß vom frischen bis zum gedarrten Zustand bezogen auf die Abmessungen im frischen Zustand)			Maximales Quellmaß α_{max} in % (= Quellmaß vom gedarrten bis zum nassen Zustand [> u_{fs}] bezogen auf die Abmessungen im darrtrockenen Zustand)			Trocknungs-Schwindmaß β_N in % (= Schwindmaß vom frischen auf den normalklimatisierten Zustand [u = 12 %] bezogen auf die Abmessungen im frischen Zustand)	
	long	rad	tang	long	rad	tang	rad	tang
Nadelhölzer								
Fichte	0,3	3,6	7,8	0,2–0,4	3,7	8,5	2,0	4,0
Kiefer	0,4	4,0	7,7	0,2–0,4	4,2	8,3	3,0	4,5
Lärche	0,3	3,3	7,8	0,1–0,3	3,4	8,5	3,0	4,5
Tanne	0,1	3,8	7,6	0,2–0,4	3,7	8,5	2,0	4,0
Laubhölzer								
Eiche	0,3	5,8	11,8	0,3–0,6	4,6	10,9	3,0	6,0
Buche	0,4	4,0–4,6	7,8–10,0	0,2–0,6	6,2	13,4	4,0	8,0
Robinie	0,1	3,9–4,4	5,8– 6,6	–	5,7	9,0	–	–

Differentielle Quellung q

Die differentielle Quellung q (auch spezifisches Schwind- und Quellmaß oder Verformungszahl genannt) gibt an, um welchen Prozentsatz sich die Abmessungen des Holzes in dem für die praktische Verwendung relevanten relativen Luftfeuchtebereich von etwa 35 bis 85 % (entspricht einer Holzfeuchte von etwa 5 bis 20 %) ändern, wenn sein Feuchtegehalt um 1 % zu- oder abnimmt. Da in der Praxis kaum reine Radial- oder Tangentialabschnitte vorkommen, wird im allgemeinen mit mittleren Längenänderungen quer zur Faser gerechnet (Tab. 4).

Die Berechnung einer Abmessungsänderung Δl erfolgt nach der Formel:

$$\Delta l = l_A - l_E = l_A \cdot (u_A - u_E) \cdot \frac{q}{100} \text{ (mm)}$$

Es bedeuten:

l_A = Länge des Holzes im Ausgangszustand in mm;
l_E = Länge des Holzes im Endzustand in mm;
u_A = Feuchtegehalt des Holzes im Ausgangszustand in %;
u_E = Feuchtegehalt im Endzustand in %;
q = differentielle Quellung.

Beispiel:

Trocknet ein Fichtenbrett (ohne Bevorzugung der radialen oder tangentialen Richtung; somit q = 0,28) mit der Breite 1 = 200 mm von u_A = 15 % auf u_E = 10 %, so beträgt die hierbei auftretende Breitenschwindung

$$1 = 200 \cdot (15 - 10) \cdot \frac{0{,}28}{100} = 2{,}8 \text{ mm}$$

bzw. 1,4 % der ursprünglichen Brettbreite. Bei gleichem Brett mit liegenden Jahrringen (q_t = 0,36) beträgt die Breitenschwindung 3,6 mm bzw. 1,8 %.

Quellungskoeffizient h

Der Quellenkoeffizient h gibt – wiederum für den Luftfeuchtebereich von etwa 35 bis 85 % – die prozentuale Abmessungsänderung des Holzes je 1 % relativer Luftfeuchteänderung an. Mit Hilfe des Quellungskoeffizienten läßt sich also abschätzen, mit welchen Quell- bzw.

Tab. 4: Differenzielle Quellung (% Abmessungsänderung je 1 % Holzfeuchteänderung) in radialer q_r und tangentialer q_t Richtung sowie deren arithmetische Mittel $q_\perp$, Quellungsanisotropie und Quellungskoeffizienten (% Abmessungsänderung je 1 % relativer Luftfeuchteänderung) in radialer h_r und tangentialer h_t Richtung sowie deren aritmetische Mittel $h_\perp$ ausgewählter einheimischer Holzarten. Aus Schwab 1981

Holzarten	Differentielle Quellung (in %)			Quellungs-anisotropie	Quellungskoeffizienten (in %)		
	radial q_r	Mittelwert quer zur Faser $q_\perp$	tangential q_t	$\frac{q_t}{q_r}$	radial h_r	Mittelwert quer zur Faser $h_\perp$	tangential h_t
Nadelhölzer							
Fichte	0,19	0,28	0,36	1,9	0,037	0,054	0,070
Kiefer	0,19	0,27	0,36	1,9	0,035	0,052	0,068
Lärche	0,14	0,22	0,30	2,1	0,027	0,042	0,057
Laubhölzer							
Eiche	0,18	0,26	0,34	1,9	0,033	0,048	0,063
Buche	0,20	0,31	0,41	2,1	0,032	0,049	0,065

Anmerkung: DIN 1052 (Holzbauwerke. Berechnung und Ausführung) gibt als zu berücksichtigende mittlere Schwind- und Quellmaße für Änderung der Holzfeuchte um 1 % rechtwinklig zur Faserrichtung ($q\perp$) für europäische Nadelhölzer, Brettschichtholz und Eiche generell 0,24 % und für Buche 0,30 % an. Bei behinderter Schwindung und Quellung darf mit den halben Beträgen gerechnet werden, z. B. wenn Holz Teil einer Verbundkonstruktion ist.

Schwindmaßen bei einer bestimmten Änderung des Umgebungsklimas gerechnet werden muß, eine in der praktischen Holzverwendung häufig zu stellende Frage. Die Berechnung erfolgt nach obiger Formel, wobei statt der Feuchteänderungen die relative Luftfeuchteänderung und statt der differentiellen Quellung q der Quellungskoeffizient h eingesetzt werden. Eine solche Berechnung ermöglicht z. B. bei der Auswahl von Brettern die Brettbreite und die Falz- bzw. Federbreite den zu erwartenden Abmessungsänderungen anzupassen. Rechenwerte finden sich in Tabelle 4.

Aufgrund der stark unterschiedlichen Schwind- und Quellmaße in tangentialer und radialer Richtung ergeben sich bei Feuchteänderungen Querschnittverformungen, die das bekannte „Verziehen" und „Verwerfen" des Holzes zur Folge haben. Diese Quellungsanisotropie macht sich um so stärker bemerkbar, je weni-

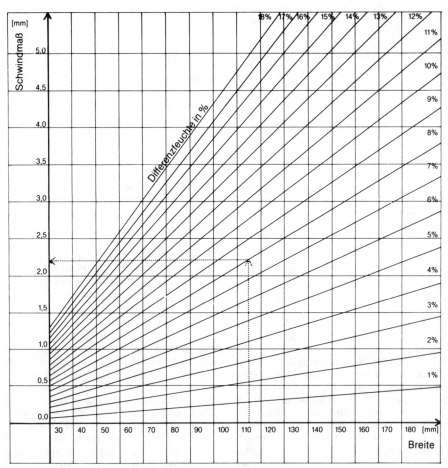

Abb. 10: Monogramm zur überschlägigen Ermittlung der Maßänderungen von Holz (gemittelt aus tangentialen und radialem Schwindmaß). Eingetragenes Beispiel (gepunktete Linien):

Gespundete Bretter aus Fichte für einen Fußboden im Innenraum

Holzfeuchte (= Meßbezugsfeuchte)   16 %
Ausgleichsfeuchte   6–8–10 %
Differenzfeuchte   8 %
Deckbreite   115 mm
Schwindmaß   **2,2 mm**

Aus Widmann (1987): Info Holz – Anleitung zum Entwerfen von Skelettbaudetails

ger die Querschnittkanten des Schnittholzes parallel zu den anatomischen Hauptrichtungen verlaufen (Abb. 9). Bei besonderen Anforderungen an das Stehvermögen maßhaltiger Hölzer sollte daher im Riftschnitt erzeugtes Holz mit stehenden Jahrringen verwendet werden (Abb. 9). Beim Vergleich von Hölzern untereinander (Tab. 3) ist das Stehvermögen besser, je geringer die maximale Volumenschwindung bzw. -quellung ist und je geringer die Abmessungsänderungen in tangentialer und radialer Richtung voneinander abweichen, d. h. je näher sie sich dem Wert 1 nähern. Zur Abschätzung möglicher Querschnittsverformungen bei der praktischen Holzverwendung dient der Quotient aus den differentiellen Quellungen in tangentialer und radialer Richtung, der als **Quellungsanisotropie** A_q bezeichnet wird. Rechenwerte enthält Tabelle 4. Aus zuvor Gesagtem leitet sich ab, daß die Gefahr einer Querschnittszerrung um so größer ist, je größer die Quellungsanisotropie eines Holzes ist. Die Quellungsanisotropie A_q stellt somit ein Maß für das Stehvermögen und damit zugleich für die Formstabilität der Holzarten dar.

Auf einfache Weise lassen sich Maßänderungen auch mit Monogrammen ermitteln (Abb. 10).

9. Sollfeuchten

Da – wie in Abschnitt 8 ausgeführt ist – mit Änderung des Feuchtegehaltes sich die Abmessungen des Holzes ändern, ist es erforderlich, Holz mit einem Feuchtegehalt zu verarbeiten bzw. einzubauen, der annähernd dem späteren durchschnittlichen Umgebungsklima entspricht. Man spricht von der **Sollfeuchte**, die als **Endfeuchte** entweder durch natürliche oder technische Trocknung angestrebt werden muß, um das Holz dem späteren Verwendungszweck anzupassen. Die im Bauwesen einzuhaltenden Sollfeuchten sind in verschiedenen DIN-Normen festgelegt (Abb. 11). Für Möbel betragen die Sollfeuchten 10 bis 12 % (in ofengeheizten Räumen) bzw. 8 bis 10 % (in zentralgeheizten Räumen) und für Parkett 9 % (± 2 %).

Wichtig ist, daß die Sollfeuchten gleichmäßig über den gesamten Querschnitt der betreffenden Holzteile verteilt sind. Gibt es nämlich größere Feuchtegefälle über dem Querschnitt, so kann es nicht nur durch die späteren Feuchte-Ausgleichsvorgänge, sondern insbesondere auch durch eine nachfolgende spanabhebende

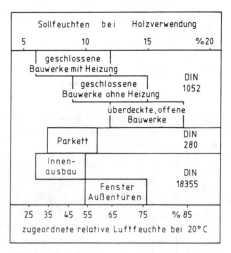

Abb. 11: *Sollfeuchten nach verschiedenen DIN-Normen und ihre zugeordneten rel. Luftfeuchten. Aus: Holz-Lexikon, DRW-Verlag 1988*

Bearbeitung (z. B. Sägen, Hobeln) zu stärkeren Verwerfungen der Holzbauteile kommen, wenn an den verschiedenen Holzoberflächen ungleich viel Holz abgenommen wird.

Da in unserem Klimagebiet mit Hilfe der Freilufttrocknung keine niedrigeren Holzfeuchten als etwa 14 bis 15 % erzielbar sind, ist vielfach eine technische Trocknung des Holzes in Trokkenkammern und eine anschließende Klimatisierung des Trockengutes erforderlich.

Zusammenfassend ist festzustellen, daß jedes Holz grundsätzlich nur bei demjenigen Holzfeuchtegehalt verarbeitet bzw. verbaut werden soll, der annähernd der Ausgleichsfeuchte des späteren Umgebungsklimas entspricht. In diesem Zusammenhang ist darauf zu verweisen, daß auch allgemeines Bauholz auf mindestens 20 % abgetrocknet sein sollte, auch wenn es nach derzeitig geltenden DIN-Vorschriften eine Einbaufeuchte von 30 bis 35 % aufweisen darf, wenn es nach dem Einbau nachtrocknen kann und die Bauteile nicht empfindlich sind gegenüber den zwangsläufig auftretenden Schwindverformungen.

10. Abmessungsveränderungen von Holzwerkstoffen

Holzwerkstoffe sind ebenfalls hygroskopisch und ändern ihre Abmessungen bei Feuchteänderung. Die sich dabei einstellenden Gleichgewichtsfeuchten unterscheiden sich in Abhängigkeit vom Plattentyp mehr oder weniger stark vom Vollholz (Tab. 5).

Gegenüber dem anisotropen Vollholz verhalten sich Holzwerkstoffe quasi-isotrop. Sie quellen und schwinden in Plattenebene etwa nur so stark wie Holz in Faserrichtung (= longitudinal). Da aber die Holzwerkstoffe im Bauwesen vielfach als großflächige Bauelemente, z. B. Wandbeplankungen, eingesetzt werden, muß ihre Quellung (und Schwindung) in Plattenebene, die auch als Längenquellung bezeichnet wird, besonders berücksichtigt werden und gegebenenfalls durch besondere Dehnfugen kompensiert werden. Als Kenngröße dient der Quellungskoeffizient (Tab. 6). Nicht geeignet ist die differentielle Quellung, da kein linearer Zusammenhang zwischen Feuchtegehalt und Quellmaß besteht.

Quer zur Plattenebene liegen die Quellmaße erheblich höher und sind z. T. merklich höher als bei Vollholz quer zur Faser. In der praktischen Anwendung wirkt sich die Dickenquellung allerdings aufgrund der üblichen geringen Plattendicken kaum nachteilig aus und bleibt im Hochbau im Regelfall ohne Bedeutung. Als Kenngröße dient für die Dickenquellung die differentielle Quellung (Tab. 6).

Tab. 5: *Gleichgewichtsfeuchten (Mittel- und Extremwerte) von Holzwerkstoffen bei einer Temperatur von 20° C und unterschiedlichen relativen Luftfeuchten. Aus Schwab 1981*

Holzwerkstoff	Gleichgewichtsfeuchtigkeit u_{gl} in % bei den relativen Luftfeuchten		
	30 %	65 %	85 %
mittelharte und harte Faserplatten	3...4...5	6...7...8	10...12...14
Sperrholz	4...5...6	8...10...12	12...15...18
Spanplatte			
mit Harnstoffharzen	4...6...8	9...10...11	13...15...18
mit Phenolharz	4...5...6	10...11...12	15...19...23

Tab. 6: *Quell- und Schwindmaße. Richtwerte für den Quellungskoeffizienten in Plattenebene und die differentielle Quellung quer zur Plattenebene von Holzwerkstoffen*

Holzwerkstoff	Quellungskoeffizient in Plattenebene h in % je 1 % relative Luftfeuchteänderung	Diff. Quellung quer zur Plattenebene q in % je 1 % Feuchtegehaltsänderung
Sperrholz	0,002...0,004...0,012	0,25...0,30...0,35
Spanplatte		
mit Phenolharz	0,003...0,005...0,008	0,35...0,45...0,55
mit Harnstoffharz	0,003...0,005...0,008	0,55...0,70...0,85
mittelharte und harte Faserplatte	0,003...0,004...0,006	0,70...0,80...0,90

Das aktuelle Thema: Gesundheitsrisiken durch Faserdämmstoffe? Konsequenzen für Planer und Sachverständige

Einleitung

Rainer Oswald, Aachen

Der aktuelle Tagungsteil befaßt sich in diesem Jahr mit der Frage einer möglichen Gesundheitsgefährdung durch künstliche Mineralfasern.

Die Bedeutung dieser Frage ergibt sich besonders aus dem äußerst großen Umfang der Anwendung dieser Fasern im Hochbau: Sie stellen den größten Anteil der Wärmedämmstoffe im geneigten Dach und werden dort auch in sehr großem Umfang von Heimwerkern verarbeitet. Eine große Anwendungsvielfalt bezieht sich auf die Fassade: Besonders häufig ist hier die Verwendung bei hinterlüfteten, zweischaligen Konstruktionen, als Kerndämmaterial im Verblendschalenmauerwerk, neuerdings aber auch als Dämmstoff in mineralischen Wärmedämmverbundsystemen. Im Gebäudeinneren ist die verbreitete Verwendung als Trittschalldämmstoff in schwimmenen Estrichen sowie als hohlraumbedämpfendes und schallabsorbierendes Material in Decken und Wandbekleidungen hervorzuheben. In den beschriebenen Anwendungsfällen werden die geringe Wärmeleitfähigkeit, die Diffusionsoffenheit, der hohe Schallabsorptionsgrad, die Nichtbrennbarkeit und die leichte Verarbeitbarkeit auch bei unregelmäßigen Untergründen und in geometrisch komplizierten Situationen genutzt. Für viele Bauweisen hätte ein Anwendungsverbot erhebliche Konsequenzen – langjährig erprobte, gut ausführbare, wirtschaftliche Konstruktionen müßten aufgegeben werden – neue Konstruktionsweisen mit neuen Schadensproblemen kämen auf uns zu.

Meiner Ansicht nach können in einer solchen Situation nur äußerst schwerwiegende und sichere Fakten den Schritt zu einem Anwendungsverbot rechtfertigen.

Die Diskussionen zu diesem Thema sind noch nicht abgeschlossen. Ende März 1994 werden das Bundesgesundheitsamt, die Bundesanstalt für Arbeitsschutz und das Umweltbundesamt in einem gemeinsamen Bericht Stellung beziehen. Trotzdem erhoffe ich mir durch die folgenden Beiträge und Diskussionen Antworten auf diese Fragen:

– Gibt es hinreichende Gründe für den Verdacht, daß künstliche Mineralfasern wahrscheinlich krebserregend sind?
– ist der Einbau von künstlichen Mineralfasern voraussichtlich auch in Zukunft zulässig? Unter welchen Bedingungen?
– Ist ein besonderer Arbeitsschutz erforderlich?
– Sind die Schutzmaßnahmen, die erforderlich sein könnten, genauso umfangreich wie bei Asbestbaustoffen?
– Stellt es in Zukunft einen Planungsmangel dar, wenn künstliche Mineralfasern in Fällen verwendet werden, wo unbedenkliche Ersatzstoffe zur Verfügung stehen?
– Besteht in Zukunft eine Hinweispflicht des Planers und Ausführenden gegenüber dem Bauherrn, wenn anstelle unbedenklicher Ersatzstoffe aus Kostengründen oder zur arbeitstechnischen Vereinfachung künstliche Mineralfaser-Dämmstoffe verwendet werden sollen?

Zunächst wird Herr Dipl.-Ing. Wolfgang Lohrer vom Umweltbundesamt Berlin sprechen, anschließend Herr Dr. Hartwig Muhle vom Fraunhofer-Institut für Toxikologie und Aerosolforschung. Das sind zwei Vertreter, die den Aspekt der möglichen Gesundheitsgefährdung ausführlicher darstellen werden. Anschließend werden dann Herr Dr. Utz Draeger und Herr Dr. Jürgen Royar von der Fachvereinigung Mineralfaserindustrie die Gegenposition beziehen.

1. Beitrag:

Dipl.-Ing. Wolfgang Lohrer, Direktor und Professor beim Umweltbundesamt, Berlin*)

Ich möchte mich bei der Frage der Wirkung von künstlichen Mineralfasern auf die Wirkungen krebserzeugender Art beschränken und möchte am Anfang kurz in einer Folie darstellen, um welche Produkte es sich handelt und um welche es sich nicht handelt.

Sie sehen hier eine Übersicht der Fasern, wie sie insgesamt unterschieden werden. Die Naturfasern, also wie Wolle, Asbest usw., um die geht es heute nicht. Die künstlich hergestellten Fasern unterscheidet man in anorganische Synthesefasern und in die organischen Synthesefasern, diese organischen Polyester, Polyamide sollen hier heute auch außen vor bleiben. Die kristallinen Fasern im Bereich der anorganischen Synthesefasern sind hier ebenso nicht Stand der Diskussion wie die textilen Glasfasern; das sind Fasern, die in der Regel außerhalb des kritischen Durchmesserbereichs liegen, sie werden versponnen, verwebt und haben etwa konstante Durchmesser.

Heute geht es ausschließlich um mineralische Wollen, also Glaswolle, Steinwolle, Schlackenwolle, keramische Wolle, Spezialwollen aus Glas, wie Sie sie eben auf den Bildern gesehen haben. Ich will ganz kurz noch die Einsatzbereiche nennen. Da ist zum einen der bedeutende Bereich der Wärmedämmung, hier handelt es sich in erster Linie um Platten und einseitig kaschierte Bahnen. Zum anderen haben wir es mit der Schalldämmung zu tun, es handelt sich hier um ein- oder zweiseitig kaschierte Platten oder Filze und um Akustikplatten, die meist beschichtet sind. Mineralwollen zeichnen sich dadurch aus, daß sie ein breites Spektrum von Fasern verschiedener Durchmesser im gleichen Produkt haben, von denen die feinsten Durchmesserwerte bis unter 1 µm erreichen und die größten deutlich über den Durchmesser von 3 µm, der als Grenze gilt für die Inhalierbarkeit; dünnere Fasern als 3 µm gelten als inhalierbar.

Nun möchte ich auf das eigentliche Thema zu sprechen kommen und Ihnen zunächst ganz kurz die Entwicklung der Diskussion um die Bewertung der künstlichen Mineralfasern (KMF) hinsichtlich einer krebserzeugenden Wirkung darstellen. Wie Sie vielleicht wissen, ist bereits 1980 eine Einstufung der KMF, also dieser in Frage kommenden nicht textilen Glas-fasern, durch die MAK-Kommission vorgenommen worden; sie wurde veröffentlicht durch die Senatskommission der Deutschen Forschungsgemeinschaft als im Verdacht stehend, Krebs zu erzeugen, und zwar zunächst solche künstlichen Mineralfasern mit einem Durchmesser unter 1 µm. Danach wurde eine Diskussion intensiviert zunächst hin zu einer Entlastung, dann wiederum zu einer Verstärkung dieser Verdachtsmomente. Diese hielt bis heute an. Schließlich hat im Herbst 1992 der Bundesumweltminister gemeinsam mit dem Bundesarbeitsminister den Auftrag an die Bundesoberbehörden Bundesgesundheitsamt, Bundesanstalt für Arbeitsschutz und Umweltbundesamt gegeben, das von den KMF ausgehende Krebsrisiko zu bewerten.

Im September 1993 erfolgte, was schon einige Jahre vorher erwartet, aber dann durch eifrige Diskussionen noch nicht zu Ende geführt wurde, nun doch ein Einstufungsvorschlag der MAK-Kommission, der u. a. Glas- und Steinwolle in die Gruppe „als ob III A 2" eingestuft hat. Als ob III A 2 ist natürlich eine etwas merkwürdige Bezeichnung. III A 2 bedeutet, die krebserzeugende Wirkung beim Tier ist erwiesen und zwar unter vergleichbaren Expositionsbedingungen beim Menschen. Die zusätzliche Bezeichnung „als ob", ist nicht neu, sie ist ja bereits in anderen Fällen schon angewandt worden; und sie soll hier darauf hinweisen, daß es sich bei den Tierversuchen um andere Applikationsformen handelt. Auf das Thema werden wir sicher nachher noch kommen.

Im gleichen Monat hat eine Arbeitsgruppe aus Mitarbeitern der drei o. g. Behörden auf einer VDI-Tagung in Fulda ein Zwischenergebnis ihrer Untersuchungen vorgelegt. Dieses war relativ kritisch und hatte in der Öffentlichkeit einen breiten Anklang gefunden. Im Dezember 1993 wurde schließlich insbesondere auch aufgrund eines breiten öffentlichen Ineresses eine Expertenanhörung zur Kanzerogenität von künstlichen Mineralfasern im Bundesgesundheitsamt in Berlin unter Beteiligung der anderen Behörden durchgeführt. Die Ergebnisse und

---

*) Die im Vortrag gezeigte Folie und die erwähnten Bilder sind nicht mit abgedruckt.

Darstellungen dieser internationalen Expertenanhörung wurden inzwischen zusammengestellt. Herr Muhle, der nachher auch noch hier referiert, hatte die Redaktion dieses Berichtes. Nun will ich Ihnen ganz kurz die Stufen des regulatorischen Ablaufs für krebserzeugende Stoffe am Arbeitsplatz schildern, weil dieses national von erheblicher Bedeutung ist. Tierversuche oder epidemiologische Studien, die zu positiven Ergebnissen kommen, d. h. also, daß im jeweiligen Fall eine krebserzeugende Wirkung feststellt wurde, werden durch die MAK-Kommission geprüft; schließlich gibt sie einen Einstufungsvorschlag ab. III A 2, darauf kam ich eben, ist die Gruppe, bei der die Stoffe sich als eindeutig krebserzeugend beim Tier erwiesen haben und wobei auch gleichzeitig noch eine Übertragbarkeit auf den Menschen z. B. aufgrund der Expositionsverhältnisse o. ä. gegeben ist. III A I bedeutet, der Beweis ist auch beim Menschen selbst erbracht, das ist z. B. bei Asbest der Fall gewesen oder bei Buche und Eichenholz; bei künstlichen Mineralfasern ist dies nicht der Fall. Nun hat die MAK-Kommission die KMF „als ob III A 2" eingestuft. Gemäß der Novelle der Gefahrstoffverordnung von 1993 folgt damit nicht mehr automatisch eine Umsetzung in Regulatorien wie z. B. Verboten. Nunmehr, seit 1993, bedarf es weiterer Voraussetzungen. Die erste ist, daß der Ausschuß für Gefahrstoffe, ein Gremium aus unterschiedlichen betroffenen Kreisen wie z. B. Berufsgenossenschaften, Behörden und Fachleuten besteht, derartige Einstufungsvorschläge prüft und seine Ratschläge in „Technischen Regeln für Gefahrstoffe" niedergelegt und den Arbeitsminister berät. Dies führt dann zu einer Einstufung in die Gruppen 1, 2 oder 3 der Gefahrstoffverordnung, so daß bestimmte Konsequenzen folgen. So ist z. B. für Stoffe der Gruppe 1 ein Expositionsverbot verbunden; das bedeutet im Prinzip ein totales Verbot. Bei Stoffen der Gruppe 2 besteht ein Substitutionsgebot; wenn dies nicht umgesetzt werden kann, sind andere Schutzmaßnahmen zu ergreifen. Außerdem wird ein sogenannter TRK-Wert, eine Technische Richtkonzentration, festgelegt, die orientiert ist an den Möglichkeiten im Betrieb. Empfehlungen des Ausschusses für Gefahrstoffe bedeuten nicht automatisch eine politische Umsetzung, sie bedürfen einer Umsetzung in die Gefahrstoffverordnung durch eine Novelle; dies geht über die Bundesregierung, den Bundestag und den Bundesrat. Schließlich ist es bei Regelungen, die Handelshemmnisse hervorrufen können, notwendig, die EU-Kommission vor Erlaß nationaler Vorschriften zu informieren. Es ist der EU Gelegenheit zu geben, Widerspruch einzulegen; das dauert etwa 1 Jahr.

Wir sind im Augenblick am frühen Zeitpunkt, die MAK-Kommission hat bewertet, der Ausschuß für Gefahrstoffe noch nicht entschieden; er wartet den Bericht der drei Oberbehörden ab und hat seine Sitzung für Mai 1994 terminiert.

Ich möchte nicht unerwähnt lassen, daß derzeit auch eine Diskussion in der EU zum Einstufungsverfahren von künstlichen Mineralfasern läuft. Es scheint dort keine Mehrheit zu geben, künstliche Mineralfasern als krebserzeugend einzustufen.

Im übrigen möchte ich noch darauf hinweisen, daß die Gefahrstoffverordnung den Umgang mit Gefahrstoffen regelt, als den Bereich des mit dem Gefahrstoff umgehenden Arbeitnehmers. Die Umwelt, also wenn Sie eine Belastung in ihren Häusern haben, kann durch die Gefahrstoffverordnung nicht geregelt werden. Hier könnten allerdings verschiedene Regelungen der Gefahrstoffverordnung, z. B. Substitutionsangebote, indirekt wirken.

Ich kann Ihnen heute darstellen, wie im Umweltbundesamt die Problematik gesehen wird, wie sie also in dem fast fertigen Bericht der drei Ämter zum Ausdruck kommt.

Der Bericht befaßt sich zunächst einmal mit der Frage, welche Methoden zur Ermittlung krebserzeugenden Potentials heranzuziehen sind. Ganz klar anerkannt sind ja epidemiologische Untersuchungen, sie führten allerdings nicht dazu, daß eine krebserzeugende Wirkung bestätigt werden konnte; aber sie sind auch nicht geeignet, diese krebserzeugende Wirkung beim Menschen zu widerlegen. Ich werde mich zu diesen Fragen hier jetzt nur sehr kurz äußern, weil Herr Muhle auf diese Punkte dann stärker eingehen wird. Bei tierexperimentellen Untersuchungen unterscheidet man Inhalations- und Injektionsversuche; wir halten die Inhalationsversuche aus verschiedenen Gründen hier nicht für geeignet, die Injektion ist zu bevorzugen.

Der Vorschlag für Einstufungen ist orientiert an den Kategorien der EU-Richtlinie; danach sollen Keramikfasern, Glasfasern und Steinfasern in die Kategorie 2 eingeordnet werden, diese entspricht etwa der Kategorie III A 2 der MAK-Kommission. Das bedeutet, krebserzeugende Wirkung beim Tier erwiesen mit Übertragbarkeit auf den Menschen, ist also zu behandeln wie als krebserzeugender Stoff. Schlackenfasern kommen dagegen zunächst nur in die Kategorie 3, das heißt, Verdacht der krebserzeugenden Wirkung beim Menschen. Die Definition einer Faser ist die übliche, Längen größer als 5 µm, Durchmesser kleiner 3 µm und sie müssen eine ausreichende Beständigkeit im Organismus aufweisen. Ferner ist wichtig, daß man davon ausgehen muß, daß es keinen Schwellenwert gibt.

Ich komme nun kurz auf die Faserbelastungen zu sprechen. Produkte, die keinen Zugang zum Innenraum haben, führen zu keinerlei Belastungen in Innenräumen. Nur bei solchen Bauten, wo Mineralfasererzeugnisse im direkten Luftaustausch mit dem Innenraum stehen wie z. B. Schalldämmungen, können Konzentrationen mäßig erhöht sein, das ist etwa eine Größenordnung um einige Hundert Fasern, z. B. 300, 400, 500 Fasern je Kubikmeter. Wenn mechanische Eingriffe an den Dämmaterialien vorgenommen werden oder die Mineralwolleerzeugnisse nicht ordentlich verbaut sind, können deutlich erhöhte Konzentrationen auftreten.

An Arbeitsplätzen sind sehr unterschiedliche Situationen vorzufinden, bei der Herstellung von KMF sieht es günstig aus, bei der Verarbeitung kritisch, und es ist sehr wahrscheinlich, daß im Bereich des Arbeitsschutzes strengere Maßnahmen zu ergreifen sein werden.

Bei den Empfehlungen für Bereiche außerhalb der Arbeitsplätze haben wir unterschieden zwischen neuen und eingebauten Produkten. Wir sind der Auffasssung, daß man die Herstellungsverfahren von KMF dahingehend ändern sollte, daß die Beständigkeit der Produkte im Organismus deutlich abgesenkt wird und daß Produkte hergestellt werden, die kritische dünne Durchmesser nicht mehr aufweisen. Hand- und Heimwerker sind aufzuklären über Möglichkeiten, Faserbelastungen zu vermeiden. Konstruktionen sind zu verbessern mit dem Ziel, Innenraumbelastungen nach Einbau zu vermeiden. Wo in Innenräumen langfristig Belastungen durch neue eingebaute Produkte nicht auszuschließen sind, sollten technisch gleichwertige Alternativmaterialien zum Einsatz kommen, die frei von gesundheitsschädlichen, insbesondere krebserzeugenden Stoffen sind und auch ökologischen Anforderungen entsprechen. Welche dies sind, werden Anhörungen in diesem Mai 1994 im Umweltbundesamt möglicherweise zeigen.

Als letztes gehe ich noch ein auf die Empfehlungen bei alten eingebauten Dämmaterialien. In den meisten Fällen ordnungsgemäß durchgeführter Wärmedämmungen führen die Materialien zu keinen Innenraumbelastungen. Hier ist nichts zu tun. In Fällen mäßig erhöhter Faserkonzentration halten wir das gesundheitliche Risiko für sehr gering. Es liegt in einer Größenordnung, wie es häufig durch umweltbelastende Stoffe vorkommt. Ein generelles Gebot des Austauschs solcher Produkte soll aus Verhältnismäßigkeitsgesichtspunkten nicht gefordert werden. Wird eine Sanierung, z. B. auch individuell im Einzelfall dennoch geplant, so sollten folgende Kriterien berücksichtigt werden. Wird das Freisetzungspotential mit der Zeit größer, gebietet sich der Austausch frühzeitig. Welche möglichen Zusatzrisiken bringen die Entfernungsarbeiten, welche Risiken die Ersatzprodukte? Erkennbare und leicht zu beseitigende bauliche Mängel, z. B. eine eingerissene Dampfsperre, sollten kurzfristig behoben werden. Soweit also in Kürze die Schlußfolgerung unseres Hauses. Ich danke Ihnen.

2. Beitrag:

Dr. Hartwig Muhle, Fraunhofer-Institut für Toxikologie und Aerosolforschung, Hannover

Es ist keine leichte Aufgabe, auf wenigen Seiten die Ergebnisse von etwa 10 internationalen Tagungen darzustellen, die auf dem Gebiet „Gesundheitsrisiko durch Faserdämmstoffe" stattgefunden haben. Für eine intensive Auseinandersetzung mit dem Thema muß auf das Literaturverzeichnis verwiesen werden. Bei den oben genannten Tagungen wurde das Thema „Gesundheitsrisiken durch Faserdämmstoffe" kontrovers diskutiert.

Die MAK-Kommission der Deutschen Forschungsgemeinschaft teilt krebserzeugende Stoffe nach dem „kanzerogenen Potential" ein, d. h. nach der prinzipiellen Möglichkeit des

Stoffes, Krebs zu erzeugen, ohne etwas über die Risikohöhe auszusagen. Für den Menschen eindeutig als krebserzeugend ausgewiesene Arbeitsstoffe fallen in die Gruppe III A 1. Die Gruppe III A 2 enthält Stoffe, die sich bislang nur im Tierversuch als krebserzeugend erwiesen haben, und zwar unter Bedingungen, die der möglichen Exposition des Menschen am Arbeitsplatz vergleichbar sind bzw. aus denen eine Vergleichbarkeit abgeleitet werden kann. Für Zwecke der Behandlung als Gefahrstoffe von Seiten der Behörden werden die Gruppen A 1 und A 2 in der Regel zusammengefaßt. Stoffe mit einem begründeten Verdacht auf krebserzeugendes Potential werden in der Gruppe III B eingestuft. In dieser Kategorie befanden sich die künstlichen Mineralfasern von 1980–1993, und zwar mit der Spezifikation eines Durchmessers dünner 1 µm und einer Länge größer 5 µm. Nur für Stoffe, bei denen nicht von einer Kanzerogenität ausgegangen wird, die jedoch toxische Eigenschaften aufweisen können, wird ein Grenzwert aufgestellt (MAK-Wert), bei dessen Einhaltung toxische Wirkungen in der Regel nicht erwartet werden sollten. Der Ausschuß für Gefahrstoffe legt für kanzerogene Stoffe eine „Technische Richtkonzentration" fest.

1993 ist eine Umgruppierung der künstlichen Mineralfasern in der MAK-Liste nach „als ob III A 2" erfolgt. Im folgenden soll diese Einstufung erläutert werden. Die Abb. 1 zeigt eine Hilfskonstruktion, wie man das kanzerogene Potential von künstlichen Mineralfasern beurteilen kann; dieses Schema stellt zugleich eine Gliederung dieses Artikels dar. Es ist dargestellt, über welchen Aufnahmeweg die Fasern in den Organismus gelangten und bei welcher Spezies die Wirkung untersucht wurde. Beim Asbest liegen eindeutige epidemiologische Erkenntnisse vor, daß dieser Stoff für den Menschen kanzerogen ist. Die Epidemiologie bei künstlichen Mineralfasern ist in Abb. 1 mit einem Fragezeichen versehen. Die Lungenkrebshäufigkeit bei der männlichen Bevölkerung beträgt etwa 7 %. Auch wenn große Kollektive von Exponierten herangezogen werden, kann ein Risiko im Bereich von 1 bis 2 % statistisch nicht nachgewiesen werden. Ein Risiko nach beruflicher Exposition im Bereich der Nachweisgrenze von 1 % wird jedoch als nicht akzeptabel angesehen. Aus diesem Grunde muß auf tierexperimentelle Daten zurückgegriffen werden, um einen weiteren Aufschluß über das Gefahrenpotential von künstlichen Mineralfasern zu erhalten.

Ergebnisse von Inhalationsversuchen

In der Regel wählt man bei Tierexperimenten eine dem Menschen analoge Expositionsart. Der Kanzerogenitätsnachweis in Inhalationsversuchen hat sich jedoch für Faserstoffe aus folgenden Gründen als problematisch herausgestellt: Es gibt mehrere falsch negative oder nur schwach positive Ergebnisse mit Asbestfasern, insbesondere mit Krokydolith, so daß die Zuverlässigkeit von Ergebnissen nach inhalativer Applikation zur Kanzerogenitätsprüfung von Fasern in Frage gestellt werden muß. Krokydolith wird wegen seiner hohen kanzerogenen Potenz mit Menschen als Prototyp für eine „positive" Kontrollsubstanz in diesem Zusammenhang angesehen. Um eine statistisch signifikant erhöhte Tumorrate bei der Ratte zu induzieren, werden mit den experimentell üblicherweise verwendeten Asbestfaserproben etwa 1000 Fasern pro ml benötigt (Faserlänge >5 µm), das entspricht etwa 10 mg/m^3 der Standardprobe von UICC-Krokydolith. Möglicherweise wies der Krokydolith deshalb eine geringe Wirksamkeit auf, weil die Zahl der langen Fasern (z. B. länger als 10 µm) in den verwendeten Proben relativ niedrig war.

Applikation/Spezies	Information über
Inhalation Mensch	Kanzerogenität <u>Asbest</u> KMF? (Nachweisgrenze)
Inhalation Ratte	Kanzerogenität <u>Asbest</u> Keramikfaser ←┐ Glaswolle? Steinwolle? (Nachweisgrenze)
intraperitoneale Injektion von Fasern bei der Ratte	Kanzerogenität <u>Asbest</u> Keramikfaser Glaswolle ← (biopersistent) Steinwolle ←┘ (biopersistent)

Abb. 1 Schema zur Beurteilung von gesundheitlichen Wirkungen von künstlichen Mineralfasern. Die eingetragenen Pfeile zeigen Asbest als Vergleichssubstanz zu künstlichen Mineralfasern.

Abb. 2 zeigt eine Zusammenstellung von tierexperimentellen Versuchsdaten aus Inhalationsexperimenten verschiedener Labors mit Glasfasern, Amosit, Krokydolith und Chrysotil. Aufgetragen wurde hier die Tumorrate in Abhängigkeit vom Logarithmus der Faserzahl pro Milliliter. Es wurde versucht, eine Gerade für die Dosis-Wirkungs-Beziehung einzuzeichnen. Wesentlich an dieser Darstellung ist die geringe Empfindlichkeit des Inhalationsexperimentes; bei der verwendeten Tierzahl von etwa 120 Ratten sind Tumorraten ab etwa 10 % signifikant. Auch Untersuchungen mit Krokydolith befanden sich unterhalb der Signifikanzgrenze, ebenso Untersuchungen mit Glasfasern.

Künstliche Mineralfasern sind im allgemeinen dicker als Asbestfasern. Daher lassen sich mit den meisten dieser Stäube nur niedrigere Faserkonzentrationen in der Atemluft erreichen als in der Asbest-Vergleichsgruppe. Geht man von der allgemein akzeptierten Hypothese aus, daß die einzelne Faser das kanzerogene Agens darstellt, kommt man bei der Untersuchung künstlicher Mineralfasern schnell zu sehr hohen gravimetrischen Konzentrationen, die zu einer Staubüberladung der Lunge führen können und möglicherweise auch unspezifische biologische Wirkungen hervorrufen.

Fasern im Durchmesserbereich zwischen 1 und 5 µm sind bei Dämmstoffasern häufig: diese Fasern können beim Menschen nach Mundatmung hauptsächlich im Bereich der Trachea und der Lunge deponiert werden. Bei Laboratoriumsnagetieren findet dagegen eine weitgehende Vorabscheidung in der Nase statt.

Zwar sind zur Aufklärung der kanzerogenen Potenz und der Faktoren, die die Risikohöhe der verschiedenen Fasertypen und Fasergrößen mitbestimmen, Inhalationsversuche unumgänglich; als Routinemethode zur Kanzerogenitätsprüfung von Mineralfasern ist dieser Test jedoch nach dem heutigen Kenntnisstand wegen der relativ niedrigen Sensitivität von Nagern nicht ohne Einschränkungen empfehlenswert.

Intraperitoneale und intrapleurale Injektion (Serosatest)

Die meisten Informationen über kanzerogene Eigenschaften von Fasern stammen aus Versuchen nach intraperitonealer oder intrapleuraler Verabreichung. Hier wird also die Eigenschaft von Fasern geprüft, Mesotheliome zu erzeugen, z. B. durch Injektion einer Staubsuspension in den Brustfell- oder Bauchfellspalt an den sog. serösen Häuten. Bei der Untersuchung künstlicher Mineralfasern geht es zunächst um die Frage des kanzerogenen Potentials. Der Analogieschluß von positiven Serosatest-Ergebnissen von Nicht-Asbestfasern auf ihre lungenkrebserzeugende Wirkung nach Inhalation ist bei dem gegenwärtigen Kenntnisstand aus präventivmedizinischen Gründen nach Ansicht der MAK-Kommission gerechtfertigt. Die vorliegenden tierexperimentellen Ergebnisse zeigen eine analoge Wirkung von Asbestfasern und einigen Nicht-Asbestfasern nach Inhalation und nach direkter Applikation an die serösen Häute.

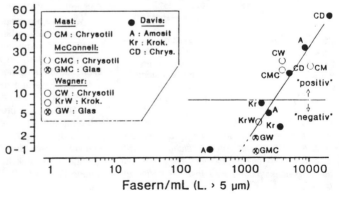

Abb. 2 Zusammenfassende Darstellung des Tumorrisikos durch faserige Stäube bei Ratten in Abhängigkeit von der Faserkonzentration. Angabe der Nachweisempfindlichkeit für einen positiven Kanzerogenitätstest für eine Irrtumswahrscheinlichkeit von 5 %. (Quelle: Pott et al., 1993).

Biopersistenz

Die Biopersistenz von Fasern hat eine entscheidende Bedeutung für die kanzerogene Potenz eines Fasertyps. Für Gipsfasern wurde bereits in dem ersten Tierexperiment vor etwa 20 Jahren gezeigt, daß sie sich im Körper relativ schnell auflösen. Andere Fasertypen scheinen so beständig wie Amphibolasbeste zu sein. Das Vorliegen einer Fibrose wird nicht als Voraussetzung zur Entstehung eines Tumors angesehen, da mit hoher Wahrscheinlichkeit unterschiedliche Pathogenesemechanismen zugrunde liegen.

Schlußfolgerungen

Zusammenfassend läßt sich feststellen, daß Asbestfasern und Nicht-Asbestfasern wahrscheinlich über den gleichen Mechanismus zu Tumoren führen; das heißt aber nicht, daß sie für den Menschen ein gleichhohes Krebsrisiko darstellen. Für ein im allgemeinen wesentlich niedrigeres Risiko durch künstliche Mineralfasern sprechen folgende Erkenntnisse:

1. Inhalierbare künstliche Mineralfasern sind in Mineralwollen zu einem meist nur kleinen Anteil vorhanden. Die Konzentrationen in der Atemluft sind normalerweise sehr viel niedriger als bei einer gleichartigen Verwendung von Asbest.
2. Künstliche Mineralfasern können nicht wie Asbestfaserbündel in eine Vielzahl von extrem feinen Elementarfasern aufspalten.
3. Die Beständigkeit künstlicher Mineralfasern kann im Körper wesentlich kürzer sein als die von Asbest, zumindest als Krokydolith-Asbest.

Es muß jedoch darauf verwiesen werden, daß nach den vorliegenden Erkenntnissen lange Keramikfasern (Typ RCF 1) eine höhere kanzerogene Potenz pro Faser aufweisen als die im Versuch verwendeten Krokydolith-Asbest-Fasern.

Literatur

Bellmann, B., Muhle, H., Pott, F., König, H., Klöppel, H. and Spurny, K.: Persistence of man-made mineral fibres (MMMF) and asbestos in rat lungs. Ann. occup. Hyg. 31, 693–709 (1987)

Bellmann, B., Muhle, H., Pott, F.: Untersuchung zur Beständigkeit chemisch unterschiedlicher Glasfasern in Rattenlungen. Zb. Hyg., 190, 310–314 (1990)

Bellmann, B., Muhle, H., Kamstrup, O., and Draeger, U.F.: Investigation on the durability of man-made vitreous fibres in rat lungs. In: Biopersistence of respirable synthetic fibres and minerals. IARC, Lyon, (in press), 1993b

Christensen, V.R., Lund Jensen, S., Guldberg, M. et al.: Investigation of the rate of dissolution on man-made vitreous fibres in vitro at different pH's.: Proc. WHO/IARC-Workshop Biopersistence of respirable synthetic fibres and minerals; Lyon, Frankreich (1992), in Druck

Davis, J.M.G., Beckett, S.T., Bolton, R.E., Collins, P., and Middelton, A.P.: Mass and number of fibres in the pathogenesis of asbestos-related lung disease in rats. Br. J. Cancer 37, 673–688 (1978)

Hesterberg, T.W.: Evaluating the biopersistence of man-made fibers. In: Approaches to evaluating the toxicity and carcinogenicity of man-made fibers. Durham, North Carolina, USA, Nov. 1991

Hesterberg, T.W., Müller, W.C., McConnell, E.E., Chevalier, J., Hadley, J.G., Berstein, D.M., Thevenaz, P., and Anderson, R.: Chronic inhalation toxicity of size-separated glass fibers in Fischer 344 rats. Fund. Appl. Toxicol. 20, 464–476 (1993)

Kane, A.B.: Fiber dimensions and mesothelioma: A reappraisal of the Stanton hypothesis. In: Mechanisms in fibre carcinogenesis. Brown R.C. et al. Eds. Plenum Press, New York, pp 131–141 (1991)

Le Bouffant, L., Henin, J.P., Martin, J.C., Normand, C., Tichoux, G. and Trolard, F.: Distribution of inhaled MMMF in the rat lung – long term effects. In: Biological Effects of Man-made Mineral Fibres, Proceeding of a WHO/IARC Conference, Vol. 2, Copenhagen, 20–22 April, 1982, pp. 143–168 (1984)

Le Bouffant, L., Daniel, H., Henin, J.P., Martin, J.C. Normond, C., Tichoux, G. and Trolard, F.: Experimental study on long-term effects of MMMF on the lung of rats. Ann. occup. Hyg. 31, 765–790 (1987)

Muhle, H., Pott, F., Bellmann, B., Takenaka, S. and Ziem, U.: Inhalation and injection experiments in rats for testing man-made mineral fibres on carcinogenicity. Ann. occup. Hyg. 31, 755–764 (1987)

Muhle, H., Bellmann, B., Pott, F.: Durability of various mineral fibres in rat lungs. In: Brown, R.C., J.A. Hoskins, N.F. Johnson (eds) Mechanisms in fibre carcinogenesis. (NATO ASI series, Vol. 223). New York, London: Plenum Press, 181–187 (1991)

Muhle, H., Pott, F.: Faserige Stäube – Tierexperimentelle Ergebnisse. VDI-Verlag Düsseldorf. VDI Berichte 888, 273–292 (1991)

Muhle, H., Bellmann, B., Pott, F.: Comparative investigations of the biodurability of mineral fibres in the rat lung. In: Biopersistence of respirable synthetic fibres and minerals. IARC, Lyon, (in Press), 1994

Musselmann, R.P., Müller, W.C., Easters, W., Hadley, J.G., Kamstrup, O., Thevenaz, P. and Hesterberg, T.W.: Biopersistence of man-made vitreous fibers (MMVF) and crocidolite fibers in rat lungs following short-term exposures. In: Biopersistence of respirable synthetic fibres and minerals, IARC, Lyon, (in press) 1994

Oberdörster, G.: Deposition, Elimination and Effects of Fibers in the Respiratory Tract of Humans and Animals. Faserförmige Stäube. VDI Berichte Nr. 853, S. 17–37 (1991)

Potter, M.R., Mattson, S.M.: Glass fiber dissolution in a physiological saline solution; Glastech. Ber. 64 (1991) 16–28

Pott, F.: Beurteilung der Kanzerogenität von Fasern aufgrund von Tierversuchen. VDI Berichte Nr. 853, S. 39–106 (1991)

Pott, F., Roller, M., Kamino, K. and Bellmann, B.: Significance of durability of mineral fibers on their toxicity and carcinogenic potency in the abdominal cavity of rats and the low sensitivity of inhalation studies: In: Biopersistence of respirable synthetic fibres and minerals, IARC, Lyon, (in press) 1994

Pott, F., Roller, M., Althoff, G. H., Kamino, K., Bellmann, B., und Ulm, K.: Beurteilung der Kanzerogenität von inhalierbaren Fasern. VDI Verlag, Düsseldorf: VDI Berichte 1075, Seite 17–78 (1993)

3. Beitrag:

Dr. Utz Draeger, Fachvereinigung Mineralfaserindustrie, Frankfurt*)

Ich möchte meinen Vortrag beginnen mit einer Folie, die vielleicht Herr Lohrer und Herr Dr. Muhle als etwas polemisch auffassen werden. Ich möchte sie folgendermaßen erläutern:

Es wurde gesagt, daß man mit der Epidemiologie, also mit Untersuchungen am Menschen, nicht entscheiden kann, ob Mineralwolle-Dämmstoffe für den Menschen krebserzeugend sind oder nicht. Sicherlich ist diese Methode unempfindlicher als die Tierexperimente, auf die verwiesen wurde. Ich halte es jedoch für erwähnenswert, daß es weltweit Untersuchungen an immerhin 50 000 Arbeitern gibt, die in der herstellenden Industrie der Mineralwolle-Dämmstoffe beschäftigt sind, und daß man niemals einen Zusammenhang zwischen Lungenkrebsrisiko und einer Exposition gegenüber Mineralwollefasern nachweisen konnte. Das wird als Entlastungsbeweis nicht anerkannt, weil man sagt, die Methode ist zu unempfindlich. Ich halte es aber für erwähnenswert und möchte hinzufügen, daß auch in deutschen Werken, in denen jahrzehntelang Arbeiter in der Herstellung beschäftigt waren, ein derartiger Effekt nie nachweisbar war, wie man ihn beispielsweise bei Asbest nachgewiesen hat. Die Arbeiter in den Herstellerwerken sind naturgemäß den relativ höchsten Faserkonzentrationen ausgesetzt.

Herr Dr. Muhle, der im Gegensatz zu mir der Experte hierfür ist, hat die Tierversuche angesprochen. Ich möchte hier anmerken, daß die Einschätzung von Herrn Lohrer und Herrn Dr. Muhle, daß die im Jahre 1993 abgeschlossenen Inhalationsversuche, die eben für die Mineralwolle-Dämmstoffasern im Gegensatz zu Asbestfasern keinen Lungenkrebs ergaben, in der Welt nicht einhellig abgelehnt werden als Entlastungsbeweis für Mineralwolle-Dämmstoffasern. Herr Dr. Muhle muß zugeben, daß die Expertenanhörung in Berlin gezeigt hat, daß es zwei Gruppen von Wissenschaftlern gibt. Die eine Gruppe sind die deutschen Wissenschaftler, und die andere Gruppe sind die Experten aus dem Ausland, die anderer Meinung sind und zumindest sagen, daß man die Gesamtheit der Experimente in die Bewertung einbeziehen muß und die Bewertung nicht allein auf die Injektionstests beziehen kann. Wie gesagt, ich bin hierfür nicht der Experte, halte das aber für erwähnenswert..

Zum gegenwärtigen Stand der Diskussion haben meine Vorredner ausführlich Stellung genommen. Steinwollfasern sind von der MAK-Kommission in Deutschland in die Gruppe „als ob III A 2" eingestuft worden. Basis hierfür sind die Einspritzversuche. Es ist hier gesagt worden, daß die bisherigen gesetzlichen Bestimmungen unverändert gültig sind. Das werden sie auch sein, bis der AGS einen Vorschlag gemacht hat und die Bundesregierung ihn dann abgesegnet hat. Das EU-Einstufungsverfahren,

---

*) Die im Vorgang gezeigte Folie, die Graphik und das Bild sind nicht abgedruckt.

von dem Herr Lohrer sprach, ist im Gange. Die nächste Sitzung wird übrigens schon Ende März stattfinden. Sollte die EU dort zu einer Entscheidung bzw. Vorentscheidung kommen, was unbekannt ist, dann ist nach meiner Kenntnis die Einstufungsdiskussion in Deutschland zumindest formal-juristisch beendet, weil die EU-Entscheidung bindend wäre.

Die ganze Diskussion dreht sich vordergründig um die Frage, ob die atembaren Faserbruchstücke, die bei der Verarbeitung von Mineralwolle entstehen können, gesundheitschädlich sind, wenn sie in die Atmungsorgane gelangen. Das Bild zeigt die Faserdurchmesserverteilung von Mineralwollprodukten. Das Bild zeigt, daß die kommerziellen Mineralfaserprodukte Fasern im atembaren Bereich unter 3 µm enthalten, und zwar etwa zwischen 10 und 60 %. Nicht alle diese Fasern, die aufgrund ihres Durchmessers in den Produkten atembar wären, werden freigesetzt. Im übrigen sind die Fasern in den Produkten viel zu lang, um atembar zu sein. Bei der Verarbeitung entstehen aber Faserbruchstücke, die nach Freisetzung in der Luft am Arbeitsplatz vorhanden sind. Sie haben eine Längenverteilung mit mittleren Längen um die 10 µm. Die Verteilung ist eine Häufigkeitsverteilung, wie sie typisch ist an dem Arbeitsplatz, an dem Mineralwollprodukte verarbeitet werden. Die Durchmesserverteilung sieht wie folgt aus: Der Schwerpunkt liegt zwischen 1 und 2 µm, es sind also, wie bereits gesagt, atembare Faserbruchstücke vorhanden. Für die Bewertung, ob ein Risiko besteht und wie groß es ist, ist entscheidend, wie hoch die Konzentrationen am Arbeitsplatz sind. Herr Dr. Muhle hat bereits Zahlen der Berufsgenossenschaft gezeigt. Ich möchte das noch einmal an einer Graphik verdeutlichen:

Wir haben in Deutschland einen Grenzwert, der einzuhalten ist, wenn Mineralwolle-Dämmstoffe verarbeitet werden. Dieser Grenzwert ist 500 000 Fasern/m^3. Gezeigt ist hier eine Zusammenfassung von sehr vielen Messungen, die in der berufsgenossenschaftlichen Sicherheitsregel ZH 1/294 dargestellt ist. Die Sicherheitsregel gilt für den Umgang mit Mineralwolle-Dämmstoffen. Man sieht in der Darstellung, daß 50 % aller Meßwerte unterhalb von 75 000 Fasern/m^3 liegen, also weit unterhalb des Grenzwertes. 95 % der Meßwerte liegen unter 400 000 Fasern/m^3. Diese Werte, die auf der Baustelle gemessen wurden, wurden bei Untersuchungen im Prüfraum bestätigt, wo die Arbeiten auf der Baustelle simuliert wurden. Man kann also davon ausgehen, daß der Grenzwert bei der Verarbeitung von Mineralwolle-Dämmstoffen eingehalten ist, wenn man die entsprechenden Umgangsvorschriften beachtet. Der deutsche Grenzwert ist der weltweit niedrigste und schärfste. In anderen Ländern liegt er in der Größenordnung von 1,2 oder 3 Mio. Fasern/m^3.

Die gegenwärtige Situation bezüglich der Verarbeitung von Mineralwolle-Dämmstoffen stellt sich so dar: Es gelten die TRGS 500 und die TRGS 900. Die TRGS 900 beruht auf der Verdachtseinstufung, also auf dem Einordnen der Dämmstoffasern in die graue Kiste, die Herr Dr. Muhle zitierte. Dort sind die Dämmstoffasern seit 13 Jahren. Mit dieser Einstufung sind die Fasern als mindergiftig zu bewerten, und es gelten die entsprechenden Bestimmungen der Gefahrstoffverordnung. Bei der Verarbeitung von Mineralwolle-Dämmstoffen hat man demnach zunächst der Ermittlungspflicht zu genügen, d. h. festzustellen, ob man mit Mineralwolle-Dämmstoffen umgeht. Dann ist dafür zu sorgen, daß der TRK-Wert eingehalten wird. Weiterhin ist eine Betriebsanweisung zu erstellen. Ein Sicherheitsdatenblatt ist nicht erforderlich. Die meisten Hersteller dieser Produkte haben es aber erstellt. Bezüglich der Schutzmaßnahmen ist die berufsgenossenschaftliche Regel ZH 1/294, die im Jahre 1993 verabschiedet wurde, zu beachten. Weiterhin sind Handlungsanleitungen zu beachten, die für Mineralwolle-Dämmstoffe existieren und von den Berufsgenossenschaften, Gewerkschaften und der Industrie herausgegeben wurden.

Bezüglich der Meßwertverpflichtung bei der Bearbeitung von Mineralwolle-Dämmstoffen gilt folgendes: Es ist gesichert, daß die Faserkonzentrationen bei der Verarbeitung in der überwiegenden Zahl der Anwendungen deutlich unter dem Grenzwert liegen. Hierzu liegt eine Vielzahl von Messungen vor. Das ist von den Berufsgenossenschaften anerkannt, daher gilt folgendes: Die Meßwertverpflichtung entfällt, Kontrollmessungen sind nicht erforderlich, wenn die Handlungsanleitungen und sog. BIA/BG-Empfehlungen beachtet werden. Beides sind Hinweise für den Umgang mit Mineralwolle-Dämmstoffen bei der Verarbeitung. Soweit zu der gegenwärtigen Situation bezüglich der Verarbeitung.

Ich möchte noch kurz etwas zur Innenraumbelastung sagen. Herr Lohrer hat die Ergebnisse der Untersuchungen unter der Schirmherrschaft des Umweltbundesamtes wie folgt zusammengefaßt: Er unterschied zwischen problemlosen Fällen, wo die Produkte durch Dampfsperren oder ähnliches vom Innenraum abgeschlossen sind, und Problemfällen. Ich möchte hier Zahlenwerte aus dem von Herrn Lohrer zitierten Bericht der drei Bundesoberbehörden angeben. Sie beziehen sich auf atembare Fasern mit Durchmessern unter 3 μm und auf Räume, in denen sich Mineralwollprodukte in direktem Kontakt zur Innenraumluft befanden. Von Anfang an wurden solche Räume von den Untersuchungen ausgeschlossen, in denen die Produkte durch Dampfsperren o. ä. abgeschlossen sind. Hier kann davon ausgegangen werden, daß man keine Fasern messen wird, wenn der Abschluß ordnungsgemäß durchgeführt wird. Gemessen wurde also in Räumen, in denen die Produkte direkten Kontakt zum Innenraum haben. Das können abgehängte Decken sein, oder abgehängte Decken mit Mineralwollauflage. Dieser Anwendungsfall stellte die Mehrheit der Fälle. Man hat dort im Mittel Faserkonzentrationen von 572 Fasern/m^3 gemessen. Der Wert bezieht sich auf Produktfasern, wobei man sehr konservativ Fasern, die ein ähnliches Elementspektrum hatten wie die Fasern in den Produkten als Produktfasern gezählt hat. Man hat in denselben Räumen im Mittel 2 612 Fasern/m^2 sonstige anorganische Fasern gemessen. Das entspricht der Grundbelastung der Innenraumluft mit anorganischen Fasern, die eben nicht aus dem Produkt stammen. Der 84 %-Wert beträgt 1 390 Produktfasern und 6 280 sonstige anorganische Fasern.

Meine letzte Bemerkung bezieht sich auf die Risikoabschätzung, die Herr Dr. Muhle zum Schluß zitiert hat. Herr Dr. Muhle nimmt ein Risiko von 2×10^{-5} bei einer Konzentration von 100 Fasern/m^3 an. Durch mehrere Autoren und durch mehrere Untersuchungen ist belegt, daß die Grundbelastung der Luft unabhängig davon, ob Mineralwollprodukte vorhanden sind oder nicht, in der Größenordnung von 100 Fasern/m^3 liegt. Die Grundbelastung für organische Fasern hat die Größenordnung von einigen zehntausend Fasern/m^3. Es wird sehr oft behauptet, man solle aus Vorsorgegründen von der pessimistischen Prämisse ausgehen. Gehen wir also davon aus, daß die sonstigen anorganischen Fasern und die organischen Fasern, die als Grundbelastung in der Atmosphäre vorhanden sind, nicht weniger löslich sind als die Produktfasern. Ich kenne keine Untersuchungen über die Löslichkeit von organischen Fasern. Geht man jedoch von der pessimistischen Prämisse aus und extrapoliert die Risikoabschätzung von Herrn Dr. Muhle auf die zitierten Größenordnungen, so kommt man auf Werte, die eigentlich schon nicht mehr tragbar sind.

Vielen Dank für Ihre Aufmerksamkeit.

4. Beitrag:

Dr. Jürgen Royar, Fachvereinigung Mineralfaserindustrie, Frankfurt

Sehr verehrte Damen und Herren, es ist in den vorangegangenen Beiträgen viel von den Verhältnissen oder den Situationen gesprochen worden, die Sie vermutlich nicht so interessieren oder nicht in dem Maße interessieren. Diese Diskussion in der MAK-Werte-Kommission, wie der Name schon sagt, dreht sich um die Arbeitsplatzkonzentration. Sie als Sachverständige oder Architekten werden sich wahrscheinlich mehr die Frage stellen, müssen wir aus Vorsorgegründen unserem Bauherrn, unserem Auftraggeber empfehlen, jetzt andere Dinge anzuwenden als Mineralwolle.

Dazu möchte ich noch einmal daran erinnern, welche Randbedingungen automatisch dafür sorgen, daß alle ordnungsgemäß eingebauten Mineralwolle-Dämmstoffe nicht zu erhöhten Innenraumkonzentrationen führen. Was Herr Lohrer zitiert hat und was Herr Draeger auch eben aufgezeigt hat, waren ja Fälle, in denen erwiesenermaßen Mineralfasern mit dem Innenraum in Verbindung standen oder in Verbindung stehen konnten.

Wenn wir Mineralwolle-Dämmstoffe anwenden, dann geht es in der Regel um Wärmeschutz, um Schallschutz, um Brandschutz und Feuchteschutz als Randbedingung. Wenn wir zur Wärmedämmung Mineralwolle-Dämmstoffe einbauen, dann erzeugen wir automatisch ein Temperaturgefälle. Dieses Temperaturgefälle erzeugt im Winter ein Dampfdruckgefälle, und das führt zu Diffusionen und führt vor allen Dingen auch, wenn wir nicht dafür sorgen, daß der Dämmstoff luftundurchlässig verlegt ist, zu einem Feuchtetransport in die Konstruktion. Es funktioniert einfach kein Außenbauteil, ob das nun ein geeignetes Dach ist oder eine Außenwand oder sonst etwas, ohne eine raumseitige luftundurchlässige Ausführung. Das ist gestern auch in der Diskussion angeklungen, also nicht nur die Frage der Dampf-, sondern die Luftundurchlässigkeit. Eine Forderung der DIN 4108 seit vielen Jahren, eine Forderung beider existierender Wärmeschutzverordnungen und eine Forderung der kommenden ebenso; d. h. in der Mehrzahl der Fälle der Anwendung von Mineralwolle-Dämmstoffen im geneigten Dach z. B. bei der Zwischensparrendämmung – eine häufige Anwendung –, oder bei der Übersparrendämmung oder auch, was heute in dem Vortrag von Herrn Schnell beim schwimmenden Estrich angeklungen ist, wegen anderer bauphysikalischer Randbedingungen: Die Forderung nach einem funktionierenden Wärmeschutz bzw. funktionierenden Feuchteschutz macht eine luftundurchlässige Abdichtung des Dämmstoffs zum Innenraum und in aller Regel auch eine mehr oder weniger dampfundurchlässige Abschottung erforderlich. D. h. wenn ordentlich verlegt ist, passiert nach der Verlegung nichts mehr. Dann werden Faserkonzentrationen gemessen, die im Innenraum genauso hoch sind wie draußen vor der Tür, was auch Herr Draeger eben erwähnt hat. Die einzige Ausnahme besteht in den Fällen, wo Mineralwolle-Dämmstoffe zur Schallabsorption verlegt sind. Da muß der Dämmstoff natürlich aufnahmefähig sein für die Schallwellen, denn nur so können sie eindringen und gedämpft werden. Nach meiner Information hat die Innenraumstudie gezeigt, daß bei erhöhter Faserkonzentration irgendein Mangel vorlag, entweder war der Rieselschutz nicht völlig in Ordnung, oder es war nicht sorgfältig verlegt worden. Bei sorgfältiger Verlegung kann man diese Dinge noch etwas verbessern, und dann ist auch in diesen Fällen eine geringe Faserbelastung für die Leute gegeben, die in solchen Gebäuden wohnen. D. h. die Frage, die auch schon Herr Prof. Oswald gestellt hat, ob Sie heute gehalten sind, jemanden darauf hinzuweisen, nur ja keine Mineralwolle-Dämmstoffe einzubauen, muß man für den Regelfall verneinen. Es ist auch in den Veröffentlichungen aus dem Umweltbundesamt bisher immer gesagt worden, vor Aus-

reißaktionen wird gewarnt, ein Verwendungsgebot steht nicht zur Debatte. Was zur Debatte steht, ist die Frage eines erhöhten Arbeitsschutzes für diejenigen, die ein Berufsleben lang mit diesen Stoffen umgehen müssen. Nach wie vor gibt es einen internationalen Wissenschaftlerstreit, ob auch für diesen Personenkreis der Nachweis des Potentials gegeben ist. In diesen Streit will ich mich als Nichtmediziner nicht einmischen, aber sie sollten wissen, dieser Streit ist nicht eindeutig zu der einen oder anderen Seite entschieden.

Es ist dann noch erwähnt worden, daß jetzt eine Eingruppierung durch den AGS erfolgen wird. Dort gibt es auch wieder mehrere Gruppen. Für den Fall, daß der AGS entscheidet, daß über eine Substitution nachgedacht werden sollte, hat Herr Lohrer erwähnt, welche Randbedingungen eine Rolle spielen müssen. Erstens technische Gleichwertigkeit; d. h. der Ersatzdämmstoff, der eingebaut werden soll, muß all die Eigenschaften erbringen – wenn sie erforderlich sind –, die ein Mineralwolle-Dämmstoff in der Konstruktion erbringt; nämlich nicht nur Wärmeschutz, sondern auch Schallschutz und i. d. R. auch Brandschutz. Es gibt Fälle, wo das keine Rolle spielt, dann kann man darüber nachdenken, etwas zu substituieren. Zweitens muß gefordert werden, daß die Gesundheitsverträglichkeit dieser Stoffe höher bzw. das Gesundheitsrisiko geringer ist als bei den Mineralwolle-Dämmstoffen. Dazu muß man sagen, diesen Nachweis gibt es für die meisten Alternativstoffe nicht. Es gibt keinen Stoff, keinen Arbeitsstoff, der so intensiv auf gesundheitliche Risiken untersucht worden ist wie ein Mineralwolle-Dämmstoff. Herr Muhle hat es ja gesagt, er mußte in 10 Minuten das Ergebnis von 10 Fachtagungen der letzten 15 Jahre vortragen, und Sie sehen, wie schwierig ist es, dies zu entscheiden. Eine andere Randbedingung ist noch, daß die Dämmstoffe, die eingesetzt werden, auch bezüglich der ökologischen Verträglichkeit, der Umweltverträglichkeit gleichwertig sind. Sie wissen, daß im Zusammenhang mit dem Einsatz von Dämmstoffen immer die Frage gestellt wird, welcher Dämmstoff mehr Energie verbraucht, wenn er hergestellt und eingebaut wird. Man muß eine Energieamortisationsrechnung aufstellen; d. h. man muß alle Energien auf der Verlustseite, die bei der Rohstoffgewinnung, beim Transport, bei der Herstellung, beim Transport vom Werk an die Baustelle und bei der Verarbeitung entstehen, aufaddieren. Hier gibt es natürlich keinen einheitlichen Wert für jeden Dämmstoff, ob nun Mineralwolle-Dämmstoff oder Schaumkunststoff. Es gibt eine ganze Bandbreite, weil natürlich diese Verlustenergie bzw. die Energie, die hineingesteckt werden muß, von der Rohdichte des Dämmstoffes abhängt. Es ist ein Unterschied, ob ich den gleichen Wärmedämmwert mit einem Mineralwollefilz im geneigten Dach mit etwa 15 oder 20 kg erbringe oder im Flachdach – weil andere, zusätzliche Anforderungen gestellt werden, Druck- und Abreißfestigkeit nämlich – 150 kg/m^3 einsetze. Das gibt natürlich eine relativ große Bandbreite auf der Verlustseite. Auf der Gewinnseite gibt es natürlich auch eine große Bandbreite. Ich muß den Verlusten entgegenhalten, was ich an Heizenergie einspare. Hier ist es natürlich von Bedeutung, an welchem Standort ich den Dämmstoff einbaue. Natürlich bringt er mir auf der Zugspitze mehr als im Rheintal. Es ist auch wichtig, an welchem Bauteil ich ihn einbaue. Im Keller, wo andere Außentemperaturen herrschen, bringt er mir weniger als beispielsweise im geneigten Dach. Wie gesagt, alle diese Randbedingungen aufsummiert führen dann zu dieser großen Bandbreite. Bei den meistverwendeten Mineralwolle-Dämmstoffen und in den häufigsten Anwendungsgebieten wird im Schnitt innerhalb von 3 Monaten der Heizperiode die hineingesteckte Energie wieder zurückgewonnen. Also da ist ökologisch alles in Ordnung. Das sieht bei den anderen Dämmstoffen nicht viel anders aus. Bei Schaumkunststoffen liegt das auch in der Größenordnung von Monaten. Es liegt geringfügig höher, weil man auf der Verlustseite noch berücksichtigen muß, daß man statt diesen Dämmstoff einzubauen, den Rohstoff auch hätte verbrennen können oder zum Heizen hätte hernehmen können. Das sind aber keine Größenordnungen, die man diskutieren kann. Das liegt in der Größenordnung von Monaten.

Das gleiche gilt für die Schadstoffamortisation, d. h. werden bei der Herstellung der Dämmstoffe nicht mehr Schadstoffe produziert und emittiert als hinterher bei der Heizung durch Einsparung von Heizenergie weniger emittiert werden. Auch da gibt es wieder eine Bandbreite aufgrund der unterschiedlichen Rohdichten und Anwendungsfälle. Hier liegen die Verhältnisse noch günstiger, und zwar liegen sie bei Mineralwolle-Dämmstoffen in der Größenordnung zwischen 1 und 12 Wochen, im Schnitt etwa bei 3 Wochen; d. h. wenn ein Dämmstoff eingebaut wird, entsprechen die eingesparten Schadstoffe dem, was bei Herstellung und bei Transport usw. entstanden ist.

Es wird im Zusammenhang mit der Ökologie auch immer die Frage gestellt, wie sieht es aus mit der Recyclierbarkeit. Hier kann man sagen, im Prinzip sind Mineralwolle-Dämmstoffe recyclingfähig. Wenn auch heute noch nicht in großem Umfang, aber es wird praktiziert, z. B. werden in allen Werken, nicht nur bei uns, auch bei den Wettbewerbern, die Abfälle, die im Werk selbst anfallen, sofort recycelt. Bei den Dämmstoffen, die zurückgeliefert würden, ist es heute in der Regel noch etwas mengenbegrenzt, weil man die Schadstoffbelastung, die durch das Herausnehmen der Verunreinigungen und der Bindemittel entsteht, noch verringern muß. Aber da ist man auf dem besten Wege, und ich denke, in absehbarer Zeit werden auch ausgebaute Dämmstoffe, sofern sie denn überhaupt zurücktransportiert werden und nicht wieder sofort eingesetzt werden können, recycelt werden können.

Für den Fall, daß dies einen unverhältnismäßig großen Aufwand bedeutet, ist es so, daß Mineralwolle-Dämmstoffe völlig normaler Bauschutt sind. Sie können deponiert werden, und nur dann, wenn sie verunreinigt sind, dann entscheidet die Verunreinigung, nicht der Dämmstoff selbst, über die Frage, ist es normaler Hausmüll oder ist es Sondermüll.

Abschließend noch zu den häufiger diskutierten, anderen möglichen zusätzlichen Gesundheitsrisiken bei der Verwendung von Mineralwolle-Dämmstoffen, die in den letzten 10, 12 Jahren diskutiert worden sind. In früheren Jahren wurde mal vermutet, daß die Dämmstoffe radioaktiv sein könnten, zumindest die Steinwolle-Dämmstoffe, weil sie ja aus Stein, der strahlen kann, hergestellt werden. Messungen haben sowohl bei den Steinwolle-Dämmstoffen als auch bei den Glaswolle-Dämmstoffen ergeben, daß die Radioaktivität quasi unterhalb der Nachweisgrenze liegt bzw. einige Zehnerpotenzen unter dem, was man überhaupt diskutieren kann.

Dann ist oftmals die Frage nach der Formaldehydemission gestellt worden. Die Dämmstoffe enthalten ja, wie Sie wissen, teilweise Bindemittel, und in diesen Bindemitteln wird häufig Formaldehyd eingesetzt. Hier muß man aber sagen, dieses Formaldehyd ist nur ein Ausgangsrohstoff des Bindemittels. Die meisten Dämmstoffe verhalten sich wie ein Bakkelit, völlig neutral. Die Eigenschaften haben mit den Ausgangsrohstoffen nichts mehr zu tun. Jeder weiß das noch aus dem Chemieunterricht; die Chemie handelt von der Umwandlung der Stoffe, und an ein Beispiel sei erinnert: Aus den relativ aggressiven Stoffen Natrium und Chlor entsteht Natriumchlorid, und das ist Kochsalz, mit dem wir täglich umgehen, und dieses Kochsalz hat überhaupt keine Eigenschaft mehr mit den Ursprungsstoffen gemeinsam. Prüfungen bei Dämmstoffen finden nach der amtlichen Prüfmethode kein Formaldehyd, um das noch der Vollständigkeit halber zu sagen.

Um es noch einmal zusammenzufassen: Kann man also künftig noch Mineralwolle-Dämmstoffen einsetzen? Einzig strittig ist die Frage, ob ein Arbeitsschutz in vermehrtem Umfang betrieben werden muß. Korrekt eingebaut – dafür sollen Sie ja sorgen, daß nicht nur Dämmstoffe, sondern alle Baustoffe korrekt verwendet werden – sind Mineralwolle-Dämmstoffe ungefährlich.

Diskussion:

Gesundheitsgefährdung durch künstliche Mineralfasern

Oswald:

Ich möchte die Diskussionsrunde mit der Frage eröffnen, ob die vorgetragenen Argumente wirklich hinreichend schwerwiegend sind, um künstliche Mineralfasern als krebserregend einzustufen und daraus ggf. extrem kostenträchtige Konsequenzen abzuleiten.

Muhle:

Die MAK-Kommission hat bei der Neubewertung mineralischer Fasern die Gesamtheit aller Erkenntnisse berücksichtigt, d. h. nicht nur die Intraperitonalinjektion, sondern auch epidemiologische Untersuchungen und Inhalationsversuche bei Tieren und Zelluntersuchungen. Einen ganz wichtigen Beitrag haben meiner Ansicht nach die Ergebnisse erbracht, daß die Keramikfasern im Inhalationsversuch bei der Ratte eine höhere kanzerogene Potenz pro Faser aufwiesen als Krokydolithasbest. Das haben wir alle nicht erwartet, und das hat zu einer Neubewertung beigetragen. Aus Versuchen nach intraperitonealer Injektion ergibt sich eine Vergleichsmöglichkeit von Keramikfasern mit anderen künstlichen Mineralfasern. Dieser Vergleich legt ein kanzerogenes Potential hinreichend beständiger künstlicher Mineralfasern nahe, auch wenn bei diesen Fasern eine Kanzerogenität nach inhalativer Exposition im Tierexperiment bisher nicht vorliegt. Allerdings ist der Mechanismus, wie Fasern Tumore induzieren, noch unbekannt. Die krebserzeugende Wirkung bei Versuchstieren wurde bei hohen Dosen von Fasern beobachtet. Die Extrapolation von hohen Dosen auf niedrige Dosen und von der Ratte auf den Menschen ist bei Versuchen dieser Art immer mit einer Unsicherheit verbunden.

Oswald:

Darf ich diese Anmerkung so interpretieren, daß auch Sie nicht sicher sind, ob die zu erwartende Einordnung der künstlichen Mineralfasern richtig ist?

Muhle:

Die vorgetragene Relativierung tierexperimenteller Ergebnisse sind allgemeiner Art. Ähnliche Schwierigkeiten sind z. B. auch bei der Einstufung von Dieselruß als krebserzeugender Stoff vorhanden. Bei tierexperimentellen Untersuchungen muß in der Regel mit hohen Konzentrationen gearbeitet werden, damit ein statistisch abgesichertes Ergebnis auf der Basis von etwa 100 Versuchstieren möglich ist. Bei der Exposition des Menschen liegen die Konzentrationen häufig um den Faktor 100 niedriger, aber die Zahl der Exponierten kann im Bereich von einer Million Menschen liegen.

Lohrer:

In vielen Fällen ist sich die Wissenschaft nicht hundertprozentig sicher und trotzdem ist aus Vorsorge zu entscheiden. Die Entscheidung der für Gesundheits-, Arbeits- und Umweltschutz zuständigen Behörden sieht so aus, daß die betreffenden künstlichen Mineralfasern als krebserzeugend anzusehen sind.

Oswald:

Es geht demnach also um eine politische Entscheidung?

Lohrer:

Ja, es wird darauf ankommen, wie die Entscheidung der Bundesregierung ausfällt.

Royar:

Als Nichtmediziner und Nichttoxikologe möchte ich die Frage hier nicht ausführlich diskutieren. Ich möchte bloß darauf hinweisen, daß, wenn Herr Lohrer sagt, die Wissenschaft hat sich entschieden, dann ist das lediglich die deutsche Wissenschaft, oder genauer die Experten, die in Deutschland für die Einstufung zuständig sind. International gibt es durchaus andere und gegensätzliche Auffassungen. Die endgültige Entscheidung wird ja letztlich in Brüssel fallen, wo dann auch diese gegensätzlichen Auffassungen zum Tragen kommen. Wir können diese dann letzten Endes nur zur Kenntnis nehmen. Aber ich glaube doch, es ist notwendig, darauf hinzuweisen, daß die Diskussion eben kontrovers ist und die Entscheidung bislang nur in den deutschen Expertengremien gefallen ist.

Oswald:

Gut, es ist klar, daß wir zur Zeit keine endgültige Antwort geben können. Die Frage ist nur, wie wir uns als Sachverständige und Architekten heute verhalten müssen. Wir können ja nicht sagen, gut, im nächsten Jahr, da bauen wir mal lieber nicht, dann wissen wir alles besser. Wir müssen doch auch in diesem Zwischenstadium planerische Entscheidungen treffen und als Sachverständige Beurteilungen formulieren. Deshalb nochmals die Frage: Ist mein Eindruck nach Ihren Beiträgen richtig, daß der Einbau von künstlichen Mineralfasern auch in Zukunft voraussichtlich zulässig ist?

Lohrer:

Das ist ja noch nicht entschieden. Wir müssen jetzt von den Empfehlungen ausgehen und von den Erfahrungen, wie wir bisher mit den kanzerogenen Stoffen umgegangen sind. Wenn Ersatzstoffe verfügbar sind, die technisch gleichwertig, nicht kanzerogen und möglichst ökologisch besser sind, dann sind diese vorzuziehen. Wir sehen zwar im Augenblick nicht, daß in den meisten dieser Anwendungsfälle entsprechende Ersatzstoffe verfügbar sind, und wir sehen auch, daß viele Anwendungen in der Regel keine Belastungen im Innenraum hervorrufen. In diesen Fällen ist sicherlich nicht mit irgendeiner Verbotsmaßnahme zu rechnen. Ich kann mir aber gut vorstellen, daß bei Produkten, bei denen eine Innenraumbelastung auf Dauer nicht vermeidbar ist, z. B. bei bestimmten Schallschutzprodukten, sich durchaus die Frage der Substitution und des Verbotes stellt.

Royar:

Es wird leider häufig so dargestellt, als sei ein eingebauter Faserdämmstoff ein Daueremittent von Feinstfasern. Dem ist nicht so. Eine Faseremission findet nur während der Verlegung und vielleicht unmittelbar nach der Verlegung statt. Wenn ordnungsgemäß verlegt ist, klingt eine eventuelle Faseremission rasch ab, und wir haben dann die Verhältnisse, wie sie in der überwiegenden Zahl der Fälle gemessen worden sind, nämlich Faserkonzentrationen, wie wir sie auch draußen vor der Tür vorfinden.

Lohrer:

Also Sie meinen natürlich die richtig verlegten Bauprodukte, wenn z. B. eine Dampfsperre da ist, nicht die auf häufig praktizierten Do-it-yourself-Arbeiten mit entsprechenden Mängeln.

Royar:

Nein, ich meine, wir sollten davon ausgehen, daß wir korrekt bauen und richtig verlegen und nicht den Bauschaden als den Normfall nehmen und sagen, wir müssen deshalb aufpassen, weil hier irgendwelche Leute ständig was verkehrt machen.

Lohrer:

Ja, aber wie sieht dies z. B. bei den Akustikplatten aus. Da haben Sie die korrekte Verlegung und ein dauerhaftes Berieselungspotential.

Royar:

Nein, das haben Sie nicht, das haben Sie nachweislich nicht, selbst wenn Sie Akustikplatten, die mit einem funktionierenden Rieselschutz versehen sind, großen Belastungen unterwerfen, wie beispielsweise in Klimakanälen. Die Faseremission klingt nach sehr kurzer Zeit ab; emittiert werden nur die Fasern aus den Fugen, die beim Bearbeiten der Platten entstanden sind. Aus der Platte selbst, wenn ein funktionierender Rieselschutz in Form eines Glasvlieses aufgebracht wird, kommt nichts.

Lohrer:

Da scheinen wir offenbar unterschiedliche Informationen zu haben. Sollte es so sein, wie Sie sagen, dann wäre es kein Problem. Wir haben aber aufgrund von Messungen den Eindruck, daß bei bestimmten Produkten eine dauerhafte Berieselung auftritt.

Oswald:

Wie steht es mit der Vielzahl von unterlüfteten Konstruktionen sowohl im Fassaden- als auch im Dachbereich, wo Mineralfaserdämmstoffe vollkommen ungeschützt in einem Luftstrom liegen, der allerdings nach außen geht. Wie sind grundsätzlich Außenbelastungen zu sehen?

125

Lohrer:

Wenn Emissionen bei der Bearbeitung und Verwendung vermieden werden, wird es keine Außenbelastung mit diesen künstlichen Mineralfasern geben. Aber da sehen wir das Problem nicht, zumal sich diese Stoffe langsam in Wasser lösen.

Oswald:

Zum Thema Arbeitsplatz: Wenn Sie sagen, daß im Endeffekt künstliche Mineralfasern in eine ähnliche Gruppe eingeordnet werden wie Asbest, müßte man da nicht logischerweise den Schluß ziehen, daß auch beim Bearbeiten ähnliche Aufwendungen gemacht werden?

Muhle:

Es ist falsch, weil das Verstaubungsverhalten unterschiedlich ist. Das Verstaubungsverhalten ist bei den künstlichen Mineralfasern etwa um den Faktor 100 niedriger als beim Asbest. Es sei denn, wir haben Abbrucharbeiten von Keramikfasern, wo sehr hohe Konzentrationen auftreten können, aber normalerweise beim Verlegen von künstlichen Mineralfasern sind die Konzentrationen im Bereich von 0,1 Faser/ml. Staubvermindernd wirkt sich aus, daß die Hersteller künstlicher Mineralfasern mit Phenolharzen oder Ölen behandeln. Asbestfasern splitten in der Längsachse; gerade der Kokydolithasbest hat ein sehr hohes Verstaubungsverhalten; bei der künstlichen Mineralfaser haben wir also allein von den Materialeigenschaften her nicht so hohe Staubkonzentrationen. Wenn wir früher an typischen asbestbelasteten Arbeitsplätzen Konzentrationen hatten von 100 bis sogar 1000 Fasern/ml, haben wir bei künstlichen Mineralfasern im Maximalbereich 1 Faser/ml und bei Keramikfasern können Konzentrationen von 10 Fasern/ml auftreten.

Draeger:

Basis für den Arbeitsschutz ist die Sicherheitsregel der Berufsgenossenschaften ZH 1/294. Sie ist im Dezember 1993 verabschiedet worden. Sie bietet nach meiner Auffassung einen ausreichenden Arbeitsschutz und garantiert, wie durch Meßwerte nachgewiesen, die Einhaltung der TRK-Werte. Das muß letztlich das Ziel des Arbeitsschutzes sein. Sie garantiert nicht nur die Einhaltung, sondern auch die deutliche Unterschreitung der TRK-Werte.

Sie empfiehlt staubarme Verarbeitungsverfahren und das Tragen von Schutzmasken bei bestimmten Arbeiten. In der Mehrzahl der Fälle ist das nicht erforderlich. Ich wurde gefragt, warum ich die Arbeitsschutzregel GA 41 nicht erwähnt habe. Diese Arbeitsschutzregel ist vor der Sicherheitsregel verabschiedet worden, weil die Bundesanstalt für Arbeitsschutz dort ein Vakuum bezüglich des Arbeitsschutzes sah. Die Bundesanstalt für Arbeitsachutz hat dann mitgewirkt an der Erarbeitung der ZH 1/294. Nachdem diese verabschiedet ist und vom Ausschuß für Gefahrstoffe ausdrücklich für die Anwendung durch die Behörden und die Gewerbeaufsichtsämter empfohlen wurde, ist die GA 41 in gewissem Sinne überholt. Die ZH 1/294 ist die zur Zeit gültige Vorschrift und vom Ausschuß für Gefahrstoffe empfohlen, bis gegebenenfalls eine TRGS verabschiedet wird. Im Moment sind derartige Arbeiten noch nicht angelaufen.

Oswald:

Herr Lohrer, sind auch Sie der Meinung, daß wir demnächst bei Arbeiten an Mineralfaserdämmplatten nicht mit Unterdruckräumen, Abschottungen u. ä. extrem kostenträchtigen Maßnahmen wie bei Asbest rechnen müssen?

Lohrer:

Das sehe ich auch nicht. Es wäre sicher nicht verhältnismäßig.

Frage:

Ist es richtig, daß die Glasfaser – das gilt auch genauso für die Steinfaser – nicht längsspaltet, anders als die Asbestfaser und somit auch das Asbestrisiko in dieser Höhe entfällt?

Royar:

Das ist in der Tat richtig. Es gibt drei wesentliche Dinge, in denen sich die Mineralfaser von der Asbestfaser unterscheidet: Das ist erstens der Durchmesser, der liegt bei Mineralwolle um Größenordnungen über Asbest. Das ist zweitens die Spaltbarkeit; wenn Mineralwolle angegriffen wird, bricht sie und wird kürzer und ungefährlicher. Die Asbestfaser spaltet auf, vermehrt sich und wird gefährlicher. Und drittens, was ganz wichtig ist: die Frage der Biolöslichkeit. Die liegt bei Dämmwollen um Zehnerpotenzen über der von Asbestfasern.

Oswald:

Für den Planer und Sachverständigen ist folgende Frage sehr wichtig: Ist es in Zukunft ein Planungsmangel, wenn künstliche Mineralfasern in Fällen verwendet werden, wo unbedenkliche Ersatzstoffe zur Verfügung stehen? Gibt es überhaupt unbedenklichere Ersatzstoffe angesichts der Tatsache, daß in äußerst großem Umfang in der Luft andere Fasern schweben, von denen wir eigentlich nicht wissen, ob sie nicht genauso gefährlich bzw. ungefährlich sind?

Muhle:

Wir wissen z. B. nicht, ob Zellulosefasern unbedenklich sind. Wir haben keine Enzyme in der Lunge, die knacken Zellulosefasern, und es gibt erste Untersuchungen zur Biopersistenz von Zellulosefasern in der Lunge. Wird zur Wärmedämmung zerfasertes Zeitungspapier verwendet, das mit Borax behandelt wurde, so entstehen beim Einblasen dieses Materials in Hohlräume von Wänden Stäube, die Zellulosefasern in einatembaren Dimensionen enthalten. Hier muß man erstmal Untersuchungen abwarten, ob nicht auch hier eine Art Akkumulation von Zellulosefasern in der Lunge stattfinden kann. Zumindest gibt es tierexperimentelle Ergebnisse, die auf eine Fibroseentwicklung hindeuten, wenn man intratrachial Zellulosefasern spritzt. Dieser Effekt tritt jedoch bei vielen schwerlöslichen Stäuben auf, so daß man bisher noch keine eindeutigen Schlußfolgerungen ziehen kann.

Lohrer:

Eine Ergänzung: Wir werden im Umweltbundesamt im Juni 1994 eine Anhörung zu der Ersatzstofffrage durchführen. Da wird es darum gehen, welche Ersatzstoffe aus technischer Sicht in Frage kommen und welche Eigenschaften sie im Hinblick auf die Toxikologie und die Ökologie haben. Dabei werden Kriterien wichtig sein, wie z. B. die Dämmwirkung und die Inhaltsstoffe, wie z. B. Flammschutzmittel.

Royar:

Ja, man muß sehen, daß da, wo eine Innenraumbelastung durch die Fasern stattfinden kann, nämlich dann, wenn Schallabsorption erzeugt werden soll, man dies mit Schäumen, zumindest mit geschlossenzelligen Schäumen, nicht erreicht. Man müßte dann offenzellige Schäume einsetzen, die im Bauwesen heute noch nicht verbreitet sind, das wäre zu prüfen. Als alternative Stoffe kommen natürlich auch solche in Frage, die ein offenes Fasergerüst haben, um Schallabsorption zu bewirken. Und da ist es nun in der Tat ja so, daß diese neueren ökologischen Faserprodukte fast überhaupt noch nicht untersucht sind und die Frage der Unbedenklichkeit doch wirklich ernsthaft zu stellen ist.

Oswald:

Ich ersehe aus Ihren Ausführungen, daß wir hier auf meine Frage, ob in Zukunft die Verwendung von künstlichen Mineralfasern ein Planungsfehler ist, keine klare Antwort bekommen können. Wie sieht der weitere Terminplan zu einer Klärung der offenen Fragen aus?

Lohrer:

Ja, also einmal haben wir in Kürze die Anhörung bei der EU-Kommission. Deutschland wird wahrscheinlich noch Ende dieses Halbjahres einen Vorschlag bei der Kommission vorlegen, diese Stoffe als „kanzerogen" einzustufen. Eine Entscheidung der Kommission dürfte noch mindestens ein Jahr auf sich warten lassen.

Frage:

Gibt es noch weitere Schadstoffe, die nach III A2 eingestuft sind, d. h. krebserzeugend aufgrund von Tierversuchen mit Übertragbarkeit auf den Menschen?

Lohrer:

Hier ist auf die MAK-Werteliste hinzuweisen. Die Mehrzahl aller „krebserzeugenden Stoffe" sind in III A2 eingestuft, wie z. B. Kadmium und Kobalt, Schwermetalle und eine Reihe von chlorierten Kohlenwasserstoffen. Nur bei einer Minderheit aller „krebserzeugenden Stoffe" wurde die krebserzeugende Wirkung am Menschen nachgewiesen, wie z. B. Asbest und Eichenstaub; diese Stoffe sind in III A1 eingestuft.

Oswald:

Hiermit möchte ich die Diskussion beenden. Es war selbstverständlich absehbar, daß wir viele Fragen heute nicht beantworten konnten, ich meine aber, daß wichtige Orientierungspunkte für den Praktiker gesetzt werden konnten. Ich danke den Referenten für die sachlichen und klaren Beiträge.

Anhang zur Mineralfaserdiskussion:

Presseerklärung des Bundesministeriums für Umwelt, Naturschutz und Reaktorsicherheit und des Bundesministeriums für Arbeit vom 18. 3. 1994

Künstliche Mineralfasern

Bundesgesundheitsamt, Umweltbundesamt und Bundesanstalt für Arbeitsschutz führten eine Anhörung zu „Künstlichen Mineralfasern" durch. Die Anhörung von Sachverständigen aus dem In- und Ausland zu den von künstlichen Mineralfasern möglicherweise ausgehenden Risiken fand am 9./10. Dezember 1993 in Berlin statt. Nach Auswertung der Stellungnahmen legen die Bundesoberbehörden nunmehr den zuständigen Bundesministerien einen gemeinsamen Bericht vor.

Die wissenschaftliche Diskussion über mögliche Risiken von Faserstäuben, z. B. künstlichen Mineralfasern, wird seit längerem geführt. Bereits 1980 hat die Senatskommission der Deutschen Forschungsgemeinschaft zur Prüfung gesundheitsschädlicher Arbeitsstoffe (MAK-Kommission) einige künstliche Mineralfasern in die Gruppe der Stoffe mit begründetem Verdacht auf ein krebserzeugendes Potential eingestuft. In der Veröffentlichung der MAK-Kommission vom September 1993 wurden einige Faserarten als krebserzeugend wirkende Arbeitsstoffe umgestuft. Entsprechende Arbeitsschutzmaßnahmen sollen auch für Glasfasern und Steinwolle getroffen werden, da auch sie in Tierversuchen Tumore auslösen.

In dem jetzt vorliegenden Bericht bestätigen die Bundesoberbehörden im wesentlichen das Ergebnis der Bewertung durch die MAK-Kommission. Es wird die Auffassung vertreten, daß zahlreiche der künstlichen Mineralfasern die Kriterien erfüllen, um sie entsprechend einer EG-Richtlinie als krebserzeugende Stoffe der Kategorie 2 (krebserzeugend im Tierversuch) einzustufen. Dies gilt auch für die vorliegenden Tierstudien mit Mineralwolle und Glasfasern.

Vor Bekanntgabe der Einstufung krebserzeugender Arbeitsstoffe durch das Bundesarbeitsministerium gibt der Ausschuß für Gefahrstoffe (AGS) – wie in der Gefahrstoffverordnung festgelegt – ein Votum ab. Der AGS wird das Votum auf der Basis vorgenannter Gutachten und Stellungnahmen sowie weiterer fachlicher Erkenntnisse erarbeiten. Die Entscheidung des AGS wird voraussichtlich Anfang Mai erfolgen.

Eine Belastung durch künstliche Mineralfasern findet vor allem an Arbeitsplätzen statt, an denen Fasern hergestellt, weiterverarbeitet und eingebaut werden. Eine Überprüfung der für den Arbeitsplatz geltenden Technischen Richtkonzentrationen (TRK-Werte) ist angezeigt. Der AGS hat bereits 1992 einen Grenzwert für die Faserkonzentrationen in der Luft am Arbeitsplatz verabschiedet, der im internationalen Vergleich einen sehr hohen Standard festlegt. Außerdem hat er empfohlen, als unbedingte Mindestanforderung für die Betriebe und Überwachungsbehörden die berufsgenossenschaftlichen Regeln „Sicherheit und Gesundheit beim Umgang mit künstlichen Mineralfasern" als Maßstab anzulegen. Der AGS beabsichtigt darüber hinaus, für die weitere Konkretisierung technische und organisatorische Schutzmaßnahmen auf der Grundlage der Gefahrstoffverordnung zu erarbeiten.

In dem Bericht wird auch festgestellt, daß nach bauphysikalisch ordnungsgemäß durchgeführter Wärmedämmung mit Mineralwolle-Erzeugnissen keine gesundheitlich bedenklichen Faserkonzentrationen in Innenräumen auftreten. Die auf der Pressekonferenz anläßlich der Sachverständigenanhörung vom Bundesumweltminister getroffene Aussage, daß nach dem derzeitigen Kenntnisstand für Rausreiß- und Entsorgungsaktionen bereits eingebauter Wärmedämmstoffe aus künstlichen Mineralfasern in der Regel keine Notwendigkeit bestehe, wird somit untermauert.

Fragen der Sanierung – und zwar unter dem Gesichtspunkt der Verhältnismäßigkeit – sind dann zu prüfen, wenn Produkte nicht gemäß bauphysikalischen Anforderungen verbaut sind oder sie sich im Luftaustausch mit dem Innenraum befinden.

Ein Verbot von Dämmstoffen aus künstlichen Mineralfasern wird derzeit nicht erwogen. Gleichwohl wird die Forderung erhoben, bei Neuprodukten das Ziel anzustreben, den atembaren Faseranteil in den Produkten und die Biobeständigkeit der Mineralwollfasern in den Produkten zu verringern.

Bei Maßnahmen zur Reduktion der von Mineralwollprodukten nach dem Einbau ausgehenden Faserstaubbelastung muß berücksichtigt werden, wie weit diese Reduktion Einbußen auf der Seite des Umweltschutzes, der Brandsicherheit und anderer bautechnischer Anforderungen hervorrufen würde. Die Beantwortung der Fragen nach Empfehlungen zu möglichen Ersatzstoffen im Bereich Wärme- und Schalldämmung wurde von den Behörden im Hinblick auf eine am 7./8. Juni 1994 in Berlin unter Federführung des Umweltbundesamtes stattfindenden Anhörung zu Substitutionsprodukten zurückgestellt.

Die Bundesoberbehörden haben Maßnahmen zur Verbesserung des Arbeitsschutzes und des gesundheitlichen Verbraucherschutzes vorgeschlagen. Sie betreffen u. a. die Einstufung und Kennzeichnung sowie die Überprüfung ggf. Absenkung der Konzentrationen am Arbeitsplatz. Die Industrie wird aufgerufen, Fasern zu entwickeln, die weniger biobeständig und infolgedessen vermutlich nicht krebserzeugend sind. Der Bericht wird eine wesentliche Grundlage sowohl für die anstehenden Beratungen im Ausschuß für Gefahrstoffe und bei der EG-Kommission als auch für den weiteren Dialog mit der Industrie sein.

Anmerkung:

Der vollständige „gemeinsame Bericht" des Bundesgesundheitsamtes, der Bundesanstalt für Arbeitsschutz und des Umweltbundesamtes „Krebsgefährdung durch künstliche Mineralfasern am Arbeitsplatz und in der Umwelt", Berlin, März 1994 (Umfang 28 Seiten), kann beim Umweltbundesamt, Postfach 33 00 22, 14191 Berlin, bezogen werden.

Feuchtigkeit im Flachdach – Beurteilung und Nachbesserungsmethoden

Dipl.-Ing. Reinhard Lamers, Architekt, Aachen und Kirchhellen

Das Thema „durchfeuchtete Flachdächer" betrifft den Sachverständigen, den sanierenden Architekten, aber auch in besonderem Maße den Dachdecker, der verständlicherweise oft eine Tabula-Rasa-Sanierung bevorzugen würde, und auf der anderen Seite den Bauherrn, der oft die treibende Kraft ist, hier Kosten einzusparen. Im Neubaubereich ist der Flachdachanteil zwar zurückgegangen, um so mehr steht derzeit aber die Sanierung oder Modernisierung von Flachdächern der 60er und 70er Jahre an. Bei Dächern, die sich noch in der Gewährleistungszeit befinden, führt das Problem feuchter Wärmedämmung naturgemäß oft zu Auseinandersetzungen, zu denen dann in der Regel ein Sachverständiger hinzugezogen wird. Dabei herrschen über die Beurteilung von Feuchtigkeit im Flachdach und über mögliche Sanierungsmethoden auch in Fachkreisen noch die gegensätzlichsten Auffassungen. Nachfolgend soll anhand von Beispielen aus der Sachverständigenpraxis die Problematik erläutert werden.

1. Polystyroldämmung beim Neubau – Fallbeispiel

Kurz nach der Abnahme eines Neubaus wurde offensichtlich, daß ein bituminöses Flachdach mit einer Polystyrolpartikelschaum-Wärmedämmung Undichtigkeiten aufwies. In der Auseinandersetzung zwischen Bauherrn und den übrigen am Bau Beteiligten wurde von Anfang an ein Sachverständiger hinzugezogen. Die Leckstelle in der Dachhaut unter einem Fenster eines aufgehenden Gebäudeteils war schnell gefunden: Ein scharfkantiger Gegenstand hatte ein Loch in die Dachhaut gestanzt. Da sich das Dach noch in der Gewährleistungszeit befand, gab der Bauherr sich aber mit dem Auffinden der Leckstelle allein nicht zufrieden, sondern beauftragte den Sachverständigen, die Frage zu beantworten, ob das „abgesoffene" Flachdach nicht komplett abgeräumt werden müsse. Eine dauerhafte Schädigung der Dachbaustoffe wurde nicht unterstellt. Dies war bei den verwandten Materialien auch nicht zu erwarten, denn Dachhaut und Dampfsperre bestanden aus feuchteunempfindlichen Materialien (z. B. war keine Rohfilzbahn verlegt), und die Polystyrolpartikelschaumdämmung erlangt nach Austrocknung ihre normalen Eigenschaften zurück.

Die Fragestellung bezog sich hier nur darauf, ob der Polystyrolschaum nicht seine Dämmwirkung verloren habe. Abb. 1 veranschaulicht die Abhängigkeit der Wärmeleitung vom volumenbezogenen Feuchtegehalt (u_v). Bei geringeren Durchfeuchtungen von Dämmstoffen wird der Feuchtegehalt meist massebezogen angegeben (Feuchtegehalt im Verhältnis zur Masse [Gewicht] des trockenen Dämmstoffes, Angabe

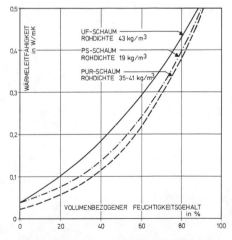

Abb. 1: Veränderung der Wärmeleitfähigkeit in Abhängigkeit vom Feuchtegehalt (aus [3], nach [1], [2]).

in M.-%, oft als Gewichts-% bezeichnet). Auch der praktische Feuchtegehalt nach DIN 4108 Teil 4 wird bei Dämmstoffen massebezogen (u_m) angegeben. Bei hohem Feuchtegehalt sind volumenbezogene Angaben (Vol.-%) aber anschaulicher.

Im hier geschilderten Fall war die entnommene Dämmstoffprobe rund fünfmal schwerer, als es der Trockenrohdichte des PS-20-Dämmstoffes entsprach: Im Trockenschrank wurde ein massebezogener Feuchtegehalt $u_m = 526\,\%$ (526 M.-%) ermittelt. Bezogen auf das Volumen des Dämmstoffs entspricht dies $u_v \approx 10\,\%$. Damit hat sich gem. Abb. 1 der Wärmedurchlaßwiderstand von $1/\lambda = 1{,}56$ auf $1{,}22\;m^2K/W$ gesenkt. Dies entspricht einer prozentualen Erhöhung der Wärmeleitzahl von 28 %. Der Wärmedurchlaßwiderstand lag damit aber immer noch über dem Mindestwärmeschutz nach DIN 4108 Teil 2. Dieses, für ein „abgesoffenes" Dach im Grunde überraschend positive Ergebnis überzeugte den Bauherren, daß man mit der feuchten Dämmung eine Zeitlang wird leben können, zumal sich aus den übrigen Öffnungsstellen der Hinweis ergab, daß die Feuchtigkeit sich auf den Bereich der Leckstelle konzentrierte. Die Parteien einigten sich, ohne daß das Gericht hierzu drängen mußte, auf einen Vergleich, bei dem für die erhöhten Wärmeverluste ein Minderwert angesetzt wurde. Zwar lagen und liegen derzeit auch noch keine gesicherten Angaben in der Fachliteratur dazu vor, wie schnell z. B. das hier zu beurteilende Dach austrocknet, dies ist letztendlich aber kein Hinderungsgrund, nicht doch zu versuchen, einen Minderwert abzuschätzen, zumal sich bei der Minderwertabschätzung sehr schnell herausstellen kann, daß andere Faktoren, so z. B. der Zinssatz zur Abschätzung der Kapitalisierung und mögliche Schwankungen beim Heizölpreis, in ihrer Größenordnung gleiche Unsicherheitsfaktoren darstellen wie die etwas ungenauen Erkenntnisse über die Austrocknungsdauer.

2. Wärmeleitfähigkeit feuchter Dämmstoffe

Die Verschlechterung der Wärmeleitfähigkeit bei Polystyrolpartikelschaum ist im vorgenannten Fallbeispiel schon angesprochen worden. Zur Vervollständigung soll hier für gängige Dämmstoffe die prozentuale Zunahme der Wärmeleitfähigkeit in Abhängigkeit vom Feuchtegehalt dargestellt werden.

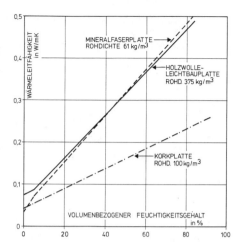

Abb. 2: *Veränderung der Wärmeleitfähigkeit in Abhängigkeit vom Feuchtegehalt aus [3], nach [1], [2]).*

Die Kurvenverläufe aus den Abb. 1 und 2 basieren auf Untersuchungen von Achtziger [1], [2] und Zehendner [14]. Den Kurven liegen dabei Messungen von Achtziger für Proben mit bis zu rd. 60 Vol.-% Feuchtegehalt (bei PUR sogar bis 75 Vol-%) zugrunde. Darüber hinaus sind die Kurvenverläufe im Hinblick auf die Wärmeleitfähigkeit von Wasser extrapoliert, d. h. die hier gezeigten Kurvenverläufe streben für den theoretisch maximal möglichen Feuchtegehalt von 100 Vol.-% auf den Grenzwert $\lambda = 0{,}6\;W/(mK)$ zu: Dies entspricht der Wärmeleitfähigkeit von Wasser. Tabelle 1 ist eine Zusammenfassung von in der Literatur vorgefundenen Ergebnissen, die Cammerer und Achtziger im Jahr 1984 [4] vorgenommen haben. Hierbei ist zu beachten, daß die Ergebnisse der Spalten 3 und 4 nicht unbedingt übereinstimmen (und es bestehen auch Abweichungen zu den Abb. 1 und 2).

Die in Abb. 2 und Tabelle 1 zu Mineralfaser gezeigten Werte sind nur eingeschränkt als grobe Orientierung anwendbar. Achtziger weist 1985 in [5] darauf hin, daß bei den bis dahin üblichen Versuchsdurchführungen im Heizplattengerät nach DIN 52616 die Leitfähigkeitsmessung wesentlich vom Energietransport durch Dampfdiffusion beeinflußt wurde. Genau genommen, so der Hinweis von Achtziger, besteht bei der diffusionsoffenen, nicht hygroskopischen Mineralfaser nicht eine – wie es die Meßergebnisse suggerieren – Abhängigkeit der

Tabelle 1: Wärmeleitfähigkeit feuchter Dämmstoffe. Prozentuale Zunahme ZU der Wärmeleitfähigkeit in Abhängigkeit vom volumen(u_v)- und masse(u_m)-bezogenen Feuchtegehalt ausgehend von der Wärmeleitfähigkeit des trockenen Stoffes [4].

Material	Rohdichte kg/m³	ZU(u_v) %/%	ZU(u_m) %/%	Gültigkeit von „ZU" bis Feuchtegehalt u_v %	u_m %
1	2	3	4	5	6
Mineralfaser	34–78	60–26	2	0,1	1,5
Polystyrol (PS) Hartschaum (Partikelschaum)	13,7 15–20 20–30 30	3,7	0,05 0,03 0,06 0,21	10	200
Polystyrol (PS) Extruderschaum	28–40	2,4	0,09	2	50
Polyurethan (PUR) Hartschaum und -ortschaum Blockschaum Ortschaum (Gießverfahren) Bandschaum Ortschaum (Spritzverfahren) Ortschaum	35–41 37 38 78 80	1,6–1,7 7 10,3 6,5 4,6	0,03–0,05 0,26 0,39 0,51 0,37	5	100
Phenolharz (PF) Hartschaum	37 43 49 65	5,4 6,7 2,9 18,5	0,2 0,29 0,14 1,2	8	150
Harnstoff-Formaldehydharz (UF) Ortschaum	10–12	9–45 36–63	0,1–0,5 0,4–0,7	0,1 0,2	10 20
Polyvinylchlorid (PVC) Hartschaum	58	6,7	0,39	6	100
Backkork- und imprägnierte Korkplatten	100 200	6,2	0,62 1,24	15	100
Perlite-Schüttung	100	12,4–15,2	1,3–1,6	2	20
Polystyrol (PS) Partikel expandiert, lose	15	78	1,17	0,5	30

Wärmeleitfähigkeit vom Feuchtegehalt unmittelbar, sondern eine Abhängigkeit von der Diffusionsstromdichte (siehe hierzu auch [13]). Dies ist absolut plausibel, wenn man bedenkt, daß die Aufrechterhaltung eines Diffusionsstroms Verdunstungswärmebedarf voraussetzt. Der von Achtziger festgestellte Zusammenhang zwischen Wärmeleitfähigkeit und Diffusionsstromdichte ist in Abb. 3 dargestellt. Leider helfen die hier gezeigten Werte für die Abschätzung in der Praxis nicht unbedingt weiter. Man kann zwar für die Diffusionsberechnung nach DIN 4108 Teil 5 die Annahme treffen, daß bei nasser Dämmung auf der Dampfsperre 100 % relative Feuchtigkeit herrsche, ob aber der unter einer solchen Annahme – bei den in der DIN 4108 angenommenen stationären Klimabedingungen – berechnete Diffusionsstrom den tatsächlichen Verhältnissen entspricht – das Verfahren der DIN 4108 ist schließlich nur ein überschlägliches Berechnungsverfahren –, läßt sich nur schwer abschätzen. Untersuchungen hierzu liegen nicht vor.

Sicherlich erniedrigt eine zusätzliche Wärmedämmung auf dem durchfeuchteten Dach auf jeden Fall deutlich die Diffusionsstromdichte in der Mineralfaser, wobei es besonders günstig ist, wenn dabei die alte Dachhaut als dampfsperrende Schicht innerhalb des Gesamtdämmpaketes erhalten bleibt. Aus der erkannten Abhängigkeit von der Diffusionsstromdichte und den Verdunstungsverhältnissen läßt sich im übrigen auch ableiten, daß Meßergebnisse, die für Mineralfaser als Kerndämmung im Mauerwerk gewonnen wurden, nur eingeschränkt auf die Situation im feuchten Warmdach übertragbar sind. Hier möglicherweise gewonnene Erkenntnisse sind wiederum nicht auf belüftete zweischalige Dächer übertragbar, wo die Austrocknungs-, – das heißt aber auch die Verdunstungsrate – höher ist als beim Warmdach. Nach den vorstehenden Betrachtungen ist es nicht auszuschließen, daß die im Heizplattengerät gewonnenen Werte zur Leitfähigkeitserhöhung bei Mineralfaser (Tab. 1) möglicherweise doch brauchbaren Anhalt zur Beurteilung der Situation im feuchten Warmdach bieten.

Die Angaben zu Mineralfaser in Abb. 2 basieren zum einen auf den vorgenannten Meßwerten [2], zum anderen wurde eine Extrapolation bezogen auf die Leitfähigkeit von Wasser vorgenommen. Eine solche Extrapolation hat den Nachteil, daß Verdunstungsraten nicht berücksichtigt werden.

3. Zusätzliche Wärmedämmung auf dem durchfeuchteten Dach – Fallbeispiel

Es ist ein naheliegender Gedanke, erhöhte Wärmeverluste aufgrund feuchter Dämmung konstruktiv durch zusätzliche Wärmedämmung auszugleichen. Das nachfolgende Beispiel beleuchtet einen solchen Fall, bei dem eine Kommune für ein Schulgebäude, dessen Warmdach zumindest in Teilbereichen durchfeuchtet war, eine Sanierung geplant hatte, bei der das alte Dach mit 6 cm PS-Dämmung einschließlich der alten Dachhaut belassen werden sollte, um darauf einen zusätzlichen Warmdachaufbau aus 6 cm Polystyrol und bituminöser Dachhaut aufzubringen.

Obwohl der geplante Aufbau im Leistungsverzeichnis eindeutig beschrieben war, hatte der Dachdecker erst, nachdem er die Arbeiten aufgenommen hatte, ein Bedenkenhinweis erhoben, mit der Begründung, daß ein Dach, bei dem die alte Dachhaut innerhalb des Gesamtdämmstoffpaketes eine zusätzliche Dampfsperre bildet, diffusionstechnisch nicht in Ordnung sei. Gleichzeitig hatte der Dachdecker ein Nachtragsangebot vorgelegt, das das ursprüngliche Angebot so erweiterte, daß als Ergebnis ein Abräumen des alten Daches und ein komplett neues Warmdach herausgekommen wäre. Der Dachdecker vertrat dabei vehement die Position, daß die Gemeinde nicht umhin könne, ihn auch mit den Arbeiten des Nachtragsangebots zu beauftragen. Diese Überzeugung, daß ihm der Zuschlag sicher sei, hatte wohl auch die Preiskalkulation beeinflußt. Die Gemeinde wehrte sich gegen dieses Vorgehen und den Bedenkenhinweis und beauftragte einen Sachverständigen. Dieser wies in seiner Stellungnahme sehr deutlich darauf hin, daß es keine grundsätzlichen Bedenken gegen mehrere Tauwasserebenen in einer Dachkonstruktion gibt. In der DIN 4108 Teil 3 bzw. Teil 5 ist die Möglichkeit von mehreren Tauwasserebenen ausdrücklich aufgezeigt. Eine Überprüfung nach dem Rechenverfahren der DIN 4108 macht dann auch sehr schnell deutlich, daß eine zusätzliche Wärmedämmung auf der alten Dachhaut die Tauwassermenge unter der belassenen, alten Dachhaut erheblich vermindert –, für den hier gegebenen Fall zeigt sie, daß die zusätzliche Wärmedämmung in Form eines

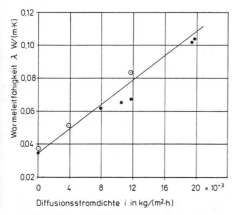

Abb. 3: *Wärmeleitfähigkeit von Mineralfaserplatten in Abhängigkeit von der Diffusionsstromdichte (aus [5]).*

133

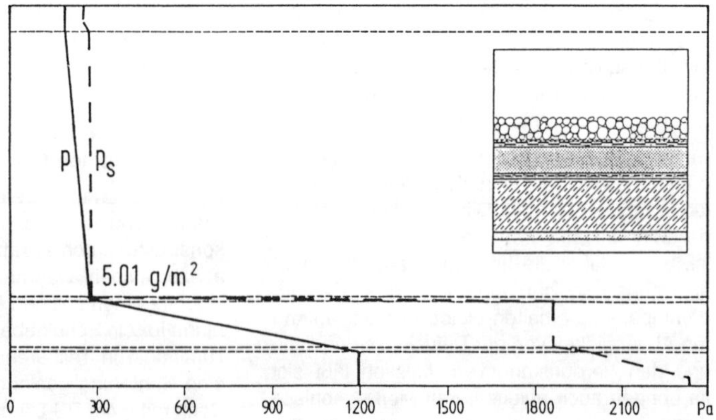

Abb. 4: Unter der Dachhaut ausfallende Tauwassermenge bei einem einschaligen Warmdach, berechnet auf der Grundlage der DIN 4108 (aus [6]).

Warmdaches aufgebracht wird, wird die Summe der unter alter und neuer Dachhaut rechnerisch ermittelten Tauwassermengen deutlich geringer sein als die Menge, die vorher unter der alten Dachhaut ausfiel (Abb. 4 und 5).

Obwohl dies zunächst nicht Bestandteil des Bedenkenhinweises war, beauftragte die Kommune den Sachverständigen vorsorglich auch mit einer gutachterlichen Stellungnahme zur Durchfeuchtung des vorhandenen Daches. Bei einer insgesamt großen Anzahl von Öffnungsstellen stand bei einigen Proben Wasser auf der Dampfsperre. Die PS-Partikelschaum-Dämmung hatte an diesen Stellen Feuchtegehalte von rund 300–500 M.-%. Die Mehrzahl der Öffnungsstellen war aber verhältnismäßig trocken, d. h. hier wurden Werte knapp über dem praktischen Feuchtegehalt bis hinauf zu 20 M.-% gemessen. Da selbst bei 500 M.-% (entspricht 10 Vol.-%) die Leitfähigkeit sich nur um rund 30 % erhöht hat, werden durch die zusätzliche Dämmschicht von 6 cm die feuchtebedingten Wärmeverluste mehr als ausgeglichen.

Durch das zusätzlich aufgebrachte Warmdach wird auch unter einer zur rechnerischen Abschätzung getroffenen Annahme, daß in der alten, feuchten Dämmung 100 % relative Feuchte herrscht, die diffusionstechnische Situation auf jeden Fall gegenüber dem ursprünglichen Zustand ohne zusätzliche Wärmedämmung verbessert. Allerdings muß deutlich darauf hingewiesen werden, daß die Diffusionsberechnung nach DIN 4108 Teil 5 nur eine Abschätzung darstellt. Die tatsächlichen Austrocknungsvorgänge können hiermit offensichtlich nicht richtig wiedergegeben werden, denn erfahrungsgemäß trocknet die im Flachdach eingeschlossene Feuchtigkeit schneller aus, als es die Berechnung ergibt (siehe hierzu auch nachfolgenden Abschnitt 4). Auch Berechnungen, die nicht mit den Klimawerten der DIN 4108,

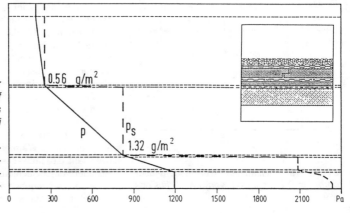

Abb. 5: Zusätzlicher Warmdachaufbau auf einem alten Dach: Es entstehen zwar zwei Tauwasserebenen, die Gesamttauwassermenge ist aber geringer als beim ursprünglichen Dachaufbau (aus [6]).

sondern mit tatsächlichen Monatsmittelwerten rechnen [7], bleiben mit der gleichen Unsicherheit hinsichtlich der tatsächlichen Austrocknung behaftet. Da aber mit der Zusatzdämmung der Wärmeschutz ausreichend ist, spielt die hier verbleibende Unsicherheit nur eine untergeordnete Rolle. Entscheidend war vielmehr die Fragestellung, ob das Werk des Dachdeckers durch die eingeschlossene Feuchtigkeit geschädigt werden kann. Um die Diffusion von der alten Dämmung in das neue Dach hinein möglichst einzuschränken, wurde die alte Dachhaut nicht perforiert. Trotzdem ist die Diffusion in das neue Dach hinein höher als bei einem insgesamt trockenen Dach. Da aber weder die vorhandene Dachhaut noch das Dämmaterial noch die geplante Dachhaut feuchteempfindlich waren, kam der Sachverständige zu dem Schluß, daß die Sanierung fachgerecht geplant und ausgeschrieben war. Das Gericht folgte dieser Argumentation, und der Handwerker führte die Sanierung nach der ursprünglichen Ausschreibung erfolgreich durch.

4. Sanierung in Köln mit zusätzlichem Warmdachaufbau – Fallbeispiel

In Köln-Chorweiler sind große Dachflächen, die teilweise auch Durchfeuchtungen zeigten, nach der zuvor schon dargestellten Sanierungsmethode nachgebessert worden, d. h. auf das alte Dach wurde – hier in Form einer gefällegebenden Wärmedämmung – ein zusätzlicher Warmdachaufbau aufgebracht. Diese Nachbesserungen sind teilweise durch Forschungsberichte begleitet worden. Sie wurden genau dokumentiert und entsprechend in Veröffentlichungen, u. a. des Industrieverbands Hartschaum, dargestellt [8], [9], [10].

Die Sanierungsmethode wurde dabei teilweise als Kölner Modell bezeichnet. Sie ist, wie viele andere Beispiele aus der Sachverständigenpraxis zeigen, nicht grundsätzlich neu. Eine Besonderheit bei dieser Sanierung ist, daß auf dem neuen Dach in regelmäßigen Abständen Lüfter aufgestellt worden waren, die bis zum alten Dach hinunter reichten und die hier durchfeuchtete Dämmung austrocknen sollten (Abb. 6). Darauf, daß die „Lüfter" in Köln auch zum Absaugen von Wasser genutzt wurden, möchte ich später eingehen (siehe nachfolgenden Abschnitt 5). Hier zunächst einige Überlegungen zur Austrocknungswirkung. Unbestritten ist sicher eine Austrocknungswirkung in der Nähe von Lüftern. Wie weit sie aber in die Fläche hineinreicht, ist nicht bekannt. Berechnungen von Seiffert, 1976 in [11] veröffentlicht, veranlaßten in der Vergangenheit hier aber eher zu skeptischen Betrachtungen der erhofften „Entfeuchtung durch Entspannung". Ich schließe mich dieser Skepsis weiterhin an: In den meisten Anwendungsfällen werden Lüfter die erhoffte Austrocknungswirkung nicht erbringen. Andererseits stellt aber jeder Lüfter eine Schwachstelle für die Dichtigkeit der Dachhaut dar (vgl. Abb. 6). Insbesondere bei der vorliegenden Kölner Sanierung, bei der die alte Dämmung im Verhältnis zu den neu eingebrachten Dämmstoffdicken nur noch einen geringen Anteil ausmacht, kann eine aufgrund der Lüfter evtl. beschleunigte Austrocknung den Gesamtwärmedurchlaßwiderstand des Daches nur noch um wenige Prozentpunkte verbessern. Es erhöht sich aber das Risiko, daß die vielen Kubikmeter neuen, hochwertigen Dämmstoffs durch Undichtigkeiten an den Lüfteranschlüssen beeinträchtigt werden.

Sicher haben die Lüfter – und das ist gerade bei diesen Großobjekten kein unbedeutender Aspekt – einen psychologischen Effekt auf den Bauherrn und evtl. auch auf den Dachdecker: Denn man hat damit „aktiv" auf die Feuchtigkeit reagiert, statt „passiv" abzuwarten, daß die Feuchtigkeit austrocknet. Zudem kann man die Zweifler nach einer gewissen Zeit aufs Dach führen und ein Griff in die Lüfter hinein zeigt, daß die Dämmung, soweit sie ertastet werden kann, ausgetrocknet ist.
Wenn man „aktiv" gegen Feuchtigkeit im Dach vorgehen will, wird man sicher auch über maschinelle Austrocknungsverfahren, wie sie von darauf spezialisierten Serviceunternehmen angeboten werden, nachdenken. In vielen Einzelfällen ist eine solche Trocknung sicher sinnvoll. Bei der Abwägung müßten aber auch die Kosten und der Energieeinsatz für das Trocknen im Auge behalten werden. Nach den in diesem Vortrag genannten Praxiserfahrungen ist Trocknung nicht in jedem Fall erforderlich. Im Zusammenhang mit der Kölner Sanierung wird in den Veröffentlichungen auf Untersuchungen von Achtziger [8] zum Austrocknen von Flachdächern hingewiesen. In diesem Forschungsvorhaben hat Achtziger die Klimaverhältnisse eines Jahres im Zeitraffer in Laborsuchen nachgeahmt. Die unterschiedlichen Dachaufbauten lagen dabei in Edelstahlwannen der Abmessung 0,5 × 0,5 m. Insgesamt hat Achtziger 13 Sanierungsdachaufbauten untersucht.

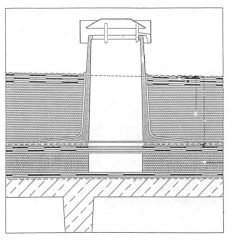

Abb. 6: Lüfter, Durchmesser 150 mm, als Absauge- und Kontrollöffnung (aus [10]).

Bei den Versuchen zeigten zwar die Dachaufbauten mit Lüftern die besten Ergebnisse, allerdings wies Achtziger zu Recht darauf hin, daß die Lüfter hier in einer nur 0,5 × 0,5 m Dachfläche standen. Schlußfolgerungen, wie weit das Dach auch in größerer Entfernung von Lüftern schneller austrocknet, können aus diesem Versuch nicht gezogen werden.

Die Untersuchungen von Achtziger haben meines Erachtens einige interessante Ergebnisse zu sog. Sanierungsbahnen gebracht. Diese besonders diffusionsoffenen Bahnen wurden in den Referenzversuchen abweichend von der Praxis, bei der in der Regel die alte Dachhaut belassen wird, direkt auf die feuchte Dämmung (20 M.-%) aufgelegt. Trotzdem fand hier nur eine mäßige Austrocknung statt. In einem anderen Referenzversuch lag auf der feuchten Dämmung eine perforierte Bitumenbahn mit 4 Löchern (∅ 25 mm) je m^2 auf. Bewußt abweichend von der Praxis wurde in dem Versuch nicht zusätzlich eine Sanierungsbahn aufgelegt. Aber auch schon ohne aufliegende Sanierungsbahn war die Austrocknung sehr stark begrenzt. Der Vergleich eines feuchten Daches ohne alte Dachhaut, aber mit Sanierungsbahn mit einem Dach mit alter, perforierter Dachhaut ohne Sanierungsbahn zeigte, daß die Austrocknung, insbesondere durch die verbleibende Bitumenbahn, begrenzt wird. Die Austrocknung ist damit weniger von den Eigenschaften der Sanierungsbahn als vielmehr von den Eigenschaften der aufliegenden alten Bahn bzw.

deren Perforationsgrad abhängig. Achtziger weist zusammenfassend zu all diesen Ergebnissen darauf hin, daß bei Untersuchungen an Praxisobjekten deutlich größere Austrocknungsraten auftreten, die nach den Ergebnissen der Laborversuche nicht zu erklären sind. Diese Beobachtungen unerklärlich schneller Austrocknungsraten in der Praxis decken sich mit den Erfahrungen vieler Sachverständiger und entsprechen auch unseren Erfahrungen. Dabei ist bei solchen Beobachtungen allerdings zu bedenken, daß es naturgemäß nur extrem schwer zu beurteilen ist, ob tatsächlich eine Austrocknung stattgefunden hat oder ob sich Feuchtekonzentrationen innerhalb des Daches ausgeglichen, d. h. gleichmäßiger verteilt haben. Genauere Untersuchungen hierzu wären sicher wünschenswert. Zusammenfassend möchte ich aber darauf hinweisen, daß man in der Praxis mit den bestehenden Unsicherheiten zur Austrocknungsgeschwindigkeit meist wird leben können, denn in vielen Fällen wird man feststellen, daß die Dämmwirkung durch die Feuchtigkeit nicht dramatisch verschlechtert ist. Dies gilt erst recht, wenn die geringe Erhöhung der Wärmeleitzahl durch zusätzliche Wärmedämmschichten mehr als ausgeglichen werden kann.

5. Absaugen von Wasser

In Dachaufbauten stehendes Wasser soll – soweit möglich – mit normalen Wassersaugern abgesaugt werden. Dazu ist es oft sinnvoll, dort wo bei Probeöffnungen an Tiefpunkten Wasser angetroffen wurde, einen Lüfter mit abschraubbarem Deckel und großem Innendurchmesser in der Funktion einer Revisionsöffnung einzubauen, um hier wiederholt so lange Wasser abzusaugen, bis nichts mehr nachfließt (siehe hierzu [15]). Bei der Sanierung feuchter Dächer ist zu beachten, daß durch Begehen des Daches und durch Lastverlagerungen, z. B. Umlagern des Kieses, oft Wasser aus der Dämmung oder aus dem Spalt zwischen Betondecke und Dampfsperre herausgepreßt wird, so daß im Zuge der Sanierung oder im direkten Anschluß daran noch einmal verstärkt Durchfeuchtungen auftreten. Hiergegen sollte unbedingt Vorsorge getroffen werden: Einmal – soweit möglich – durch vorheriges Absaugen von Wasser und in erster Linie durch Informationen des Bauherrn und Nutzers, daß dies eintreten kann und daß evtl. entsprechende Auffangbehälter unter den bekannten Abtropfstellen aufgestellt werden müssen.

6. Schädigung der Wärmedämmung – Fallbeispiele

Während die Schaumkunststoffe durch Feuchtigkeit praktisch nicht geschädigt werden und nach dem Austrocknen die gleichen Eigenschaften wie ein trockener, neuer Dämmstoff zurückerlangen, können Korkdämmstoffe, Dämmstoffe aus Holzspänen und Naturfasern und Zellulosefaser-Dämmstoffe, soweit sie im Flachdach überhaupt eingesetzt werden, durch Fäulnisprozesse nachhaltig geschädigt werden. In alten 50er-Jahre-Dächern findet man den Kork in manchem Fall nur noch als faulige Brühe vor. Hier ist ein Abräumen unausweichlich.

Wesentlich diffiziler ist die Beurteilung für den Sachverständigen bei Mineralfaser, die ihre Druckfestigkeit verloren hat. Mineralfaser kann unter dem Einfluß von Feuchtigkeit durch Dehydrolisierung des Bindemittels an Festigkeit verlieren. Diese kann mit der Austrocknung zwar wieder zunehmen, erreicht aber mit großer Wahrscheinlichkeit nicht mehr die ursprünglichen Werte. Die zwei nachfolgenden, charakteristischen Fallbeispiele aus unserer Praxis zeigen die Problematik für den Sachverständigen auf.

In einem Fall waren bei einem Neubau einzelne Bereiche, teilweise auch nur einzelne Dämmstoffplatten aufgeweicht. Dies war beim Begehen deutlich festzustellen. Die Art der Feuchteverteilung machte deutlich, daß hier offensichtlich einige Dämmstoffplatten feucht eingebaut worden waren. Da die Kunststoffdachhaut mit Dübeln befestigt war, war durch die feuchte Dämmung, deren Druckfestigkeit – wie im Labor nachgewiesen wurde – nicht der Norm entsprach, ein erhöhtes Risiko der Schädigung der Dachhaut gegeben. Unter diesen Umständen war es dem Bauherrn nicht zuzumuten, hier abzuwarten, ob die Mineralfaserplatten nach Austrocknung möglicherweise wieder eine ausreichende Festigkeit erlangen würden. Der Bauherr bestand auf einer Nachbesserung. Untersuchungen zur Druckfestigkeit feuchter Dämmstoffe sind in [12] dokumentiert.

In einem zweiten Fall war ein Dach vielfach perforiert, weil die Mineralfaser aus Gründen des Schallschutzes – zwischen der Kiesschicht und dem Trapezblech sollte eine im schalltechnischen Sinne federnde Schicht zur Anwendung kommen – sehr nachgiebig und die bituminöse Dachhaut beim Begehen zu Wartungsarbeiten beschädigt worden war. Durch auf der Dampfsperre stehendes Wasser hatte die Dämmung evtl. noch zusätzlich an Druckfestigkeit eingebüßt. Gewährleistung bestand hier nicht mehr; der Bauherr erwartete von dem Sachverständigen eine Empfehlung für eine möglichst preisgünstige Sanierung. Man entschloß sich, auf das alte Dach eine Rolldämmbahn, Wärmedämmung PS-20, aufzubringen. Die Wärmedämmung sollte den Wärmeschutz verbessern, in erster Linie kam es jedoch darauf an, für die notwendige neue Dachhaut eine genügend durchstanzempfindliche Tragschicht zu finden. Dies wurde erreicht – das Dach liegt inzwischen einige Jahre –, obwohl man sich aus Kostengründen auf eine 4 cm PS-Rolldämmbahn beschränkt hatte. Eine etwas dickere Polystyrol-Wärmedämmschicht wäre sicher empfehlenswert gewesen. Die Dachhaut wurde in hochwertigen Bitumenbahnen (PV-200 PYE) ausgeführt.

7. Feuchteempfindliche Dachhaut, Blasenbildung

Nach Praxisbeobachtung zeigen bestimmte blasenempfindliche Dachhäute dann verstärkte Blasenbildung, wenn sich darunter eine feuchte Dämmung befindet. Eine besonders schadensträchtige Kombination ist hier eine Dachhaut aus Rohfilz und Glasgewebebahnen. Da Bitumen nicht vollkommen diffusionsdicht ist, nimmt der feuchteempfindliche Rohfilz Feuchtigkeit aus dem Dämmstoff oder von auf dem Dach stehenden Pfützen auf. Deshalb durften Rohfilzbahnen schon lange nicht mehr als obere Lage im Flachdach verlegt werden, mittlerweile sind sie praktisch ganz aus dem Flachdach verbannt. Gefördert wird das Entstehen von Blasenkeimen insbesondere dann, wenn der Rohfilz nur mangelhaft mit Bitumen getränkt ist. Blasenkeime entstehen auch dort, wo bei der Verarbeitung Feuchtigkeit zwischen den Bahnen eingeschlossen wurde. Bei den Glasgewebebahnen geht man davon aus, daß entlang des Glasgewebes von den Kanten der Dachbahnen her durch eine Art Dochtwirkung Feuchtigkeit angesaugt werden kann. Die Glasgewebebahnen sind hinsichtlich der Blasenbildung aber insbesondere deshalb so schadensträchtig, weil sie sich an der Trennschicht zwischen Gewebe und Deckbitumen sehr leicht aufspalten lassen: Das heißt, eine Dampfblase, die oft ihren Ursprung in einer angrenzenden Rohfilzbahn oder in der Grenzschicht zur angrenzenden Bahn hat, kann sich, wenn sie in der Dachhaut die Zone des Glasgewebes erreicht, leicht zu großem Volumen ausweiten.

Auch bei einem blasenübersäten Dach ist die vorteilhafteste Sanierungsmethode, auf die alte Dachhaut, nachdem hier die Blasen aufgeschnitten wurden, eine zusätzliche Dämmung mit Dachhaut aufzubringen. Die zusätzliche Dämmung sorgt dafür, daß sich Sonnenstrahlung nicht mehr unmittelbar auf evtl. verbliebene kleine Blasen, die nicht aufgeschnitten wurden, auswirken kann. Zudem wirkt die Dämmung als eine Pufferschicht zwischen der alten und neuen Dachhaut, so daß sich mögliche Bewegungen aus dem alten Untergrund nicht oder nur mittelbar übertragen. Dies gilt im idealen Maße, wenn das neue Dach nur lose aufgelegt wird und die Sicherung gegen Windsog durch eine Auflast erfolgt. Eine gewisse Entkopplung durch die zusätzliche Wärmedämmung ist aber auch dann gegeben, wenn die Windsogsicherung über eine Verdübelung erfolgen muß.

8. Resümee

Zur Frage, ob ein durchfeuchtetes Dach saniert werden kann oder ob nicht doch eine Tabularasa-Sanierung zweckmäßig ist, sind in jedem Einzelfall differenzierte Betrachtungen anzustellen. Ein Belassen des alten Daches ist in den meisten Fällen dann möglich, wenn man eine zusätzliche Wärmedämmung aufbringen kann. Die Unsicherheit, die heute noch über die Geschwindigkeit des Austrocknens der Wärmedämmung besteht, spielt in einer solchen Situation im Grunde kaum eine Rolle. In dem zusätzlichen Warmdachaufbau sollten naturgemäß nur feuchteunempfindliche Materialien eingebracht werden, denn die Unsicherheit über das Austrocknungsverhalten bedingt auch, daß nicht auszuschließen ist, daß im Laufe der Jahre in das Dach hinein größere Tauwassermengen eindiffundieren können als bei Dächern, die nach den Grundsätzen der DIN 4108 Teil 3 diffusionstechnisch konzipiert wurden. Unsere Erfahrungen und auch andere Erfahrungsberichte zeigen, daß die Risiken hier offensichtlich beherrschbar sind, so daß solche Sanierungsverfahren aus wirtschaftlichen und ökologischen Gründen sinnvoll sind. Dabei muß man dem Bauherren sicherlich immer die Besonderheit einer Sanierung im Gegensatz zu einem Neubauobjekt vor Augen führen.

Literaturverzeichnis:

[1] Achtziger, J.: Messung der Wärmeleitfähigkeit von Schaumkunststoffen mit beliebigem Feuchtigkeitsgehalt. In: Berichte aus der Bauforschung, Heft 77, Berlin, 1972

[2] Achtziger, J.: Kerndämmung von zweischaligem Mauerwerk; Minderung der Wärmedämmung bei Durchfeuchtung der Dämmschicht. Forschungsbericht: Forschungsinstitut für Wärmeschutz e.V. München, Gräfelfing, 1983

[3] Schild; Rogier; Lamers; Oswald; Schnapauff: Nachbesserung von Flachdächern. Forschungsbericht in der Schriftenreihe des Bundesministers für Raumordnung, Bauwesen und Städtebau, Bonn, Heft Nr.: 04.098, 1984

[4] Cammerer, J.; Achtziger, J.: Einfluß des Feuchtegehaltes auf die Wärmeleitfähigkeit von Bau- und Dämmstoffen. Forschungsvorhaben des Bundesministers für Raumordnung, Bauwesen und Städtebau, Bonn, abgeschlossen 1984, Bezugsquelle: IRB Stuttgart

[5] Achtziger, J.: Kerndämmung von zweischaligem Mauerwerk; Einfluß des Wassergehaltes und der Feuchtigkeitsverteilung auf die Wärmeleitfähigkeit der Dämmschicht. In: Bauphysik, Heft 4, 1985

[6] Dahmen, G.: Stimmt die Bauphysik des sanierten Daches? In: Seminarskript, TAKK Seminar 3. 10. 1990, Mannheim

[7] Jenisch, R.; Schüle, W.: Austrocknung nichtbelüfteter Flachdächer. In: Berichte aus der Bauforschung, Heft 102, Verlag Ernst & Sohn, Berlin, 1975

[8] Achtziger, J.; Cammerer, J.; Korff, H. K.: Sanierung durchfeuchteter Flachdächer unter Erhaltung vorhandener Wärmedämmschichten. Forschungsbericht für den Bundesminister für Raumordnung, Bauwesen und Städtebau, Bonn, 1991, Bezugsquelle: IRB, Stuttgart

[9] Doppler, C. W.: Flachdachsanierung durch Entfeuchtung. In: Bauverwaltung, Heft 2, 1993

[10] IVH, Industrieverband Hartschaum, Heidelberg: Informationsmaterial zu Polystyrol-Hartschaum

[11] Seifert, K.: Richtig belüftete Flachdächer ohne Feuchtluftprobleme. Bauverlag, Wiesbaden und Berlin, 1973

[12] Achtziger, J.; Hoffmann, H.: Festigkeitseigenschaften feuchter Dämmstoffe als Beurteilungsgrundlage bei der Sanierung von Flachdächern. Forschungsbericht des Forschungsinstitutes für Wärmeschutz e.V. München, Gräfelfing

[13] Künzel, H.: Feuchtigkeitseinfluß auf die Wärmeleitfähigkeit bei hygroskopischen und nichthygroskopischen Stoffen. In: wksb, Heft 29, 1991

[14] Zehendner, H.: Einfluß von Feuchtigkeit auf die Wärmeleitfähigkeit von Schaumkunststoffen im Bereich von $-30\,°C$ bis $+30\,°C$. In: Kunststoffe im Bau, Heft 1, 1979

[15] Götze, H.: Flachdächer beurteilen und instandsetzen. Forschungsauftrag für das Ministerium für Bauen und Wohnen des Landes Nordrhein-Westfalen. Hrsg. und Vertrieb: LBB, Aachen, 1992

Leitungswasserschäden – Ursachenermittlung und Beseitigungsmöglichkeiten

Dipl.-Ing. Hans-Heiko Hupe, VGH Versicherungsgruppe, Hannover

1. Themenabgrenzung

Der Sachverständige – wenn er zu einem Leitungswasserschaden gerufen wird – kann seine Aufgabe in drei Bereiche gliedern:
- zunächst die eigentliche Schadenbegutachtung mit Leckstellensuche, Ursachenfeststellung, Reparatur dieser Stelle und Kostenerfassung für den Folgeschaden,
- daneben die Beurteilung eines möglichen Schadenersatzes oder Regresses mit seinen rechtlichen Problemen des Haftungsumfangs und der Verjährung,
- und zuletzt der Vorschlag von Verbesserungsmaßnahmen zur Verhinderung zukünftiger gleichartiger Schäden.

Im folgenden sollen die Ursachenermittlung und die Möglichkeiten zur Vermeidung weiterer Schäden ausführlich behandelt werden. Dieses ist für den Geschädigten außerordentlich wichtig, weil jeder Schaden mit einer Vielzahl Unannehmlichkeiten verbunden ist, die ihm ein Versicherer nicht abnehmen kann.

2. Vorbemerkung

Der Verfasser hat durch seine Tätigkeit in der Schadenverhütungsabteilung eines Versicherers immer wieder von den geschädigten Hausbesitzern die Frage nach Verhinderung zukünftiger gleichartiger Schäden gehört. So sind

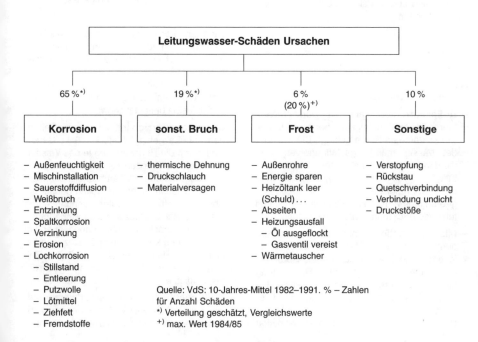

verschiedene Programme zur Kundeninformation entstanden, von der Einzelberatung bis zur Merkblatterstellung [4–6]. Grundlage für die erforderliche Schwerpunktbildung sind dabei Statistiken, vor allem wegen ihrer Objektivität.

Der VdS (Verband der Sachversicherer) sagt in seiner letzten Veröffentlichung, die sich auf den Zehnjahresdurchschnitt von 1982–1991 bezieht, daß 84 % der Schäden auf Rohrbruch entfallen, 6 % auf Frost und 10 % auf sonstige Ursachen. Die Frostschäden sind in erheblichem Maße von der Strenge des Winters (Temperatur und Frostdauer) abhängig und erreichten im Winter 1984/85 einen Anteil von 20 %. Leider wird die Korrosion von Rohren nicht getrennt erfaßt; aus einer Sondererhebung ist aber bekannt, daß etwa 77 % der Rohrbrüche darauf entfallen. Damit sind etwa 65 % aller Leitungswasserschäden auf Korrosion zurückzuführen. So nimmt diese Ursache konsequenterweise breiten Raum in der Schadenverhütung ein.

Abb. 1. *Kupferrohr: durch zu hohe Temperatur beim Hartlöten geschmolzen*

Abb. 2. *Messingwinkel: Gewinde durch zu viel Hanf und zu starkes Anziehen gerissen*

3. Schadenursachen und ihre Verhinderung

Im folgenden sollen die wichtigsten Schadenursachen besprochen werden, woran sie zu erkennen sind und wie sie in Zukunft verhindert werden können.

Korrosion

Bedingung für Korrosionsvorgänge an metallischen Leitungsteilen ist die Anwesenheit von Sauerstoff im Wasser.

– **Außenkorrosion** kann zu Durchbrüchen führen, wenn Feuchtigkeit über einen längeren Zeitraum an Rohre gelangt. Die Herkunft des Wassers muß festgestellt und verhindert werden, z. B. Kondenswasser an kalten Leitungen, vollgesogene Wärmedämmung durch Rohrundichtigkeit oder von außen eingedrungenes Niederschlagswasser durch fehlende oder mangelhafte Abdichtung.

– **Mischinstallation** nennt man die Verwendung verschiedener Metalle in einem Installationsstrang. Sie führt zu Korrosionsbrüchen am unedleren Rohr, wenn es in Fließrichtung hinter dem edleren eingebaut ist. Bei zirkulierenden Systemen darf folglich nur ein Material verwendet werden. An den Übergangsstellen vom einen zum anderen Werkstoff kann längerer Wasserstillstand ebenfalls zu Durchbrüchen führen. In Heizungsanlagen ist die Mischinstallation unbedenklich, weil der anfangs im Wasser vorhandene Sauerstoff rasch abgebaut ist. Lediglich bei Kunststoff-Fußbodenheizungen muß evtl. Sauerstoffdiffusion beachtet werden.

– **Sauerstoffdiffusion** tritt bei Kunststoffleitungen auf. Es gelangt (diffundiert) Luftsauerstoff durch die Rohrwandung in das Wasser. Nur bei Heizungsanlagen ist das unerwünscht, weil die Anlage üblicherweise nicht mit korrosionsbeständigen Teilen gebaut ist. Abhilfe schafft eine Systemtrennung durch Wärmetauscher. Spezielle chemische Inhibitoren sind problematisch, können aber bei richtigem und kontrolliertem Einsatz zum Erfolg führen. Sie müssen aber von Zeit zu Zeit erneuert werden. Heute werden vielfach diffusionsdichte Kunststoffrohre verwendet.

– **Weißbruch** tritt bei Kunststoffrohren auf, wenn sie mit Gewalt verformt werden, z. B. Biegen beim Verlegen mit zu geringer Tempe-

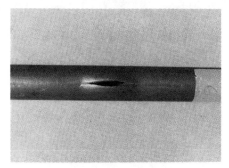

Abb. 3. Anschluß PVC-Rohr an Messingventil: Spannungsbruch durch unzulässige Verbindung (PVC-Rohr mit Hanf und aufgeschnittenem Gewinde), hier: Abscheren des gesamten Querschnitts

Abb. 5. Kupferrohr: durch Frost gerissen

Abb. 4. Messing-Entleerungsventil: Verbindung zum Messing-Schrägsitzventil (Muster) über verzinktes Reduzierstück; Mischinstallation führt zu Korrosion am unedleren Metall

ratur. Der Bruch ist durch milchige Färbung erkennbar und verläuft senkrecht zur Rohrachse.

- Durch **Entzinkung** von Messing können z. B. Armaturen undicht werden. Ursache kann ungleichmäßige Legierung oder ein zu hoher Zinkanteil sein. Ggf. muß eine Materialuntersuchung klären, ob ein Serienschaden vorliegt.

- **Spaltkorrosion** kann entstehen, wenn beispielsweise Verbindungen nicht dichtschließend hergestellt werden, also ein Spalt zwischen den Teilen bleibt. Das sollte durch ein Fachinstitut mikroskopisch untersucht und geklärt werden.

- **Schlechte Verzinkung** von Stahlrohren kann zu Korrosionsschäden führen. Auch in diesem Fall kann nur eine genaue Materialuntersuchung die Ursache klären.

- **Lochkorrosion** hat viele mögliche Ursachen, z. B. lange Stillstandszeiten zwischen Inbetriebnahme und Erstbefüllung, nicht vollständige Entleerung der Anlage durch Wassersackbildung (Korrosion in der 3-Phasen-Zone), Putzwollereste, Lötmittelrückstände oder -überschuß, Ziehfettreste von der Herstellung nahtlos gezogener Rohre oder Fremdstoffeintrag. Eine genaue Laboruntersuchung ist unerläßlich, um die genaue Ursache herauszufinden. Erst dann lassen sich Rückschlüsse ziehen, wie zukünftige Schäden verhindert werden können. In einigen Fällen kann eine Wasseraufbereitung die Korrosionsneigung verringern. Für Kupferrohre hat das IfS (Institut für Schadenverhütung und Schadenforschung) Ergebnisse veröffentlicht [3]. Der nachträgliche Einbau des nach DIN 1988 geforderten Feinfilters kann für angegriffene Rohre keine Hilfe sein, die anderen Rohre sind durch die bereits ausgebildete Deckschicht geschützt.

- **Erosionskorrosion** tritt bei zu hohen Fließgeschwindigkeiten des Wassers vor allem in der Nähe von Fittings (Bögen, Winkel etc) auf. Sie ist daran zu erkennen, daß die Innenwand an dieser Stelle wolkenartig abgetragen und keinerlei Deckschicht vorhanden ist. Die Fließgeschwindigkeit muß also verringert werden, z. B. durch eine kleinere Zirkulationspumpe oder einen Bypass.

Sonstige Bruchschäden

- Wird die **Ausdehnung** von Warmwasser- oder Heizungsleitungen behindert, so reißen die Rohre quer zur Zugrichtung, meist in der Nähe von Fittings. Es muß nachträglich eine

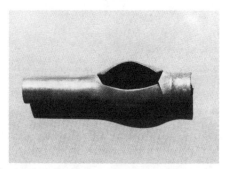

Abb. 6. Kupferrohr: wie vor, aber Riß im wärmebehandelten Bereich (Hartlötverbindung neben Riß)

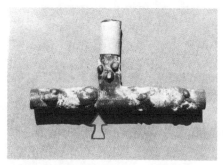

Abb. 8. Kupferrohr: Fitting durch Zwängung gerissen (Ausdehnung durch Temperaturänderungen behindert)

Abb. 7. Verzinktes Stahlrohr: Gußfitting durch Frost gerissen

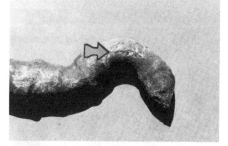

Abb. 9. Kupferrohr: Bogen (Fitting) durch Zwängung (Ausdehnungsbehinderung) gerissen

Ausdehnungsmöglichkeit in Längsrichtung der Rohre geschaffen werden, z. B. durch Einbau eines Kompensators.

- Der geplatzte **Druckschlauch** von Wasch- und Geschirrspülmaschinen kommt leider immer noch als Schadenursache vor. Es sollte selbstverständlich sein, die Maschinen nur unter Aufsicht laufen zu lassen und die Wasserzufuhr vor dem Schlauch abzustellen. Heute werden viele Maschinen mit einem sog. Wasserstop angeboten, einem integrierten Schutzsystem, das bei Auslösen ein Ventil vor dem Schlauch schließt.
- Liegt der Verdacht auf ein **Materialversagen** vor, sollte das durch ein Institut (Materialprüfungsamt o. ä.) untersucht werden. Daraus lassen sich dann Rückschlüsse ziehen, ob der Hersteller zur Verantwortung gezogen werden kann und weitere derartige Teile ausgetauscht oder vom Hersteller zurückgerufen werden müssen.

Frost

Viele Schadenfälle entstehen durch Unachtsamkeit des Betreibers der Anlage:

- Rohre in Außenbereichen oder nicht geheizten Räumen werden nicht entleert.
- Aus Energiespargründen werden Räume zu gering beheizt.
- Es gibt auch ganz groteske Fälle, z. B. wird vergessen, rechtzeitig Heizöl zu kaufen, weil sich Mieter und Vermieter nicht darüber einig sind, wer zuständig ist.

Die Möglichkeiten, in diesen Fällen Frostschäden zu vermeiden, liegen auf der Hand und müssen nicht näher erläutert werden.

Es gibt aber auch viele Frostschäden, die der Hausbesitzer ohne entsprechende Kenntnisse nicht verhindern kann:

- Werden **Rohre durch Abseiten** oder andere nicht beheizte Bereiche verlegt, so werden sie wärmegedämmt, in erster Linie, um Wärmeverluste zu vermeiden. Zirkuliert das Wasser nicht ständig, so kann es bei tiefen Temperaturen und längerem Stillstand einfrieren. Gefährdet sind nicht nur Warm- und Kaltwasserleitungen, sondern auch Heizungsrohre, wenn beispielsweise die Nachtabsenkung durch Abschalten der Zirkulationspumpe erfolgt oder das Thermostatventil des Heizkörpers hinter dem gefährdeten Rohr zurückgedreht wird, weil der Raum nicht genutzt wird. Dann kann sogar der im Ventil eingebaute Frostwächter nicht ausreichend sein, wenn nämlich das Rohr eingefroren ist, bevor der Raum sich soweit abgekühlt hat, daß das Ventil wieder öffnet. Hier kann ein 3-Wege-Ventil am Heizkörper Abhilfe schaffen. Andere Möglichkeiten sind gemeinsame Verlegung von Warmwasser-, Kaltwasser- und Zirkulationsleitung oder eine elektrische Begleitheizung um die Rohre.

– **Heizungsausfall** bei Verstopfung der Ölleitung durch ausgeflocktes Paraffin im Heizöl kann durch Ölzusätze beim Tanken oder durch eine Tankbeheizung vermieden werden. Bei Gasheizungen mit Flüssiggas kann der Druckregler vereisen. Der Gaslieferant kann Abhilfe durch geeignete Zusatzstoffe für das Gas oder durch Einbau spezieller Filter oder Regler schaffen.

– Wasserführende Teile von **Wärmetauschern** alternativer Wärmeerzeuger (Wärmepumpen) können einfrieren, wenn sie abgeschaltet sind. Heizungswasser muß weiter zirkulieren, wenn diese Teile in frostgefährdeten Bereichen stehen, üblicherweise z. B. bei Luft-Wärmetauschern.

Die Versicherer haben ein Merkblatt zur Vermeidung von Frostschäden [5] herausgegeben. Es enthält die wichtigsten Gefahren und zeigt Lösungsmöglichkeiten auf.

Sonstige Leitungswasserschäden

– **Verstopfungen in Abwasserrohren** können auf Unebenheiten im Rohrsystem zu-

Abb. 10. Kupferrohr: Rückseite von Kupferrohr Abb. 9

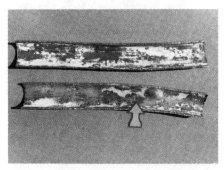

Abb. 12. Kupferrohr: Innenhälften von Abb. 11, Korrosionsprodukte teilweise abgeplatzt

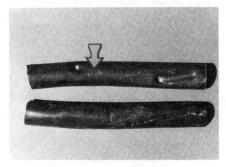

Abb. 11. Kupferrohr, Außenhälften: Innenkorrosion mit Durchbruch

Abb. 13. Verzinktes Stahlrohr, Außenhälften: Innenkorrosion

Abb. 14. Verzinktes Stahlrohr: Innenhälften von Abb. 13

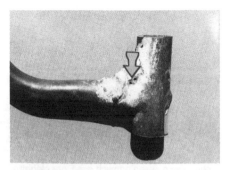

Abb. 16. Kupferrohr: Verbindung durch Aufhalsen; unsaubere Ausführung, deshalb nicht dicht

Druckspüler, Einhandhebelmischer, Kugelhähne u. a.) sind Drücke von über 50 bar gemessen worden. Die Hersteller der Armaturen wollen durch Konstruktionsänderungen Abhilfe schaffen. Für vorhandene Ventile kann der Tip gegeben werden, sie langsam zu schließen.

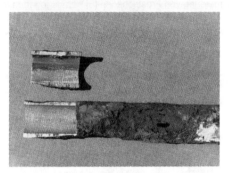

Abb. 15. Verzinktes Stahlrohr: Außenkorrosion

Schadenbilder

Über typische Schadenursachen, die hier besprochen sind, befinden sich Fotos mit jeweiligen Erläuterungen als Anlage.

rückzuführen sein. Ggf. muß das untersucht werden.

- **Rückstau** in Abwasserleitungen kann durch Einbau einer Hebeanlage, die über die Rückstauebene (i. d. R. 30 cm über Straßenniveau) entwässert, vermieden werden. Der Einbau einer Rückstauklappe ist nicht zu empfehlen, da sie verklemmen kann.
- Gelöste **Quetschverbindungen** z. B. durch Druckstöße (s. u.) an Eckventilen zeigen, daß der Installateur die Verbindung nicht fachgerecht durchgeführt hat. Das Rohr muß weit genug eingeschoben und die Verbindung fest angezogen werden.
- **Undichte Verbindungen** werden bei ordnungsgemäßer Druckprobe vor der Erstbefüllung erkannt. Hier liegen gleich zwei Mängel durch den Installateur vor: die nicht fachgerechte Montage und die unterlassene Druckprobe.
- **Druckstöße** können zu Schäden am Leitungssystem führen. Bei Versuchen mit schnellschließenden Ventilen (defekte

Hinweise

- Die Wirksamkeit von **physikalischen Wasseraufbereitern** ist noch nicht unumstritten. Sie führt nicht zu Veränderungen des Wassers im Korrosionsverhalten, die Hersteller versprechen eine verminderte Kalkablagerung.
- **Rohrreinigungen** sind problematisch. Gleichmäßige Reinigung muß gewährleistet und vorhandene Schutzschichten müssen wieder aufgebaut werden. Verzinkte Stahlrohre müssen nach der Reinigung wegen des Zinkabtrags mit einer Schutzschicht überzogen werden. Diese Arbeit ist sehr gewissenhaft durchzuführen, der Erfolg ist schlecht prüfbar.

4. Zusammenfassung

Die meisten Leitungswasserschäden sind vermeidbar.

Geschehen sie durch Unbedachtheit oder Nachlässigkeit, kann man zu mehr Sorgfalt mahnen und konkrete Tips zur Vermeidung geben. Darauf zielen die Merkblätter der Versicherer [4–6] ab. Auch der Sachverständige kann sich ihrer bedienen und sie weitergeben.

Liegen den Schäden technische Mängel zugrunde, so muß der Sachverständige die genaue Ursache klären, um daraus die Schlüsse für die Schadenbehebung, Verhinderung weiterer Schäden und evtl. Regresse zu ziehen.

Es wäre schon viel getan zur Vermeidung von Leitungswasserschäden, wenn bei der Planung und Ausführung die wichtigsten Grundsätze immer beachtet würden. Sie sind übrigens nach DIN 1988 vorgeschrieben.

– nur genormtes (DIN/DVGW) Material verwenden,
– zu verwendendes Material auf das vorhandene Wasser abstimmen,
– Wasseraufbereitung nur durch namhaften Hersteller installieren und warten lassen,
– Feinfilter vor Erstbefüllung installieren,
– Druckprobe vor dem Verputzen durchführen,
– Spülen aller Leitungen mit einem gefilterten pulsierenden Luft-Wasser-Gemisch.

Literatur

[1] Kommentar zu DIN 1988 Teil 1 bis Teil 8, Beuth-Kommentare, Beuth Verlag, Berlin.

[2] Korrosion in Kalt- und Warmwassersystemen der Hausinstallation, C.-L. Kruse, Deutsche Gesellschaft für Metallkunde e.V., ISBN 3-88355-077-9

[3] Korrosionsschäden durch Leitungswasser, Ursachen und Verhütung, Institut für Schadenverhütung und Schadenforschung, Kiel

[4] Leitungswasserschäden, Information des VdS, Form 370, Verband der Sachversicherer, Köln

[5] Frost – Gefahr für Wasserleitungen, VGH-Merkblatt zur Schadenverhütung Nr. 7, Versicherungsgruppe Hannover

[6] Was tun bei Leitungswasserschäden? VGH-Info-Service

Technische Trocknungsverfahren

Uwe Jebrameck, SPRINT Sanierungsdienst, Hannover

1. Einleitung

In unserer modernen Welt ist die technische Trocknung ein nicht mehr wegzudenkendes Hilfsmittel geworden, das z. B. Produktionsabläufe bei der Herstellung von Pharmazeutika, Lebensmitteln und hochwertiger Elektronik erst ermöglicht. Hier wird durch den Einsatz moderner Trocknungstechnik die schädliche Einwirkung von Feuchtigkeit auf pulverförmige Erzeugnisse, Granulate, organische Extrakte, elektronische Bauteile und Fertigprodukte der Nahrungsmittelindustrie verhindert.

Eine große Bedeutung hat die technische Trocknung mittlerweile auch als eine wirtschaftlich interessante und in einigen Fällen sogar als einzige Alternative bei der Korrosionsverhütung erlangt. Sämtliche korrosiven Vorgänge werden selbst bei salzsäurehaltiger oder sonstiger schadstoffbelasteter Luft unterhalb von 30 % relativer Luftfeuchtigkeit zum absoluten Stillstand gebracht.

Diesen Umstand macht man sich in der Wehr- und Schiffstechnik in hohem Maße zunutze und konserviert auf diese Weise über viele Jahre hochwertige Gerätschaften. Aber auch bei der Erhaltung von Bauwerken, der Beseitigung von schädlichen Feuchtigkeitseinwirkungen auf Baumaterialien und Baukonstruktionen nach Wasserschäden, Rohrbrüchen, Überschwemmungen etc. und der Beseitigung von Neubaufeuchte ist die technische Trocknung ein vielfach eingesetztes Hilfsmittel.

In allen Fällen wird hierbei die gewünschte Wirkung durch eine mehr oder weniger maschinell erzeugte Entfeuchtung der vorhandenen Luft hervorgerufen. Dazu jedoch später mehr.

Bei der Beseitigung von Feuchtigkeit aus Baumaterialien und Baukonstruktionen gibt es viele Gründe, die den Einsatz einer technischen Trocknung zu einer zwingenden Notwendigkeit werden lassen.

Beispielsweise kann in nicht selbstbelüfteten Hohlräumen eingedrungene Feuchtigkeit auf natürliche Weise nur durch Feuchtigkeitswanderung, meist über Kapillare der Baumaterialien, an Oberflächen gelangen. Dort kommt es zur Diffusion an die umgebende Luft und somit, ohne unterstützende technische Trocknung, in den meisten Fällen zu einem zu langen Trocknungsprozeß.

Die kapillare Feuchtigkeitswanderung in den meistens hygroskopischen Baumaterialien verursacht oft mineralische Ausblühungen und Zersetzungen, zunächst des evtl. vorhandenen Putzes, bei Langzeiteinwirkung aber auch schwere Beschädigungen von nicht organischen Mauer-, Boden- und Deckenmaterialien.

In diesen Bereichen vorhandene Holzkonstruktionen werden durch die übernatürliche Feuchtigkeitszufuhr zum Aufquellen gebracht. Sie können aufgrund der dabei entstehenden Kräfte die Statik eines Gebäudes erheblich gefährden und schwere Schäden verursachen.

Sämtliche organischen Materialien sind, bis auf wenige Ausnahmen, durch bakteriell und sonstige biologisch verursachten Prozesse, die Fäulnis, Schimmel- und andere Pilz-, ja sogar Schwammbildung hervorrufen können, sehr stark gefährdet.

Abb. 1. Feuchteschäden an Gebäuden

Eingedrungene Feuchtigkeit in Dämmschichtpaketen, ob in Wänden, Fußbodenaufbauten oder Flachdachkonstruktionen, führt einerseits zu einem rapiden Verlust der Wärme- und Schalldämmwerte und darüber hinaus, wie zuvor geschildert, zu kapillaren Feuchtigkeitswanderungen und zur Bildung von Fäulnis und sonstigen Zersetzungsprozessen bzw. bei mitbetroffenen Holzkonstruktionen auch hier zu statischen Veränderungen durch Quellvorgänge.

Stark durchfeuchtete Bauwerke führen zu überhöhter relativer Luftfeuchtigkeit in ihren Innenräumen, die die Korrosionsgeschwindigkeit erheblich vergrößert, Pilz- und Schimmelbildung fördert bzw. entstehen läßt und somit unhygienische, gesundheitsschädliche Lebensbedingungen hervorruft.

Auch die durch Feuchtigkeitsschäden entstehenden finanziellen Verluste sind vielfältig und nicht unerheblich. Je nach Art, Umfang und Umständen entstehen Mietausfall, Mietkürzungen, Produktionsausfälle, Betriebsstillstände, Reparaturkosten für die partielle bis totale Erneuerung.

Diesen baulichen und materiellen Schäden kann durch eine schnellstmögliche Trocknung vorgebeugt werden.

2. Grundlagen der Trocknungtechnik

Wie und vor allen Dingen was geschieht bei einer technischen Trocknung?

Zunächst wird das ungebundene Wasser, falls vorhanden, abgesaugt, aufgewischt oder mit Hilfe von Sauganlagen über Wasserabscheider entfernt, um ein weiteres Eindringen in die Bausubstanz zu verhindern und den eigentlichen Trocknungsvorgang zu beschleunigen.

Bevor wir uns mit der Gerätetechnik befassen, ist es nützlich, wenn wir uns vorher noch einmal einiger Grundsätze erinnern.

Die in den vorhandenen Materialien gebundene Feuchte kann diesen nun nur durch entweder vorhandene oder speziell zu schaffende Klima- bzw. Luftzustände entzogen werden.

Alle in Materialien und Gasen, also auch der Luft, vorhandene Feuchtigkeiten entwickeln entsprechend der vorhandenen Feuchte einen sogenannten Dampfdruck, den Partialdruck. So muß Luft, die das feuchte Material umgibt, nicht nur wasserdampfaufnahmefähig sein, ihr Partialdruck muß auch geringer sein als der des zu trocknenden Materials, um überhaupt eine Feuchtigkeitsabgabe zu bewirken.

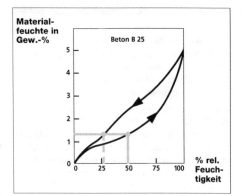

Abb. 2.

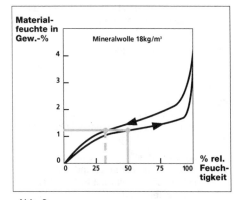

Abb. 3.

Trocknung ist also auch nichts weiter als das hinlänglich bekannte natürliche Ausgleichsbestreben unterschiedlicher Drücke.

Dies führt aber auch dazu, daß allein durch hochfeuchte Luft und dem damit verbundenen hohen Dampfdruck eine Befeuchtung von hygroskopischen Materialien ohne direkte Wassereinwirkung erfolgen kann.

Bei den geschilderten Umständen, die die Grenzen der natürlichen Austrocknung darlegten, kommt noch ein weiterer wichtiger Punkt hinzu. Die für so gut wie alle Materialien vorhandenen Sorptionsisothermen zeigen in allen Fällen eine deutliche Abweichung zwischen dem materialspezifischen Verhalten bei Feuchtigkeitsaufnahme und dem bei Feuchtigkeitsabgabe, also dem Trocknen.

Alle hygroskopischen Materialien nehmen aufgrund des in der Luft vorhandenen Wasserdampfes und des damit verbundenen Dampfdruckes der Luft Feuchtigkeit auf bzw. geben sie ab.

Bei gleichem Klima über einen längeren Zeitraum kommt es zum absoluten Ausgleich des Dampfdrucks, und das Material besitzt seine ihm spezifische Ausgleichsfeuchte, die in Massen-% angegeben wird.

Die Sorptionsisothermen zeigen deutlich, daß das Feuchtigkeitsaufnahmeverhalten in Abhängigkeit zur relativen Luftfeuchte nicht identisch ist mit der Feuchtigkeitsabgabe. Am Beispiel Beton ist zu sehen, daß der Feuchtigkeitsgehalt in Gew.-% bei gegebener Feuchtigkeitsaufnahmebereitschaft von 50 % relativer Luftfeuchtigkeit eine Materialfeuchte von 2 Gew.-% bewirkt. Nach erfolgter Überfeuchtung ist jedoch eine rel. Luftfeuchtigkeit von 28 % erforderlich, um eine Materialfeuchte von 2 Gew.-% zurückzuerlangen.

Jedes Material hat seine ihm spezifische Be- und Entfeuchtungskurve. Bei allen Sorptionsisothermen ist jedoch nahezu identisch, daß nach einer Überfeuchtung zur Rückerlangung der natürlichen Ausgleichsfeuchte ein Klima vorhanden sein muß, das nahezu 50 % unterhalb der normalen rel. Luftfeuchtigkeit liegen muß.

Da in unseren Breiten auf natürliche Art und Weise ein solcher Klimazustand sehr selten vorkommt, muß der Natur mit technischen Mitteln nachgeholfen werden.

3. Gerätetechnik

Die heute für die Luftentfeuchtung bzw. zur Erzeugung von Trockenluft eingesetzten Geräte, vornehmlich für die Bauwerkstrocknung, lassen sich in zwei Kategorien zusammenfassen.

1. Luftentfeuchtung mittels Kondenstrocknern,
2. Erzeugung von Trockenluft durch Adsorptionstrockner.

Kondenstrockner führen die zu entfeuchtende Luft mit Hilfe eines Ventilators über ein Kühlregister und kühlen sie bis unterhalb des Taupunktes ab. Ein Teil des in der Luft vorhandenen Wasserdampfes kondensiert dabei am Kühlregister.

Die so entfeuchteten Luftmassen werden vor Austritt aus dem Entfeuchtungsgerät über ein Wärmeregister, dem die entzogene Wärmemenge des Kühlregisters permanent zugeführt wird, auf ihre ursprüngliche Temperatur rückgewärmt.

Die Entfeuchtungsleistung wird als freies Wasser in Auffangbehältern gesammelt.

Diese Behälter müssen regelmäßig geleert oder mit in diesen Behältern eingebauten Pumpen automatisch abgepumpt werden.

Der Adsorptionstrockner erzeugt Trockenluft auf völlig andere Art und Weise. Hier wird die zu entfeuchtende Luft, ebenfalls mit Hilfe eines Ventilators, durch einen Sorptionskörper geführt. Dieser besteht aus feinsten Röhrchen, deren innere Oberflächen mit einem wasserdampfbindenden Material beschichtet sind oder ganz aus einem solchen Material bestehen. Bei modernen Geräten handelt es sich dabei um Silicagel. Die in der Luft enthaltenen Wasserdampfmoleküle werden vom Silicagel in hohem Maße gebunden. Die so erzeugte Trockenluft hat eine wesentlich geringere Restfeuchte, als es durch Kondensentfeuchtung möglich ist.

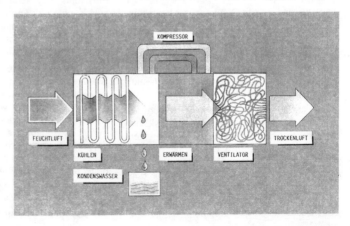

Abb. 4. Funktionsschema eines Kondenstrockners

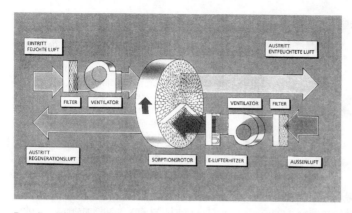

Abb. 5. Funktionsschema eines Adsorptionstrockners

Da die Wasserdampfaufnahmefähigkeit des Sorptionsmittels natürlich nicht unendlich ist, wird mit Hilfe eines Gegenluftstromes in einen abgeschotteten Teilbereich überhitzte Luft (zwischen 120–150 °C) durch den Sorptionskörper geführt.

Dabei wird die vom Sorptionsmittel gespeicherte Feuchtigkeit wieder ausgedampt und vom Heißluftstrom entfernt. Um diesen Regenerationsvorgang permanent aufrechtzuerhalten, ist der Sorptionskörper in ständiger Rotation.

Die hochfeuchte und heiße Regenerationsluft wird über Schläuche aus dem Gebäude hinausgeführt. Dazu muß eine Gebäudeöffnung vorhanden sein oder geschaffen werden. In der Regel werden hierzu Fenster, Oberlichter, Außentüren usw. benutzt.

Beide Entfeuchtungstechniken haben bei der Entfeuchtung von Bauwerken sowohl Vor- als auch Nachteile. Hier ist der qualifizierte Trocknungstechniker gefordert, um die dem jeweiligen Problem entsprechende wirtschaftlichste und den sonstigen Gegebenheiten und Erfordernissen angepaßte Entfeuchtungsmethode auszuwählen.

4. Anwendungsverfahren

Bei allen Trocknungsprozessen geht es aber letztlich darum, dem zu entfeuchtenden Material eine Luft zuzuführen, die, entsprechend dem vorhandenen Material, ein Maximum an Dampfdruckgefälle bewirkt, um die überschüssige Feuchtigkeit zu entfernen.

Hierbei muß sorgfältig darauf geachtet werden, daß es einerseits nicht zur Übertrocknung und andererseits durch zu schnelles Trocknen, insbesondere bei Holz, nicht zu sogenannten Trocknungsrissen kommt. Ferner können bei einigen Materialien Schwindprozesse durch Feuchtigkeitsentzug entstehen, die mit entsprechenden Schutzeinrichtungen verhindert werden müssen.

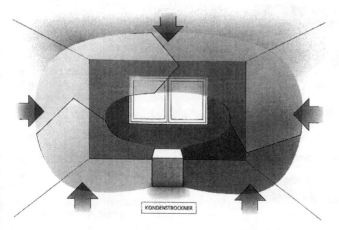

Abb. 6. Oberflächen-Raumtrocknung

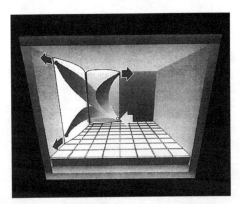

Abb. 7. Luftkissen-Reduktions-Trocknung

Die heute in der Bautrocknung angewandten Verfahrenstechniken ordnen sich in zwei Gruppen:
1. Raumentfeuchtung,
2. Einschubtrocknung.

Zur Raumentfeuchtung zählen sämtliche Trocknungsvorgänge, bei denen durch ein Absenken der rel. Luftfeuchtigkeit in einem begrenzten Bauvolumen über die jeweils sichtbare Oberfläche aus Wand-, Decken- oder Bodenflächen überschüssige Feuchtigkeitsgehalte entzogen werden.

Entsprechend dem vorhandenen Raumvolumen wird die benötigte Gerätekapazität zur Luftentfeuchtung so plaziert, daß eine optimale Luftumwälzung und Luftströmungsgeschwindigkeit erreicht wird.

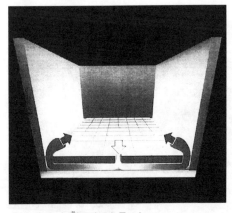

Abb. 8. Luft-Überdruck-Trocknung

Das eingesetzte Entfeuchtungsgerät, gleich ob Kondens- oder Adsorptionstrockner, saugt die vorhandene Raumluft an, entfeuchtet diese und bläst die entfeuchtete Luft zurück in den Raum. Aufgrund des nun vorhandenen Dampfdruckgefälles zwischen Materialien und Luft gibt das Material Feuchtigkeit an die Luft ab. Die so wieder befeuchtete Luft wird erneut von dem Luftentfeuchter angesogen, entfeuchtet und der Raumluft zur Fortsetzung der Materialentfeuchtung zurückgeführt. Dieser Kreisprozeß wird kontinuierlich so lange fortgesetzt, bis die vorhandenen Materialien ihre Ausgleichsfeuchte zurückerlangt haben. Regelmäßige Messungen stellen sicher, daß die Trocknungsmaßnahme nach Erreichung der Ausgleichsfeuchte sofort beendet wird.

Im Neubau kann diese Technik nach Beendigung der Abbindeprozesse gefahrlos eingesetzt werden.

Bei nur partiell durchfeuchteten Gebäudeteilen wird zur Erreichung einer höheren Effizienz und zur Einsparung von Entfeuchtungskapazitäten, und damit Kosten, die Luftkissenmethode angewandt. Dabei werden die feuchten Bereiche mit einer Folie in wenigen Zentimetern Abstand abgespannt. Dadurch minimiert sich das zu entfeuchtende Luftvolumen, und die Strömungsgeschwindigkeit an den zu trocknenden Flächen vervielfacht sich.

Dies ist von eminenter Bedeutung, da die Trocknungszeit nicht nur von der Qualität der Trockenluft, sondern proportional auch von der Strömungsgeschwindigkeit der Luft oberhalb einer zu trocknenden Fläche abhängt.

Voraussetzung für einen Trocknungserfolg ist jedoch auch die Beschaffenheit der Oberfläche des zu trocknenden Materials.

Vorhandene Farbbeschichtungen, Beläge und Dekore (Tapeten, Bespannungen, Verkleidungen etc) müssen dampfdurchlässig sein. Ist dies nicht der Fall, müssen sie vor der Trocknung entfernt werden. Die Dauer der Trocknungsmaßnahmen ist abhängig von dem zu trocknenden Material. Einige Materialien benötigen sogar sehr lange Trocknungszeiten. Weichgebrannter roter Ziegel, sehr häufig anzutreffen in älteren Gebäuden in Kellerbereichen, ist ein solches Extrembeispiel. Voll durchfeuchtete Wände dieser Art, mit Mauerdicken von 40 cm und mehr, benötigen Trocknungszeiten von über sechs Wochen.

Vielfach werden, verursacht durch diese langen Trocknungszeiten, verfahrenstechnische Fehler vermutet. Aufgrund der nur sehr schwerfällig stattfindenden kapillaren Feuchtigkeitswanderung in solchen Materialien sind die genannten Zeitspannen jedoch unumgänglich.

Zeitgewinn läßt sich bei Wandtrocknungen aber durch Überhitzung der zu trocknenden Bereiche erzielen. Die zugeführte Wärmeenergie beschleunigt je nach erreichter Materialtemperatur bis zu einem Vielfachen das Ausdampfen eingedrungener Feuchtigkeiten aus Baumaterialien.

Allerdings sollte bei der Erwärmung von Bauwerksteilen – wenn es die vorhandene Konstruktion denn zuläßt – die Energiezuführung direkt über Infrarotheizgeräte, vorzugsweise mit elektrischer Energie, betrieben werden.

Beim Einsatz gasbefeuerter Heizgeräte ist unbedingt zu berücksichtigen, daß bei der Verbrennung von Butan- und Propangas bis zu 1,5 kg Wasser pro 1 kg Gas entstehen kann. Diese freigesetzte Wassermenge, zunächst als Wasserdampf in der vorhandenen Luft, kann an kälteren Bauwerksteilen kondensieren oder aber aufgrund des hohen Dampfdruckes der Luft, auf dem Wege der Dampfdiffusion, in nicht beheizte Bauwerksteile eindringen.

Zur Raumentfeuchtung gehört auch die Raumklimatisierung, die aus vielerlei Gründen erforderlich werden kann. Hierbei dient die Absenkung der Raumluftfeuchtigkeit nicht nur der Aufrechterhaltung von industriellen Fertigungsprozessen und der Vermeidung von unerwünschter Fäulnis und sonstigen Zersetzungsvorgängen im Lager, sondern immer häufiger als bauwerkserhaltende Maßnahme, insbesondere im Denkmalschutzbereich. So konnten in der jüngsten Vergangenheit wunderschöne unersetzliche Decken- und Wandmalereien in einer Schloßkapelle durch den Einsatz von Luftentfeuchtern vor dem Verfall gerettet werden.

Auch in Neubaubereichen wird moderne Trocknungstechnik als Korrosionsschutz oder zur Vermeidung von Schwitzwasser, um nur einige Beispiele zu nennen, schon bei der Planung durch den Architekten vorgesehen.

Ist Feuchtigkeit in Hohlräume und Dämmschichtplatten eingedrungen, wird der Einsatz von sogenannten Einschubtrocknungen erforderlich. Die Hohlräume oder Dämmschichten umgebenden Bauteile werden dabei in der Regel durchbohrt, um eine Trockenluftzufuhr in diese Bereiche zu ermöglichen. Diese Verfahrenstechnik wird in der Praxis am häufigsten bei der Beseitigung von Durchfeuchtungen in Wär-

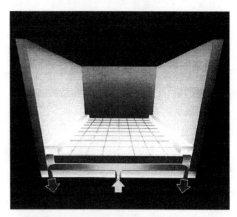

Abb. 9. Outdoor-Trocknung (von unten)

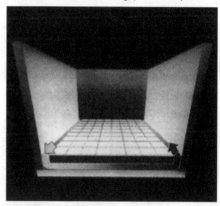

Abb. 10. Schuten-Trocknung: Zerstörungsfreie Trocknung

me- und Trittschalldämmungen unter schwimmenden Estrichen angewandt.

Bei der Standardvariante wird in den zentralen Bereichen der durchfeuchteten Flächen die Estrichschicht durchbohrt. Trockenluft wird dann mit Hilfe einer Druckturbine über Schläuche in die Dämmschicht eingepreßt. Diese entzieht nun, aufgrund des vorhandenen Dampfdruckgefälles, dem Dämmaterial die überschüssige Feuchtigkeit.

Aufgrund des Überdruckes entweicht die wieder angefeuchtete Luft über die Randstreifen zwischen Estrich und Wand zurück in den Raum. Dort wird sie von dem Lufttrockner angesogen, wieder entfeuchtet und in der zuvor geschilderten Art und Weise dem Trocknungsprozeß erneut zugeführt. Auch dieser Trocknungsvorgang wird kontinuierlich meßtechnisch

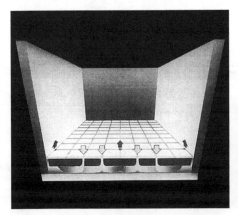

Abb. 11. Fugenkreuz-Trocknung

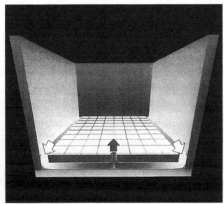

Abb. 13. Luft-Unterdruck-Trocknung

Abb. 12. Outdoor-Trocknung (von Oben) – auch großflächig

überwacht und nach Erreichung der Ausgleichsfeuchte beendet. Der für eine Estrichunterlüftung notwendige Druck liegt bei max. 80 mbar und stellt daher keine Gefahr für die Estrichplatte dar.

Bei dieser Technik werden Bohrungen bis zu 50 mm Durchmesser in die Estrichplatte eingebracht. Dies kann aber zu irreparablen Beschädigungen eines evtl. vorhandenen Oberbelages führen.

Aus diesem Grund gibt es heute eine Fülle von Verfahrenstechniken, die eine Beschädigung des Oberbelages ausschließen.

Wir empfehlen daher die Anbohrung der Dämmschicht nicht mehr durch die Estrichplatte, sondern beispielsweise durch die darunterliegende Betondecke. Neben der Unversehrtheit des Oberbelages wird bei Anwendung dieser Technik die Nutzbarkeit des eigentlich betroffenen Raumes in keiner Weise eingeschränkt. Allerdings läßt sich diese Technik nur anwenden, wenn sich unter den betroffenen Räumen Bereiche von geringerer Wichtigkeit für den Nutzer befinden, wie z. B. Lagerräume, Kellerräume, Garagen etc. Spezielle Deckenbohrgeräte ermöglichen heute Deckendurchbohrungen selbst von Kriechkellern aus.

Ist diese Technik, aus welchen Gründen auch immer, nicht anwendbar, gibt es bei notwendigem Erhalt des Oberbelages die Möglichkeit, die Trockenluftzufuhr unter schwimmenden Estrichen in die Dämmschicht über die Randstreifen vorzunehmen. Mit Hilfe von speziellen Einblasvorrichtungen wird die Trockenluft über den vorhandenen Randstreifen in die Dämmschicht eingepreßt. Dieses Verfahren erfordert aber eine hundertprozentige Abdichtung der Luftzuführungen zwischen Estrich und Wandflächen und den zwischen den Einblasschuten verbleibenden Freiräumen.

Zusätzlich müssen ab einer bestimmten Raumgröße, gegenüber der Druckseite, wiederum eingedichtet, Schuten in den dortigen Randstreifen eingebracht werden. Diese werden dann an Unterdruckturbinen angeschlossen, um eine vollflächige Durchlüftung der Dämmschicht zu ermöglichen.

Die Grenzen dieses Verfahrens liegen einerseits in der vorhandenen Raumgröße sowie andererseits am Luftwiderstand des vorhandenen Dämmaterials.

Fliesenbeläge bleiben unbeschädigt, wenn die notwendigen Bohrungen nur in die Fugenkreuze eingebracht werden. Die Trockenluft wird dann über Einblasdüsen der Dämmschicht zugeführt. Der geringste Düsendurchmesser ist derzeit 6 mm und wird der jeweiligen Fugenstärke optimal angepaßt. Wobei ein kleiner Durchmesser eine Vielzahl von Bohrungen notwendig macht, um die notwendige Luftmenge der Dämmschicht zuführen zu können.

Die Trockenluftzufuhr zu den einzelnen Düsen erfolgt über eigens dafür konstruierte Luftverteiler. Zur Druckentlastung und zum Austritt der wieder angefeuchteten Luft werden in Randbereichen Zwangsentlüftungsbohrungen eingebracht.

Sind abgehängte Decken vorhanden, kann die Verlegung der notwendigen Schlauchleitungen zum Transport der Trockenluft oberhalb derselben verlegt werden. Mit Standrohren wird die Trockenluft dann unterhalb der Estriche in die Dämmschicht eingeführt. Somit bleiben die betroffenen Räume nutzbar. Die einzusetzenden Geräte können zentral in einem wenig genutzten Nebenraum aufgebaut werden.

Mit Hilfe der eingesetzten Druckturbinen lassen sich Entfernungen von bis zu 30 m ohne Probleme für den Transport der Trockenluft überbrücken. Neben der dabei fast uneingeschränkten Nutzbarkeit der Räume wird die Lärmbelästigung so gut wie eliminiert.

Zur Geräuschbildung kann grundlegend gesagt werden, daß renommierte Trocknungsfirmen nicht unerhebliche Summen investiert haben, um ihre Geräte mit einer optimalen Schalldämmung auszurüsten. Fortschrittliche Trocknungsfirmen verfügen über Geräteausstattungen für Estrichtrocknungen mit einem maximalen Geräuschpegel von nur noch 54 dB.

Die bislang geschilderte Verfahrenstechnik im Überdruck kann aber nicht überall eingesetzt werden. Bei thermoplastischen Estrichen wie Bitumenasphalt käme es zu Aufblähungen. Bei Dämmschichten aus Perlite, Mehabit usw. würde es zu Wanderungen bzw. zum Austritt des Dämmaterials aus den Randstreifen kommen.

In solchen Fällen und bei desolaten oder zu dünnen Estrichschichten wird die bisher beschriebene Verfahrensweise einfach umgekehrt. Entweder wird das gesamte Raumklima entfeuchtet oder Trockenluft in einen Folientunnel über den Randstreifen bevorratet. Über die einzubringenden Bohrungen wird dann mit Hilfe von Unterdruckturbinen die Trockenluft über die Randstreifen durch die Dämmschicht gesogen und somit die Trocknung bewirkt. Damit eine evtl. vorhandene Streugutdämmung nicht durch die Unterdruckturbinen abgesaugt wird, wird ein feinmaschiger Filter vor die Absauganschlüsse gesetzt.

Ein weiterer wichtiger Einsatzbereich ist die Austrocknung von durchfeuchteten Holzbalkendecken. In ähnlicher Weise wie bei der Estrichtrocknung wird entweder die Dielung oder von unten der Putz samt Putzträger durchbohrt und den Innenräumen einer Holzbalkendecke Trockenluft zur Feuchtigkeitsentfernung zugeführt. Zur Aufrechterhaltung eines kontinuierlichen Trocknungsvorganges werden an den Raumenden bzw. an den Gefachenden Entlüftungsbohrungen eingebracht, um eine permanente Zirkulation zu ermöglichen.

Bei der Austrocknung von Holzbalkendecken sind im Vorfeld sorgfältige Untersuchungen notwendig. Bei verantwortungsbewußten Trocknungsfirmen ist die endoskopische Untersuchung eine Grundvoraussetzung, um sich vor Durchführung einer Trocknungsmaßnahme ein Bild über den Zustand der Einschübe und der Balkenköpfe zu machen. Dies gilt insbesondere bei langfristiger Einwirkung von Feuchte.

Bei vorgefundenen irreparablen Fäulnis- oder Schwammbildungen wird jede seriöse Trocknungsfirma Abstand von einer Trocknungsmaßnahme nehmen.

Durch gezielte Steuerung des Klimazustandes der Trocknungsluft lassen sich heute sämtliche Einschübe von Holzbalkendecken ohne Übertrocknungsgefährdung der Holzkonstruktionen austrocknen. In ca. 90 % aller Fälle werden sogar Verschüsselungen der Dielung durch die Trocknung zurückgebildet.

Auch Flachdächer, und hier insbesondere Warmdachkonstruktionen, sind durch Feuchtigkeitseinwirkung extrem gefährdet. Bei Kaltdachkonstruktionen trocknet eingedrungene Feuchtigkeit in den meisten Fällen durch die konstruktiv bedingte Querlüftung im Dachaufbau von selbst. Diese Möglichkeit ist bei Warmdachkonstruktionen jedoch ausgeschlossen. In fast allen Fällen befindet sich auf der tragenden Dachkonstruktion eine Dampfsperre, darauf die jeweilige Dämmung und darüber, meistens mehrlagig, bituminöse oder sonstige aus Kunststoff bestehende Dichtungslagen.

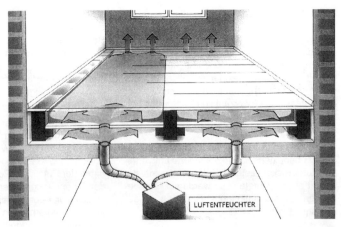

Abb. 14. Trocknung von Holzbalken-Decken

Die Dämmung ist also nach allen Seiten nahezu dampfdicht abgeschottet. Eingedrungene Feuchtigkeit hat keinerlei Chancen, auf natürlichem Wege zu verdampfen.

Neben dem hohen Dämmwertverlust führt überschüssige Feuchtigkeit im Dämmschichtpaket in den warmen Jahreszeiten zu Dampfdruckblasen, die enorme Ausmaße annehmen können. Bei Minustemperaturen in den Wintermonaten besteht die Gefahr der Eisbildung, die unter Umständen sogar Risse in der Dachhaut hervorrufen kann.

Eine schnelle und wirtschaftliche Austrocknung wird mit Hilfe der technischen Trocknung immer dann möglich, wenn der vorhandene Dachaufbau, insbesondere Art und Verlegeform des Dämmaterials, eine Unterlüftung des Dachschichtpaketes zulassen.

Aufgrund des relativ geringen Eigengewichtes kann eine solche Dachkonstruktion keinen großen Schwingungshüben ausgesetzt werden. Es ist darum bei einer Unterlüftung einer Warmdachkonstruktion in allen Fällen durch eine Kopplung von Über- und Unterdruckanlagen darauf zu achten, daß durch die Zuführung der Trockenluft niemals ein Überdruck im Inneren einer solchen Konstruktion entsteht, da dadurch die Gefahr besteht, daß ein Warmdach wie ein Luftballon aufgeblasen wird.

Die Luftzuführung wie die Luftabsaugung geschieht mit Hilfe von speziellen Anschlußflanschen, die auf die zuvor geschaffenen Öffnungen in der Dachhaut aufgeklebt werden.

Für Flachdachtrocknungen eignen sich ausschließlich nur Adsorptionstrockner.

5. Grenzen und Gefahren

Auch beim Einsatz von technischer Trocknung gibt es Grenzen. Der Hauptfeind ist die Zeit. Je schneller der Einsatz erfolgt, je größer sind nicht nur die Erfolgsaussichten, je geringer sind erfahrungsgemäß auch die Kosten einer solchen Maßnahme.

Dies gilt in allererster Linie besonders für Holzkonstruktionen. Bei Parkett – oder noch gefährlicher – bei Stirnholzparkettböden muß der Einsatz von Trocknungsmaßnahmen unbedingt vor dem Eintreten von irreparablen Verwerfungen erfolgen. Ist dies der Fall, ist auch der Trocknungserfolg sicher.

Für Schwingböden und Kegelbahnen gilt dies im gleichen Umfang. Wobei eine Trocknung von Schwingböden von dem Moment an nicht mehr sinnvoll ist, in dem die unter dem Oberbelag befindlichen Verlegeplatten an ihren Stößen aufzuquellen beginnen.

Kegelbahnen sind nach Wasserschäden von dem Moment an verloren, wo die Bohlenbahnen nennenswerte Verwerfungen aufzeigen.

Weitere Grenzen ziehen Materialien, die aufgrund ihrer Verlegeart eine Unterlüftung nicht zulassen, wie z. B. allseitig heißbituminös verklebte Foamglasdämmungen in Flachdachkonstruktionen oder stark bituminös gebundene Dämmungen, z. B. bei Kork.

Aber auch Polystyrol-Hartschaumdämmungen von mehr als 8 cm Dicke sind nach Langzeitwassereinwirkung nur sehr schwer oder gar nicht mehr auszutrocknen, insbesondere die konisch angefertigten Styropordämmungen bei

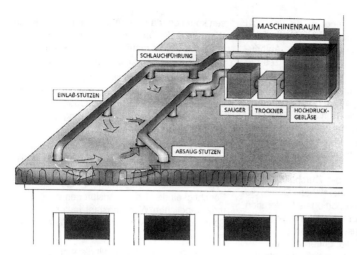

Abb. 15. Trocknungssystem für Flachdach-Trocknung

Gefälledächern mit Stärken von manchmal 40 cm und mehr.

Es ist nicht richtig, wenn behauptet wird, daß Styropor kein Wasser aufnehmen kann. Nach Langzeiteinwirkungen werden enorme Feuchtigkeitsmengen durch Dampfdiffusion und Kondensation bis in den innersten Kern dieses Materials regelrecht eingedrückt, die eine so starke Sättigung mit Wasser herbeiführen, daß durchfeuchtetes Styropor ein Mehrfaches seines natürlichen Gewichtes aufweisen kann.

Innerhalb eines wirtschaftlich vertretbaren Zeitraumes sind aber nur Entfeuchtungstiefen von max. 4 cm je Oberfläche bei Styropor zu erreichen.

Um unwirtschaftliche Sanierungen zu vermeiden, muß in jedem Fall sichergestellt sein, daß eine Trocknungsmaßnahme wesentlich kostengünstiger ist als eine Erneuerung. Bei Kleinstflächen ist dies jedoch nicht immer gegeben.

So kostet z. B. die Austrocknung einer Trittschall- und Wärmedämmung unter schwimmendem Estrich bei 6 m² Fläche genausoviel wie bei 35 m². Der Grund liegt im nahezu gleich hohen Aufwand bei der Gerätegestellung und Montage.

Aufgrund der bereits schon geschilderten Problematik bei der Austrocknung von feuchten Mauern bei speziellen Materialien ist auch in solchen Fällen abzuwägen, ob entweder die

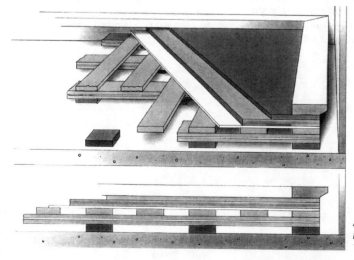

Abb. 16. Schwingboden-Aufbau eines Turnhallenbodens

155

natürliche Austrocknung möglich, die dabei zu berücksichtigenden langen Zeiträume in Kauf genommen werden können oder das Aufbringen eines speziellen Entfeuchtungsputzes die vernünftigere Alternative wäre.

Bei allen Einschubtrocknungen muß die Gewähr für eine vollflächige Durch- bzw. Unterlüftung der zu trocknenden Hohlräume bzw. der Dämmschichten gegegeben sein. Bei einigen Holzbalkendeckenkonstruktionen, insbesondere bei Fertighäusern, gibt es keine durchgängigen Gefache. Diese sind dort quasi als Raster aufgebaut und erlauben die Durchlüftung immer nur in kleinsten Teilbereichen. Durch die dann notwendige überproportionale Perforation der Oberfläche und des dabei notwendigen manuellen Aufwandes ist in solchen Extremfällen die Öffnung, d. h. die Entfernung der gesamten Oberkonstruktion, vorteilhafter, da dadurch das Restrisiko von evtl. verbleibenden Feuchtigkeitsnestern vollkommen ausgeschlossen werden kann.

Die Gefährdung von Holz durch Trocknungsmaßnahmen läßt sich in zwei Problempunkten zusammenfassen:

1. Übertrocknung und
2. die Gefahren durch zu schnelles Trocknen.

Bei der Übertrocknung schwindet Holz weit unter sein normales Maß. Dadurch können sich Verleimungen lösen, Vertäfelungen erhalten offene Spalten zwischen den einzelnen Paneelen, und bei miteinander verklebten unterschiedlichen Holzarten, wie z. B. bei furnierten Flächen, können sich aufgrund des unterschiedlichen Schwindverhaltens Risse bilden.

Bei zu schnellem Trocknen kann es insbesondere bei massiven Hölzern zu Trocknungsrissen kommen, da eine zu schnell abgetrocknete Oberfläche dem inneren Druck des noch feuchten Holzes nicht mehr standhalten kann.

Bei anderen Materialien, wie z. B. Lehm oder einigen Baustoffen vulkanischen Ursprungs, führt eine zu schnelle Trocknung zum Verschluß der Kapillare an der Oberfläche, wodurch die Feuchtigkeitswanderung aus dem Inneren unterbrochen wird.

Die Vermeidung solcher Probleme setzt ein breites Spektrum von Fachwissen des jeweiligen Trocknungstechnikers voraus. Mit Hilfe von hygrostatischen Steuerungen, die die rel. Feuchtigkeit der Trocknungsluft genau auf dem max. möglichen Wert konstant halten, werden Schäden dieser Art und Trocknungsunterbrechungen vermieden.

Eine besondere Gefahr stellt die Wassereinwirkung für Anhydritestriche dar. Eingeleitete Trocknungsmaßnahmen innerhalb eines Zeitraumes von 16 Tagen stellen in der Regel einen Trocknungserfolg sicher. Danach kann es zu irreparablen Zersetzungserscheinungen dieses auf Gipsbasis hergestellten Materials kommen. Hier wird noch einmal der so wichtige Zeitfaktor bei der Einleitung von Trocknungsmaßnahmen deutlich.

Trotz aller zuletzt genannten Einschränkungen bleiben technische Verfahren für die Gebäudetrocknung unverzichtbar. Nicht zuletzt wegen ihres überragenden Zeitvorteils.

In allen Fällen werden vorausgehende Feuchtigkeitsmessungen, Konstruktionsfeststellungen und Materialuntersuchungen letztendlich zu der Feststellung führen, ob eine Austrocknung noch möglich, sinnvoll und wirtschaftlich vertretbar ist.

Podiumsdiskussion am 7. März, vormittags

Frage:

Kann sich ein Sachverständiger gegenüber dem Gericht weigern, Stellung zu nehmen, wenn im Beweisbeschluß nach Verhältnismäßigkeit einer Nachbesserung ausdrücklich gefragt wird? Besteht nicht die Gefahr des Auftragsentzugs und zukünftige Kaltstellung des „unverschämten" Besserwissers?

Motzke:

So drastisch würde ich es nicht formulieren und die Auskunft auf diese Frage nach der Verhältnismäßigkeit verweigern, sondern ich würde sie im technischen Sinne verstehen. Ich würde die Nachteile des Verbleibs der Mängel schildern, die Vorteile bei Mängelbeseitigung aufzeigen, den Aufwand darstellen und dann resümierend feststellen, daß sich auf dieser Grundlage rechtlich die Frage nach der Verhältnismäßigkeit stellt, die das Gericht zu beantworten hat. So würde ich vorgehen. Ich habe ähnliches schon öfters mit Genuß gelesen. Wenn ein Sachverständiger festhält, diese Frage sei eine Rechtsfrage, die er nicht beantworte, da sie die Auseinandersetzung mit den Vertragsgrundlagen beispielsweise voraussetze, finde ich das sehr klug.

Frage:

In Beweisbeschlüssen erscheint häufig die Formulierung: Der Sachverständige soll die Nachbesserungskosten ermitteln; bei Unverhältnismäßigkeit den Minderwert beziffern. Ist diese Fragestellung juristisch einwandfrei? Wie soll sich der Sachverständige verhalten?

Motzke:

Sie erkennen aus der 1. Frage und meiner Antwort darauf, daß sie so juristisch nicht einwandfrei ist. Die Nachbesserungskosten können Sie sicherlich ermitteln und Sie könnten im weiteren nur sagen: Unterstellt, Unverhältnismäßigkeit ist gegeben und es bleibt bei den Mängeln, dann ist der Minderwert so und so. Unverhältnismäßigkeit würde ich auch hier nicht beantworten, sondern voraussetzen, daß es bei den Mängeln bleibt. Dann kann zum verbleibenden technischen Restmangel Stellung genommen werden.

Oswald:

D. h. Sie sagen, wenn nach Nachbesserung oder Minderwert gefragt wird, können beide Teilfragen von Sachverständigen beantwortet werden, er soll nur nicht entscheiden, welche der beiden Alternativen nun tatsächlich angemessen ist.

Frage:

Kann nach Ihren Ausführungen ein Sachverständiger ohne juristische Ausbildung überhaupt als Schiedsgutachter fungieren?

Motzke:

Selbstverständlich können Sie das machen, allerdings muß das Schiedsgutachten richtig sein. Sie müssen beide Bereiche richtig abdecken, den technischen Bereich und den juristischen, und in dem Moment, wo es offensichtlich falsch ist, wobei die Offensichtlichkeit sich durchaus nach feinsinnigen Kriterien richtet, droht Haftungsgefahr oder das Gutachten wird unverbindlich. Sie können nicht sagen, meine Aussage sei offensichtlich nicht falsch, weil Sie bloß mit Ihrem Sachverständigenverstand herangegangen sind. Wenn Sie die umfassende Aufgabe übernehmen und zu dieser umfassenden Aufgabe gehört auch die Stellung zu der Frage Verhältnismäßigkeit/Unverhältnismäßigkeit als Schiedsgutachter, dann muß das Schiedsgutachten eben auch juristisch richtig sein.

Oswald:

Insofern ist es also doch sinnvoll, über dieses Thema auch vor Sachverständigen ausführlicher zu sprechen, denn sie sind ja nicht nur im Rahmen von Rechtsstreitigkeiten tätig. Neben der selteneren Aufgabe der Schiedsgutachtertätigkeit nimmt die außergewöhnliche Begutachtung etwa in dem Sinne, wie von Herrn Schlapka beschrieben, ja einen sehr breiten Raum der Sachverständigentätigkeit ein. Die Zielrichtung muß doch gerade während der Bauzeit sein, diese Streitigkeiten eben vom Gericht wegzuhalten, d. h. dann muß diese Entscheidung doch vom Standverständigen mit den Beteiligten vor Ort ohne einen Richter gefällt werden.

Motzke:

Richtig. Wobei ich zu dem, was Herr Schlapka ausgeführt hat, folgendes sage: Wenn der Sachverständige sich dermaßen in die Qualitätssicherung während der Ausführung einmischt, besteht Konfliktgefahr. Unter Ihnen sind sicherlich viele, die beides sind, die Architekten und Sachverständige sind. In großen Bereichen wird doch die Leistungsphase der Objektüberwachung abgedeckt; zusätzliche Qualitätssicherung durch einen Dritten neben einem objektüberwachenden Architekten kann unter Bauablauf-Gesichtspunkten äußerst problematisch sein. Das kann, das weiß ich aus der eigenen Erfahrung, in Objektausführungsbereichen zu Streitigkeiten führen, damit dann zu Bauzeitverzögerungen, zu Unterbrechungstatbeständen und dazu, daß ein 3. Gutachter eingeschaltet wird.

Frage:

Wie regelt sich die Haftungsfrage gegenüber dem Auftraggeber?

Schlapka:

Ein solcher Vertrag ist selbstverständlich ein Werkvertrag und der Sachverständige hat für den übernommenen Auftrag im Rahmen des Werkvertragsrechts einzustehen und Gewähr zu leisten.

Motzke:

Also d. h. für mich, wenn ich mich jetzt in die Rolle eines Auftraggebers hineinversetze, würde ich sagen: Nichts gegen einen weiteren Sachverständigen, dann habe ich mehrere Partner, an die ich mich halten kann. Ich habe den überwachenden Sachverständigen als weiteren Planer, der kaum alles vollkommen richtig

machen wird. Auch er wird unter ganz bestimmten Zeitdepressionen, eingeschränkten Erkenntnismöglichkeiten stehen, hat aber andererseits für einen Erfolg einzustehen. Dies kann gerade beim Übergang vom Beweissicherungsgutachten in die Sanierungsplanung von Bedeutung sein. Entscheidend wird sein, welche Aufgaben, Verantwortlichkeiten und Kompetenzen der „baubegleitenden Begutachtung" zugewiesen werden. Handelt es sich um ein Gutachten oder um die „Überwachung des Objektüberwachens"? Die Rechtsqualität der baubegleitenden Begutachtung wird sehr entscheidend sein.

Oswald:

Aber Herr Motzke, Herr Schlapka redet ja nicht als Theoretiker, sondern er übt in großem Umfang diese Tätigkeit aus. Insofern bitte ich um seine Stellungnahme dazu.

Schlapka:

Herr Prof. Motzke, ich glaube, wenn jeder hier im Saale – außer der Gerichtssachverständige, der eine hoheitliche Aufgabe durchführt – wenn jeder hier im Saale, der außerhalb dieses Bereiches arbeitet, seine eigene Arbeit so gewichten würde, wie Sie es hier vortragen, dann müßten wir eigentlich alle das Firmenschild von unserer Hauswand wegnehmen. Also diesen Problemen ist jeder ausgesetzt, der außerhalb des gerichtlichen Bereiches tätig ist in der einen oder anderen Form. Ich kann Ihnen, was meine Person anlangt, sagen, ich habe noch nicht eine einzige Auseinandersetzung, die darauf gegründet gewesen wäre, verloren.

Oswald:

Machen Sie das als GmbH, wenn ich fragen darf?

Schlapka:

Nein, nein, dieses Tätigkeitsfeld decke ich persönlich ab. Mitunter wird Haftungseinschränkung der Höhe nach vereinbart, aber das hängt von der Projektgröße ab. Wir haben also sehr große Projekte einer solchen baubegleitenden Begutachtung unterzogen, und ich kann das eigentlich so nicht stehenlassen, daß es permanent Streitigkeiten mit den Architekten oder den bauleitenden Architekten gegeben hätte. Es gibt selbstverständlich in der Anfangsphase, das habe ich ja auch anklingen lassen, Probleme, aber wenn sich das dann eingespielt hat und wenn derjenige, der davon betroffen ist, sieht, daß ihm letztlich auch in gewisser Weise geholfen wird, dann glaube ich, läßt sich das doch zu den Ergebnissen führen, die ich angesprochen habe.

Oswald:

Mir stellt sich die Frage, dürfen Sie einen Handwerker so ins Messer laufen lassen? Wenn Sie doch während laufenden Bauarbeiten grobe Mängel sehen, reicht es dann, diese zu dokumentieren und dann wieder wegzugehen? Besteht hier nicht eine Schadensminderungspflicht des Sachverständigen?

Schlapka:

Es gibt Beispiele, daß wir die Mängelrüge sofort abgesetzt haben, daß wir gesagt haben, man muß das unbedingt ändern, und man hat uns zugesagt, daß es geändert würde. Der Auftragnehmer hat lediglich unsere Fotodokumentation damals nicht gesehen. Die Mängelrüge ist abgesetzt worden, und im nachhinein hat er behauptet, er hätte das ordnungsgemäß erledigt. Wir haben ihm aufgrund dieser Fotos belegen können – und auch das mit der Lisene haben wir ihm aufgrund dieser Fotos belegt –, daß er eben die Mängel nicht beseitigt haben kann. Es ist also nicht so – das möchte ich ganz weit von mir weisen – daß man hingeht, etwas dokumentiert, nach Hause geht und wartet, bis es fertig und zu ist, und dann die Dokumentation auf den Tisch legt, um zu belegen, daß dort Mängel vorhanden waren. Die entsprechenden Mängelrügen sind bei jeder Ortsbesichtigung abgesetzt worden, und das hat dann eben nicht zu den entsprechenden Ergebnissen geführt. Man ist ja nicht, wie der bauleitende Architekt, ständig an der Baustelle, sondern kommt nur alle 2 bis 4 Wochen, je nachdem. Man dokumentiert die Dinge entsprechend, und aus dem Vergleich vorher/nachher kann man ableiten, was im einzelnen geschehen ist.

Frage:

Beispiel Fußbodenheizung: Wenn der AN die falschen Heizrohre entfernt und die richtigen verlegt hat, wovon ich mich als Sachverständiger überzeugt habe, hat dann eine Abnahme stattgefunden? Wenn ja, wie ist die Haftung des Sachverständigen in diesem Fall einzuordnen?

Motzke:

Im Grunde genommen haben Sie es von Herrn Schlapka schon dargestellt bekommen; wenn Sie ein Sachverständiger sind, der da so als über dem Architekten Stehender tätig ist, wird wohl alleine durch das Ja des Ingenieurs nur eine technische Abnahme gemeint sein, also nicht eine rechtsgeschäftliche Abnahme. Die Feststellung des Sachverständigen, die Leistung sei fachtechnisch richtig, begründet auf der Basis eines Werkvertrags eine Haftung. Sie stehen für den Erfolg ein, also muß Ihre Aussage richtig sein und in dem Moment, wo die „Beratung" falsch gewesen ist, sind Sie in der Haftung. Die Haftungskomponente scheint mir bei dieser Art der Betrachtungsweise sehr bedeutsam zu sein. Nämlich ob Sie nur beraten, dann würden Sie sich recht deutlich vom Planer unterscheiden, oder ob Sie wirklich ein Werk als solcher schulden. Ein Sachverständiger, der im Bereiche Qualitätssicherung tätig ist, dürfte eher beraten.

Wer Leistungen der Phase 8 des § 15 HOAI übernimmt, wird zum Planer, der das mangelfreie Entstehenlassen des Bauwerkes schuldet. Der Unterschied zur Beratung ist beachtlich.

Frage:

Wann wird das IfS Bauschadensachverständige zertifizieren können und welche Zertifizierungsstellen gibt es in Deutschland bereits für Wertermittlungssachverständige oder wird es in Bälde geben?

Weidhaas:

Falls der Eindruck entstanden ist, daß sich Bausachverständige noch gar nicht um dieses Thema kümmern müßten, möchte ich das sehr stark relativieren. Ich gehe davon aus, daß Sie sich alle, soweit Sie selbständig Ingenieur- und Architekturbüros betreiben, um internes Qualitätsmanagement bemühen. Das gehört dazu, wenn Sie als Sachverständiger zertifiziert werden wollen. Die Zertifizierung Ihrer Dienstleistungen nach ISO 9000 ff. kann bereits heute erfolgen. Die Bausachverständigen können die Zertifizierung nach EN 45013 hintanstellen, weil für viele von Ihnen der Bezug zum europäischen Ausland noch nicht gegeben ist. Aber Europa wächst zusammen und es wird immer wichtiger, auch mit Ihren Auftraggebern aus dem benachbarten Ausland in einer Sprache zu sprechen. Sie sollten sich an ein System gewöhnen, das in der Industrie bei den Herstellern und bei den Prüflaboratorien inzwischen als eingeführt gelten kann. Sie sollten also die Zeit, die Ihnen bleibt, nutzen, sich mit dem Modell ISO 9000 ff. und mit der Zertifizierung von Qualitätssicherungssystemen auseinanderzusetzen. Der Zeitplan der IfS sieht so aus, daß wir zunächst die Bereiche Bewertung von Grundstücken, Kraftfahrzeugschäden und Maschinen und dann wahrscheinlich noch zunächst Betriebsunterbrechungsschäden in Angriff nehmen werden, weil das die vordringlichen Themenstellungen sind, weil hier bereits die ausländische Konkurrenz auf den Markt drängt und viele Sachverständige aus dem europäischen Ausland tätig sind. Wir denken in einer nächsten Stufe daran, auch den Bereich der Bauschadenssachverständigen in Angriff zu nehmen. Wenn das System einmal steht, ist es nicht mehr so kompliziert, weitere Gebiete zu erschließen. Man kann auf den Fundus, den wir durch die Mindestanforderungen an Gutachten und die Systeme, die es bei den Kammern für die öffentliche Bestellung gibt, zurückgreifen. Es gibt im Dienstleistungsbereich bereits Qualitätsmanagementsysteme. Personalzertifizierungen gibt es nur bei den Schweißtechnikern, für Sachverständige noch nicht. Wir sind also in der glücklichen Situation, Pionierarbeit leisten zu können in diesem Bereich und ich hoffe, daß es uns gelingt, dies möglichst mit einer Stimme zu tun.

Oswald:

Es muß unbedingt vermieden werden, daß es in Zukunft von unterschiedlichen Stellen zertifizierte Bausachverständige mit stark abweichendem Qualitätsniveau gibt. Alle hier im Saal Anwesenden sollten ihre jeweiligen Verbände bzw. Kammern drängen, daß so etwas nicht geschieht.

Weidhaas:

Sie können davon ausgehen, die gesamte Großindustrie war klug genug, sich für ihren Produktbereich zusammenzuschließen, und ich kann mir nicht vorstellen, daß die Sachverständigen diesen Weg nicht gehen können.

Frage:

Baubeschreibungen von Bauträgern (Generalunternehmern) sind meistens allgemein gehalten und geben keine klare Auskunft. In vielen Fällen weigert sich der Bauträger, dem Sachverständigen Ausführungszeichnungen zur Verfügung zu stellen, der Käufer hat sie meistens auch nicht.

Schlapka:

Diese Fallgestaltung trifft doch wohl eher für kleinere Projekte zu. Bei Großprojekten und bei einer baubegleitenden Begutachtung ist es doch wohl so, daß die Bauzeichnungen von Anfang an zur Verfügung stehen und daß man im Zusammenhang mit den Bauzeichnungen und den sonstigen Grundlagen eine etwas allgemein gehaltene Baubeschreibung sehr wohl auslegen kann. Man kann schon ermitteln, was da ursprünglich gemeint war. Selbstverständlich ist das schwieriger, aber die Rechtsprechung läßt ja im Hinblick auf die Möglichkeit der Stellung von Nachträgen durchaus Wege, die Baubeschreibungen allgemeiner zu halten. Dies wird auch leider mehr und mehr praktiziert, und aus dieser Situation entsteht ein gar nicht so unerheblicher Beratungsbedarf, der im Zuge der Abwicklung des Bauvorhabens dann erbracht werden muß.

Oswald:

Ich möchte abschließend noch etwas zur Rolle der baubegleitend tätigen Sachverständigen sagen. Ich meine, Sie bedauern vielleicht, daß es diese Rolle gibt, aber es muß sie offensichtlich geben. Es besteht offenbar bei großen Projekten, insbesondere wenn sie von großen Bauträgern abgewickelt werden, ein Bedarf nach einer solchen Rolle, die Herr Schlapka hier dargestellt hat. Man sollte sich darüber unterhalten, wie man diese Rolle, auch was die Haftungsseite angeht, wirklich eindeutig von den übrigen Leistungen der am Bau Beteiligten abgrenzt. Zu sagen: „Also das muß der Architekt machen", das stimmt zwar, aber damit gehen wir an der Wirklichkeit vorbei.

Motzke:

Tatsache ist, daß sich Architekten, angesichts ausdifferenzierter ingenieurmäßiger Anforderungen und auch handwerksmäßiger Anforderung aus manchen Leistungsphasen einfach verabschieden. Technisch muß die Lücke jedoch geschlossen werden. Dadurch droht Zersplitterung und es besteht die Gefahr, daß Verantwortlichkeiten am Bau hin und her geschoben werden können. Mit der Zuweisung unterschiedlicher Leistungsphasen an verschiedene Personen kann Optimierung wie auch Blockierung verbunden sein. Die baubegleitende technische Bewertung kann beides verstärken. Da unterschiedliche Auffassungen und Streitpunkte entschieden werden müssen, bedarf es der Festlegung, wer zur Entscheidung kompetent ist. Dokumentation wird wichtig.

Frage:

Schließt eine Anerkennung im geregelten Bereich die im ungeregelten Bereich ein oder umgekehrt?

Weidhaas:

Bislang, haben sich den Bereich, in dem EG-Richtlinien bestehen, in denen es um Sicherheitsrelevanz und Gesundheitsschutz geht, die staatlichen Akkreditierer vorbehalten. Es gibt eine Tendenz auf Empfehlung des Wirtschaftsministers, um ein Auseinanderdriften und der Vielfalt der Zertifizierungs- und Akkreditierungsstellen entgegenzuwirken, die Zusammenarbeit zwischen beiden Bereichen zu verstärken.

Podiumsdiskussion am 7. März, nachmittags

Frage:

Inwieweit wirkt sich die neue Wärmeschutzverordnung auf DIN 4108 aus, insbesondere hinsichtlich der einzuhaltenden Mindestwerte nach Teil 2, Tabelle 1?

Dahmen:

Durch die neue Wärmeschutzverordnung werden grundsätzlich die Regeln von DIN 4108 nicht beeinflußt. Mindestwerte nach DIN 4108 sind einzuhalten, um die Tauwasserfreiheit von Innenoberflächen an Außenbauteilen zu gewährleisten. In der Regel wird man aber mit Bauteilen, die nur nach DIN 4108 mindestgedämmt sind, die hohen Anforderungen der neuen Verordnung nicht erfüllen können. Die Kompensation schlecht gedämmter Teilflächen durch extrem große Dämmschichtdicken an anderer Stelle ist zudem aus ökonomischen und ökologischen Gründen sehr fragwürdig.

Frage:

Bei Bohrkernentnahme aus Mauerwerk, Ziegeln oder Kalksandsteinen zwecks Feuchtebestimmung ist welcher Durchmesser der Bohrkrone zu empfehlen?

Schickert:

Möglichst groß, aber so, daß die (Hohl-)Bohrung im Ziegel oder Stein bleibt. Aus meinem Verständnis also 50 mm. Ist das Ziel der Untersuchung nicht die Stein-, sondern die Mauerwerksfeuchte, so muß die Bohrung repräsentativ neben dem Mauerstein auch das Fugenmaterial erfassen.

Frage:

Welchen Einfluß auf den Feuchtegehalt des Bohrkerns hat die Bohrerdrehzahl?

Schickert:

Eine geringe Bohrerdrehzahl vermeidet die Gefahr der Erwärmung, die zum Feuchteverlust führen kann. Deshalb sollte möglichst schabend und nicht mahlend gebohrt werden. Eine Widia-Bohrkrone (Widia = Wie Diamant) alter Art kratzt und schabt und gestattet geringe Drehzahlen. Die Metaller würden von „spanender Abhebung" sprechen. Eine diamantbesetzte Bohrkrone dagegen mahlt. In beiden Fälle ist die kleinste mögliche Drehzahl zu empfehlen, bei der es grade noch nicht rumpelt, was nicht nur das Bohrgerät, sondern auch den Bohrkern beschädigen könnte.

Frage:

Zum Beispiel Niedrigenergiehäuser – muß man bei dem Fraunhofer-Beispiel nicht annehmen, daß ein großer Teil der erhöhten Heizkosten aufgrund des Energiebedarfs zum Verdampfen des Wassers benötigt wird?

Oswald:

Herr Kießl hatte dargestellt, daß der Anteil der Verdampfungswärme einen verhältnismäßig kleinen Prozentsatz (10%) ausmacht. Dies ist also nicht wesentlich. Der erhöhte Heizenergiebedarf bei Porenbeton-Niedrigenergiehäusern ergibt sich aus der Herabminderung der Wärmeleitzahl durch die Betonfeuchte und durch die wesentlich erhöhten Lüftungswärmeverluste, da zur Abführung der Baufeuchte weit über das sonst hygienisch Notwendige hinaus gelüftet werden muß.

Kießl:

Die von Herrn Oswald soeben gegebene Erläuterung beinhaltet die beiden Hauptpunkte für feuchtebedingte zusätzliche Wärmeverluste. Bei erhöhten Wassergehalten verstärkt sich der Transmissionswärmeverlust aufgrund des Feuchteeinflusses auf die Wärmeleitfähigkeit, und zudem wird in der Trocknungsphase Energie für das Verdunsten der Baufeuchte entzogen. Auch wenn sonst die Heizperiode von etwa Oktober bis April nicht die Haupttrocknungsphase z.B. eines Mauerwerks darstellt, so werden in dieser Zeit bei hohen Anfangs- bzw. Rohbaufeuchten doch erhebliche Feuchtemengen nach außen und nach innen abgegeben. Die erforderliche Verdunstungswärme geht dabei wesentlich zu Lasten des Heizwärmeverbrauchs. Die erhöhte Lüftung zur Feuchteabfuhr aus dem Innenraum steigert zudem die Lüftungswärmeverluste. Die intensive Trocknungsphase während der Sommerzeit belastet dann den Heizenergieverbrauch natürlich nicht mehr, hier unterstützen die Besonnung und die veränderten Randbedingungen den Trocknungsvorgang.

Frage:

Zur Dichtigkeit der Außenhülle. Wie berücksichtigt die Wärmeschutzverordnung diese Forderung oder wie will sie die Forderung „luftdicht" nach dem Stand der Technik realisieren?

Dahmen:

Es gibt in Deutschland bisher keine Grenzwerte, sondern nur die allgemeine Forderung. Ich halte es für problematisch, Grenzwerte in diesem Bereich festzulegen, da der Aufwand zur Kontrolle dieser Grenzwerte enorm hoch ist. Durch die technischen Hinweise in der neuen Wärmschutzverordnung, daß z. B. bei überlappenden, gestoßenen Konstruktionen eine eigene Luftdichtungsschicht vorgesehen werden muß, ist ein Schritt in die richtige Richtung gemacht.

Oswald:

Wir Sachverständige werden doch gefragt, ist das Haus denn nun dicht genug oder nicht. Ich glaube, da diese Dichtigkeitsfragen eine immer größere Rolle spielen, werden wir Grenzwerte formulieren müssen.

Dahmen:

Ich bin nicht gegen Grenzwerte. Nur was nützen Grenzwerte, wenn wir dann nicht die Maßnahmen formulieren und durchführen, um sie einzuhalten?

Frage:

Habe ich etwas falsch verstanden, wenn das CM-Gerät, also die Kalzium-Karbid-Methode, zur Feuchtebestimmung von Zementestrich nicht geeignet ist.

Schickert:

Sie ist geeignet! Das CM-Gerät braucht feinkörniges Probematerial wie z. B. Bohrmehl vom Zementestrich. Meine kritischen Hinweise bezogen sich auf die Bestimmung des Wassergehalts von Frischbeton. Die hierfür empfohlene Probemenge von 200 Gramm erscheint mir zu gering in Anbetracht der großen Körnung des Betonzuschlags und benötigt auch andere Kalibriertafeln als die derzeit in Gebrauch befindlichen, die sich im übrigen auf Probemengen von 20 g oder 50 g beziehen.

Frage:

Welches vereinfachtes Feldmeßverfahren zur Überprüfung der Belegreife oder Belegfeuchte der Estrichböden würden Sie Bauleitern empfehlen?

Schickert:

Sofern die Raumluft wärmer ist als der Estrich, wird die Materialfeuchte aufgrund der Temperaturdifferenz zur Oberfläche transportiert. Legt man nun über mehrere Stunden eine Gummimatte auf eine Prüffläche des Estrichbodens, so kann diese Feuchte dort nicht verdunsten, die Kontaktfläche der Matte zum Estrich wird befeuchtet. Ist dies der Fall, so erübrigt sich eine weitere Feuchtebestimmung. Andernfalls empfiehlt sich eine Feuchtemessung nach der Kalzium-Karbid-Methode. Es wird Bohrmehl entnommen, wobei die Bohrung über die gesamte Estrichdicke reicht. Das Probematerial etwa der obersten möglicherweise untypischen 10 mm sollte vorsichtshalber aber nicht in die Feuchtebestimmung einbezogen werden.

Frage:

Warum progagieren Sie $u_{m,80}$ als Bezugsfeuchte, wenn $u_{m,80}$ kleiner $u_{praktisch}$ ist?

Kießl:

Nun, ich möchte hier nicht propagieren. Ich beziehe mich auf neuere Meßergebnisse. Wie aus der Darstellung in meinem Beitrag zu sehen ist, schwanken die Wassergehalte bei heute üblichen Baukonstruktionen, Baustoffen und Wohnverhältnissen etwa um den $u_{m,80}$-Wert, also um die Sorptionsfeuchte bei etwa 80 % relativer Luftfeuchte. Dieser Wert liegt bei vielen Stoffen im Mittel sogar noch etwas über dem relativen Maximum real auftreffender Wassergehalte, z. B. in Mauerwerken. Das bedeutet einen gewissen Sicherheitspuffer. Es bietet sich daher an, diesen Stoffkennwert als Bezugswert für den Feuchtezuschlag auf die Wärmeleitfähigkeit heranzunehmen. Dieser Wert ist einfach zu bestimmen, er charakterisiert die Sorptionseigenschaft des Materials im praktischen hygroskopischen Bereich und ist repräsentativ für die heutige Feuchtesituation im Bauteil. Nach DIN 52620 kann dieser Wert den sog. „praktischen Feuchtegehalt", der auf Feldmessungen von früher zurückgeht, in bestimmten Fällen ersetzen. Dies ist der Grund dafür, warum ich mich dafür ausgesprochen habe, diesen Wert als Bezugsfeuchte für den Wärmeleitfähigkeitszuschlag herzunehmen.

Frage:

Ist es grundsätzlich ein Bauwerksmangel, wenn der praktische Feuchtegehalt überschritten wird? Gilt dies auch für Verblendmauerwerk?

Oswald:

Zunächst ist anzumerken, daß nach meinen Erfahrungen die Tabellenwerte von DIN 4108 Teil 4 zum praktischen Feuchtegehalt in aller Regel bei schadensfreien Gebäuden bei weitem nicht erreicht werden – die Werte sind also so hoch, daß meist keine negative Abweichung festzustellen ist. Gemäß DIN 4108 versteht man unter „praktischem Feuchtegehalt" den Feuchtegehalt, „der bei der Untersuchung genügend ausgetrockneter Bauten, die zum dauernden Aufenthalt von Menschen dienen, in 90 % aller Fälle nicht überschritten werden darf". Bei anderen Nutzungen können höhere Werte normal sein. Sie haben aus dem Vortrag von Herrn Schickert entnehmen können, daß die Feuchteverteilungen im Bauteilquerschnitt extrem unterschiedlich sein können, ohne daß man von einem Mangelzustand sprechen darf. Einzelne Meßwerte sind daher ohnehin nur sehr begrenzt aussagefähig. Man wird sich bei der Bewertung also immer fragen müssen: Was ist die Ursache der erhöhten Meßwerte? Stellt man z. B. einen Abdichtungsmangel fest, so kann man dann zu Recht von einer Mangelsituation sprechen.

Dies gilt erst recht für Verblendschalen: Wir haben durch Reihenuntersuchungen festgestellt, daß die meisten Verblendschalen bei Wassereindringprüfungen extrem hohe Wassermengen aufnehmen können, ohne daß irgendwelche Schäden entstehen. Hohe Wasseraufnahme und Wasserableitung an den Fußpunkten gehören zum Konstruktionsprinzip von Verblendschalen nach DIN 1053.

Frage:

Halten Sie folgenden Dachaufbau gemäß Wärmeschutzverordnung 95 für sinnvoll: 12,5 mm Gipskarton auf Lattung, Alukaschierung als Dampfbremse, 200 mm Mineralwolle, diffusionsoffene Unterspannbahn, Lattung, Konterlattung, Betondachstein?

Dahmen:

Ich halte diese Konstruktion nicht für sinnvoll, da ich die 12,5 mm Gipskartonplatte auf Lattung nicht für eine auf Dauer luftdichte Schicht halte. Die Alukaschierung ist als Dampfsperre ausreichend, als Luftdichtung baupraktisch aber nicht. Ich habe die Befürchtung, daß man den großen Dämmaufwand von 200 mm Mineralwolle durch die stellenweise fehlende Luftdichtung wieder zu großen Teilen zunichte macht. Beim heutigen Einbau von alukaschierten Randleistenmatten von 120 mm Dicke als Sparrenzwischendämmung verbleibt bei 18 cm hohen Sparren ein Belüftungsraum unter der Unterspannbahn. Oft sind die Dampfsperren dabei beschädigt, ohne daß es zu Durchfeuchtungsschäden der Konstruktion kommt.

Frage:

Wie verhält sich eine Konstruktion mit Sparrenvolldämmung, also 18 cm, raumseitig alukaschiert, oberseitig mit einer Unterspannbahn, $s_d < 0{,}3$ mm, bei Beschädigungen der raumseitigen Dampfsperre?

Dahmen:

Fehlstellen in Dampfsperren werden im Hinblick auf die Wasserdampfdiffusion, vereinfacht gesagt, nur mit dem Flächenanteil dieser Fehlstellen an der gesamten Dampfsperre wirksam. Dies ist im Grunde genommen unabhängig davon, ob da nun noch eine 2 cm hohe Luftschicht über der Wärmedämmung ist oder nicht.

Frage:

Lassen sich aus den Untersuchungen der BAM Aussagen über die Dauer einer natürlichen Austrocknung von Mauerwerk ableiten? Erneute Zufuhr von Feuchtigkeit sei ausgeschlossen.

Schickert:

Eindeutig ja. Die BAM hat in Kooperation mit Dresden und Weimar Rechenprogramme entwickelt, mit denen über sehr lange Zeit Austrocknungsprozesse gerade von Mauerwerk dreidimensional simuliert und auf diese Weise auch prognostiziert werden können. Diese beschreiben die wirklichen Verhältnisse besonders gut, da die Rechenergebnisse anhand von Mikrowellen-Messungen am Bauwerk (und nicht nur am Labormaterial) kalibriert werden. Im Vortrag wurde diese Art der Feuchtebestimmung – nämlich numerische Berechnungen kombiniert mit Messungen – als hybrid bezeichnet. So lassen sich auch Minimal- und Maximalaussagen treffen, welche Austrocknungszeit also mindestens oder höchstens zu erwarten ist. Damit wird der Tatsache Rechnung getragen, daß in der Realität die Materialeigenschaften innerhalb eines Bauwerks stark schwanken.

Oswald:

Herr Schickert, steckt hier nicht ein Widerspruch! Wir machen ein ganz kompliziertes Berechnungsverfahren, um den Austrocknungszeitraum abzustecken, was wir nur leider nicht wissen, ist aber die Feuchtigkeitsverteilung im Bauteil.

Schickert:

Da habe ich mich dann vielleicht nicht ganz richtig ausgedrückt. Wir kalibrieren diese Dinge, d. h. mit dem Mikrowellenverfahren, was ich Ihnen vorstellte, werden die Rechnungen kontrolliert – was da herauskommt, ist echt im Volumen, keine Frage.

Oswald:

Dazu müßten Sie das ganze Gebäude, sämtliche Bauteile Schritt für Schritt abmessen!

Schickert:

Wir müssen die Materialien abmessen. Wenn also im 1. Stock die gleichen Materialien sind wie im Untergeschoß, im Erdgeschoß, dann müssen wir es nicht noch einmal. Das Problem steckt in den Kennwerten der Materialien. Also das läßt sich machen. Ich wollte noch etwas zum Austrocknen von dickem Mauerwerk sagen. Restfeuchtigkeit muß nicht immer ein Schaden sein. Ich hatte von dem deutschen Dom berichtet, wo die Austrocknung so lange gedauert hat. Wissen Sie, was wir als Lösung vorgeschlagen haben? Soll es doch austrocknen. Wir machen die Ausstellung. Die Ausstellungswände kommen vor die unverputzten Wände, so daß man die unverputzten Wände nicht sieht. Wenn der Feuchtigkeitsnachschub aus der Wand in den Raum nicht größer ist, als die Ausstellungsstücke vertragen – Klimageräte müssen sowieso aufgestellt werden – was schadet es dann?

Frage:

Ein Unternehmer bekommt stark durchfeuchtete Kalksandsteine zur Baustelle vom Steinhersteller angeliefert, der Unternehmer kann die Annahme nicht verweigern, da der Feuchtigkeitsgehalt der angelieferten Steine in der entsprechenden Stoffnorm nicht geregelt ist. Bei der Verarbeitung sind spätere Feuchtigkeitsschäden nicht auszuschließen, wie sollte sich der Unternehmer verhalten? Den Steinhersteller tangiert dieses Problem nicht.

Oswald:

Er müßte die Steine so lagern, daß sie trocknen können, bevor er sie einbaut. In extremen Fällen kann sich der Unternehmer selbstverständlich auch beim Fehlen genormter Grenzwerte an den Steinhersteller mit dem Hinweis wenden, daß der Zustand der gelieferten Ware nicht branchenüblich und daher mangelhaft ist. Hilft dies nicht, so kann ich nur raten, den Lieferanten zu wechseln.

Podiumsdiskussion am 8. März, vormittags

Schnell:

Die Fragen lassen sich in 2 Gruppen einteilen. Mehrere Fragen beziehen sich auf die Messungen des Feuchtigkeitsgehaltes, der überwiegende Teil auf die Verformungen des Estriches, und hier auf den Kernpunkt, welche Größe ist zulässig und welche wird als Mangel bezeichnet. Ich habe in meinem Referat erwähnt, daß bei Zementestrichen, auch bei gut zusammengesetzten und nachbehandelten Estrichen, Randabsenkungen von 5 mm auftreten können. Unter Nachbehandlung werden dabei im Wohnungsbau geschlossene Türen und Fenster verstanden. Absenkungen nach dem Aufbringen des Fliesenbelages hängen im wesentlichen davon ab, bei welchem Feuchtigkeitsgehalt des Estriches der Fliesenbelag aufgebracht wird, und hier werden sehr viele Fehler gemacht. Ich plädiere dafür, daß auch nichtbeheizte Zementestriche künstlich getrocknet werden. Durch das Trocknen wird ein Teil des Endschwindmaßes vorweggenommen. Wenn ich davon ausgehe, daß ich einen bleibenden Anteil aus der anfänglichen Austrocknungswölbung habe und dann die Absenkung von etwa 3 mm dazu nehme, die auch bei den genannten Voraussetzungen auftreten kann, dann wären es etwa 5 mm, die aufgrund von Austrocknungsvorgängen auftreten können. Diese Randabsenkung würde ich nicht als Mangel bezeichnen. Sie ist konstruktiv bedingt. Ob der Bauherr damit einverstanden sein muß, ist eine rechtliche Frage. Aus meiner Sicht ist sie zu bejahen, wenn der Bauherr durch den Fliesenleger vorher darauf aufmerksam gemacht wird, daß die Randfugen nach 2 Jahren nachgefugt werden müssen.

Oswald:

Sie sind also der Meinung, daß es kein Mangel ist, wenn sich der Estrich bis 5 mm absenkt und daß das Nacharbeiten einer gewissen Dichtstoffrandfuge keine Nachbesserungspflicht des Bauunternehmers ist.

Schnell:

Ja, das habe ich so ausgeführt, allerdings nur unter der Voraussetzung, daß das dem Bauherrn vorher bekanntgemacht wird. Es gibt einen vergleichbaren Fall. Wir haben bei bestimmten textilen Bodenbelägen Shading. Diese Fleckenbildung ist nicht gezielt abstellbar. Nach der Rechtsprechung muß der Bodenleger den Bauherrn deshalb vorher darauf aufmerksam machen, daß so etwas auftreten kann. Es gibt aber auch andere Möglichkeiten, die Absenkungen zu kaschieren, z. B. durch Winkelprofile.

Oswald:

Durch eine gerissene Randfuge kann Wasser in den Estrich laufen. Man kann dann doch nicht nur von einem optischen Mangel wie beim Shading sprechen! Sollte man nicht aus planerischer oder handwerklicher Sicht die Dichtstofffuge am Rand so breit machen, daß sie die 5 mm-Bewegung ohne Rißbildung aufnehmen kann.

Schnell:

Eine 20 mm breite Fuge würden Ihnen kein Bauherr abnehmen. Dann läßt er eher noch Profile einbauen. Das Abdichten in Bädern mit Fugenmassen ist ein Problem bei schwimmenden Konstruktionen. Wenn die Fuge dauerhaft dicht sein soll, ist die Fugenmasse sicherlich nicht das geeignete Material dazu.

Oswald:

Das entscheidende Problem liegt doch wohl darin, daß es für den Sachverständigen sehr schwer rekonstruierbar ist, ob tatsächlich der Estrich zu feucht war. Ich finde es insofern gut, daß sie einen zulässigen Grenzwert vorschlagen.

Schnell:

Ich habe einen Wert genannt. Ich darf hinzufügen, daß nach der Norm SIA 251 für Unterlagsböden in der Schweiz diese Werte festgeschrieben sind. 5 mm Aufwölbung und 7 mm Absenkung sind danach zulässig.

Frage:
Ist es denn nicht notwendig, daß der Stein eine gewisse Feuchtigkeit hat, damit die Haftung zum Mörtel ausreichend hoch ist?

Schubert:
Das ist natürlich uneingeschränkt zu bejahen, aber so trocken sind ja unsere Steine in der Regel nicht, selbst wenn die Einbaufeuchte gering ist. Ein gewisses Vornässen, was auch in der Mauerwerknorm angesprochen worden ist, für sehr saugfähige Steine spielt überhaupt keine Rolle im Hinblick auf das Nachschwinden und das Austrocknungsverhalten. Es ist also bei saugfähigen, besonders bei sehr saugfähigen Steinen immer zu empfehlen, damit die Verbundfestigkeit zwischen Mörtel und Stein ausreichend hoch ist.

Frage:
Frostbeständigkeit bzw. Frostwiderstand; wenn nach DIN 52252 die Steine mit hohem Feuchtegehalt geprüft werden und Frostbeständigkeit oder ausreichender Frostwiderstand nachgewiesen wird, dann müßte es ja auch in der Praxis so sein.

Schubert:
Das ist natürlich so, deswegen ist die Prüfung ja so angelegt, daß mit einem hohen Feuchtegehalt geprüft wird, d. h. also, um das jetzt mal pauschal zu sagen, wir haben eigentlich beim Mauerwerk keine großen Probleme mit ausreichendem Frostwiderstand. Wenn Sie an Sichtmauerwerk, Verblendmauerwerk denken, dann müssen Sie ja Steine verwenden, die dafür geeignet sind. Dafür gibt es Steinnormen für Verblendsteine und Vormauersteine, die dann einer besonderen Frostbeanspruchung labormäßig unterzogen worden sind und den Nachweis einer besonders hohen Frostbeanspruchbarkeit geliefert haben.

Frage:
Stimmen Sie mir zu, daß bedingt durch die Lieferfeuchte/Einbaufeuchte sowie die heute abgestrebte kurze Bauzeit der Planer nur Ziegelmauerwerk ausführen lassen sollte?

Schubert:
Dem kann man natürlich überhaupt nicht zustimmen, denn – das ist ja auch ein trivialer Satz – jeder Baustoff hat seine Stärken und Schwächen. Die Ziegel haben diese eine Stärke, daß sie eine geringe Einbaufeuchte haben, sie haben aber, um das zu nivellieren, die andere Schwäche, daß sie hinsichtlich der Wärmeleitfähigkeit nicht so günstig einzustufen sind wie zum Beispiel Porenbeton und Leichtbetonsteine, die Rechenwerte der Wärmeleitfähigkeit von 0,12 erreichen. Insofern gleichen sich die Anfangsnachteile sicherlich aus, denn Sie müssen ja auch bedenken, daß sich die hohe Einbaufeuchte sehr schnell abbaut, der Feuchteverlauf/Austrocknungsverlauf ist hyperbelförmig. Sie bekommen sehr schnell einen niedrigen Feuchtegehalt und ich glaube, diese vermeintliche Schwäche muß man in Kauf nehmen, wenn man die anderen Stärken nutzen will. Also diese Aussage ist sicherlich falsch – das muß man ganz klar sagen –, daß man aus diesem Grund nur mit Ziegelmauerwerk bauen sollte.

Frage:
Kann man 1 bis 2 Jahre nach dem Einbau auf die Einbaufeuchte von Holz rückschließen?

Grosser:
Das kommt darauf an, welchen Schaden ich zu bearbeiten habe. Es gibt viele Möglichkeiten der rechnerischen Abschätzung. Ich habe versucht, Ihnen das in aller Kürze über die differenzielle Quellung zu erklären. Hier gibt es Formeln, mit denen man rechnen kann, so wie ich das Schwindmaß berechnen kann, oder, wie ich Ihnen das an dem Monogramm gezeigt habe, so kann ich umgekehrt aus einer vorhandenen Schwindfuge auf die Einbaufeuchte in etwa rückschließen.

Frage:
Wie soll bei der Messung mit dem CM-Gerät gemessen werden, aus welcher Schicht soll die Probe entnommen werden?

Schnell:
Generell sollte die Messung, bei schwimmenden Estrichen ist dies ja auch möglich, über den ganzen Querschnitt erfolgen. Die Probe muß mit dem Fäustel in der beiliegenden Schale so weit zerkleinert werden, daß die 4 Kugeln im

Gerät die zerkleinerten Stücke völlig zermahlen können. Nach 10 Minuten sollte dann gemessen werden bzw. wenn sich die Anzeige innerhalb etwa 1 Minute nicht mehr verändert. Ich würde daher empfehlen, nach der Messung das Prüfgut daraufhin zu überprüfen, ob tatsächlich alles zerkleinert ist. Bei Zementestrichen werden 20 g, bei Anhydritestrichen 50 g eingewogen und geprüft. Normalerweise sollte das gesamte Prüfgut eingewogen werden. Die Messung wird aber gleichmäßiger, wenn über dem 2 mm-Sieb abgesiebt wird. Inzwischen wurden die Werte der Gebrauchsanweisung durch die Herstellerfirma nach unserem Einspruch berichtigt.

Oswald:
Seit wann, soweit wir CM-Geräte besitzen, müssen wir um neue Unterlagen bitten?

Schnell:
Die Unterlagen sind jetzt neu herausgekommen.

Frage:
Wie sind die Meßstellen über die Fläche zu verteilen?

Schnell:
Bei Heizestrichen nach DIN 4725 Teil 4 und auch bei nicht beheizten Estrichen geht man davon aus, daß eine Messung je 200 m² bzw. je Geschoß durchgeführt wird. Dazu sollen nach DIN 4725 Teil 4 3 Meßstellen angelegt werden. Die feuchteste Stelle sollte vor der Messung mit dem CM-Gerät mit einem elektrischen Meßgerät ermittelt werden. Dazu eignet sich letzteres, für genauere Messungen dagegen nicht.

Frage:
Warum werden Porenbetonsteine nicht werkseitig vorgetrocknet?

Schubert:
Diese gewisse Schwäche der Porenbetonbaustoffe ist natürlich bekannt. Ich kann das nur noch mal wieder betonen: Es gibt darüber hinaus natürlich eine ganze Reihe von Stärken, die sich ausgleichen mit den Schwächen. Seit einiger Zeit wird die Möglichkeit des Vortrocknens untersucht. Porenbetonprodukte mit geringerem Feuchtigkeitsgehalt auszuliefern, halte ich für grundsätzlich machbar, aber es wird sicherlich noch eine Zeitlang dauern, bis man ein wirtschaftliches System gefunden hat. Denn Sie können sich vorstellen, mit diesem hohen Feuchtegehalt nach dem Autoklavieren ein Trocknungsverfahren zu finden, das auch die entsprechende Trocknung über den gesamten Querschnitt erreicht, ist nicht so einfach, aber daran wird gearbeitet.

Anhang zur Podiumsdiskussion vom 8. 3. 1994 (vormittags)

Herr Schnell stellt im folgenden seine Auffassung für Zementestriche nochmal klar:
a) Randabsenkungen bis 5 mm sind bei Zementestrichen mit im Dünnbett verlegten keramischen Belägen oder Steinbelägen unvermeidlich, weil konstruktionsbedingt, kein Mangel.
b) Randabsenkungen in dieser Größenordnung verursachen Fugenabrisse, wenn die Fugenbreite von mit Fugenmasse geschlossenen Fugen das vom Bauherrn im Wohnungsbau nach meiner Erfahrung aus Gründen der Ästhetik und der Reinigungsfähigkeit tolerierte Maß von 10 mm nicht überschreitet.
c) Wegen der Fugenabrisse müssen diese Fugenmassen nach 2 bis 3 Jahren erneuert werden. Die Fliesenleger haben dafür den Begriff „wartungsbedürftige Fugen" geprägt.
d) In den Fällen, in denen der Fugenbereich auf Dauer dicht sein muß, muß entweder die notwendige Fugenbreite eingeplant und vorgeschrieben oder eine andere Konstruktion mit Fugenbändern gewählt werden. Letztere halte ich für die sichere Konstruktion und würde sie breiten, mit Fugenmasse abgedichteten Fugen im senkrechten Bereich bei erforderlicher Dauerdichtheit immer vorziehen.
e) Ist Dauerdichtheit gefordert und die Fuge nicht entsprechend d) geplant und vorgeschrieben, ist selbstverständlich ein Mangel vorhanden. Der resultiert dann aber nicht aus der unvermeidlichen Randabsenkung, sondern aus der falschen Planung der Fuge.

Podiumsdiskussion 8. März, nachmittags

Frage:

Die Dämmschicht eines Heizestriches ist durchnäßt; wie können vor den Bohrungen Heizrohre lokalisiert werden?

Jebramek:

Die wohl vernünftigste Variante ist in diesem Fall der Einsatz einer Thermographie-Kamera. Sie können aber auch mit großflächigem Thermopapier operieren. Das ist ein Material, das temperaturempfindlich ist und in den gewünschten Bohrbereichen auf die Bodenflächen gelegt wird; Sie können dann anhand der sich verfärbenden Flächen sehen, ob ein Rohr darunter ist oder nicht.

Frage:

Was halten Sie von einer Abdichtung im Rohrleitungssystem durch Einfüllung von Pottasche?

Hupe:

Mir ist nicht bekannt, daß Pottasche zur Abdichtung in Wasserinstallationssystemen verwendet werden kann. Allerdings kenne ich einige chemische Dichtungsmittel, die, in die Anlage eingefüllt, an der Leckstelle durch den dortigen Luftzutritt auskristallisieren und so die Stelle abdichten. Die Anwendung derartiger Mittel kann ich nicht empfehlen, weil zum einen die Schadenursache (z. B. Korrosionsprobleme) nicht behoben wird, und die Hersteller mir bis heute andererseits keine Unbedenklichkeitsbescheinigung vorgelegt haben hinsichtlich Beeinträchtigung anderer Installationsteile wie Ventile, Pumpen etc. durch deren mögliche Undichtigkeiten.

Frage:

Sie haben sich skeptisch zu Lüftern geäußert. Die Erfolge bestätigen aber doch diese Methode: Dächer mit Lüftern sind nach meinen Praxiserfahrungen in 2–3 Jahren ausgetrocknet.

Lamers:

Das mag sicher richtig sein, aber bei Dächern ohne Lüfter können Sie die gleichen Beobachtungen machen. Wenn man mehrere Jahre nach der Sanierung eines durchfeuchteten Daches Kontrollöffnungen in den Bereichen anlegt, wo ursprünglich die Öffnungsstellen angelegt wurden, stellt man meistens eine erfreulich starke Austrocknung der Wärmedämmung fest. Bei all diesen Beobachtungen bleibt die Unsicherheit, ob die Feuchtigkeit tatsächlich aus dem Dach heraus ausgetrocknet ist, oder ob Sie sich nicht zu einem Teil lediglich im Dach gleichmäßiger verteilt hat. Nach meinen Beobachtungen können im Flachdach stark durchfeuchtete und relativ trockene Bereiche dicht nebeneinander liegen. Dies wird sich über die Jahre dann aber zu einem gewissen Grad ausgleichen. Wollte man einen genauen Überblick über die tatsächlichen Wassermengen im Dach gewinnen, müßte man im Grunde doch extrem viele Öffnungsstellen anlegen. Zu dieser Problematik verweise ich aber auch auf meinen Vortrag zu „Ortungsverfahren für Undichtigkeiten und Durchfeuchtungsumfang" auf den Aachener Bausachverständigentagen 1986. Aber auch wenn solche grundsätzlichen Unsicherheiten hinsichtlich der Austrocknungsdauer bestehen, kann man wohl davon ausgehen – hierauf hatte ich in meinem Vortrag hingewiesen –, daß auch ohne Lüfter mehr Feuchtigkeit austrocknet, als sich nach der überschläglichen Berechnung gemäß DIN 4108 Teil 5 ergibt. Im Grundsatz bleibe ich bei meiner Skepsis gegenüber dem Lüfter, wenn man sich eine Entfeuchtungswirkung durch Entspannung erhofft, während er als Revisionsöffnung für das mehrmalige Absaugen von Wasser sehr praktikabel ist.

Frage:

Nennen Sie bitte alternative Rohrmaterialien zu verzinktem Stahl und Kupfer in der Trinkwasserinstallation.

Hupe:

Korrosionsprobleme – und nur wegen derer stellt sich die Frage nach der Materialauswahl – tauchen, wie bereits im Referat ausgeführt, nur dort auf, wo Sauerstoff im Wasser gelöst ist, also nicht in geschlossenen Anlagen wie z. B. Heizungssystemen. Edelstahl wird bereits seit vielen Jahrzehnten mit gutem Erfolg dort eingesetzt, wo kritische Flüssigkeiten zu transportieren sind, beispielsweise in der chemischen Industrie. Es gibt einen namhaften Hersteller, der als Verbindungstechnik ein Preßfittingsystem anbietet. Durch diese kostensparende Verarbeitung sollen die Materialmehrkosten aufgewogen werden. Ich wage das zu bezweifeln; es läßt sich aber anhand eines konkreten Falles überprüfen. Kunststoffrohre (PVC) werden ebenfalls schon über viele Jahrzehnte vor allem in der chemischen Industrie eingesetzt. Inzwischen gibt es weitere Kunststoffe wie PE, VPE, PP, PB und Verbundwerkstoffe sowie PVC-C (PVC ist nur für Kaltwasserrohre geeignet). Vielfach wird in Fachkreisen vor fehlender Langzeiterfahrung gewarnt; für PVC kann das allerdings nicht zutreffen (s. o.). Weiter bestehen Bedenken hinsichtlich Sauerstoffdiffusion bei Heizungsanlagen sowie bei Verbundwerkstoffen durch mögliche Korrosion im Grenzbereich zwischen der Kunststoff- und Metallschicht. Außerdem ist zu gewährleisten, daß der Installateur mit der jeweiligen Verarbeitungstechnik gut vertraut ist. Ich habe in dieser Hinsicht keine Bedenken, weil die Probleme, die wir mit Kupfer hatten, hier nicht zum Tragen kommen. Kupferrohre werden gelötet, was der Installateur aus der Bleirohr- und/oder der Dachrinnenverarbeitung kannte. So wurden Besonderheiten beim Löten von Kupferrohren teilweise nicht beachtet (Korrosionsschäden durch zuviel oder falsches Lötmittel oder Lötfett, Putzwollereste oder zu hohe Löttemperatur). Bei der Verarbeitung von Kunststoffrohren ist dagegen eine völlig neue Technik anzuwenden, abhängig vom Rohrmaterial bzw. -hersteller, die der Installateur erst erlernen muß.

Verzeichnis der Aussteller

Informationsausstellung während der Tagung

Während der Aachener Bausachverständigentage wurde in einer begleitenden Ausstellung den Sachverständigen und Architekten interessierende Meßgeräte, Literatur und Serviceleistungen vorgestellt.

Aussteller waren:

AHLBORN Meß- und Regelungstechnik
Eichenfeldstraße 1–3, 83607 Holzkirchen,
vertreten durch:
Dipl.-Ing. F. Schoenenberg,
Petunienweg 4, 50127 Bergheim
Tel.: 0 22 71 / 9 48 43
Meßgeräte für Temperatur (auch Infrarot),
Feuchtigkeit, Druck, Luftgeschwindigkeit,
Meßwerterfassung,
Temperatur-Feuchte-Schreiber,
Hand-Speichermeßgeräte
k-Wert Programme etc.

BUCHLADEN PONTSTRASSE 39
Pontstraße 39, 52062 Aachen
Tel.: 02 41 / 2 80 08
Fachbuchhandlung, Versandservice

FRANKENNE
An der Schurzelter Brücke, 52074 Aachen
Templergraben 48, 52062 Aachen
Tel.: 02 41 / 17 60 11
Vermessungsgeräte, Messung von
Maßtoleranzen, Zubehör für
Aufmaße; Rißmaßstäbe; Bürobedarf;
Zeichen- und Grafikmaterial
Overheadprojektoren

HEINE OPTOTECHNIK
Kientalstraße 7, 82211 Herrsching
Tel.: 0 81 52 / 3 80
HEINE Technoskope,
netzunabhängige Endoskope; Rißlupe

INGENIEURGEMEINSCHAFT
Bau + Energie + Umwelt GmbH
Am Elmschenbruch, 31832 Springe
Tel.: 0 50 44 / 3 80 + 18 80
Messung von Luftundichtigkeiten in der
Gebäudehülle, „Blower-Door-Verfahren";
umweltbezogene Beratung und Analytik
Vertrieb der Minneapolis Blower-Door

MUNTERS Trocknungs-Service GmbH
Süderstraße 165, 20537 Hamburg
Tel.: 0 40 / 25 15 32-0
Ausstellung über Trocknungs- und
Sanierungsmethoden und über
Meßtechniken:
z. B.: Thermographie,
Baufeuchtemessung, Leckortung etc.

SPRINT Sanierung
Kolberger Straße 19, 40599 Düsseldorf
Tel.: 02 11 / 9 98 98-0
Sanierungsfachbetriebe in Aachen,
Berlin, Düsseldorf, Essen, Frankfurt,
Hamburg, Hannover und Köln

SUSPA Spannbeton GmbH
Germanenstraße 8, 86343 Königsbrunn
Tel.: 0 82 31 / 9 60 70
Baufeuchtemessung (z. B. CM-Gerät,
Gann Hydromette); Betonprüfgeräte,
Bewehrungssucher, CANIN-Korrosions-
analyse; vielfältiges Zubehör zur Proben-
entnahme, Meßlupe, Rißmaßstäbe etc.

Register 1975–1994

Rahmenthemen   Seite 174

Autoren   Seite 175

Vorträge   Seite 178

Stichwortverzeichnis   Seite 201

Rahmenthemen der Aachener Bausachverständigentage

1975 – Dächer, Terrassen, Balkone
1976 – Außenwände und Öffnungsanschlüsse
1977 – Keller, Dränagen
1978 – Innenbauteile
1979 – Dach und Flachdach
1980 – Probleme beim erhöhten Wärmeschutz von Außenwänden
1981 – Nachbesserung von Bauschäden
1982 – Bauschadensverhütung unter Anwendung neuer Regelwerke
1983 – Feuchtigkeitsschutz und -schäden an Außenwänden und erdberührten Bauteilen
1984 – Wärme- und Feuchtigkeitsschutz von Dach und Wand
1985 – Rißbildungen und andere Zerstörungen der Bauteiloberfläche
1986 – Genutzte Dächer und Terrassen
1987 – Leichte Dächer und Fassaden
1988 – Problemstellungen im Gebäudeinneren – Wärme, Feuchte, Schall
1989 – Mauerwerkswände und Putz
1990 – Erdberührte Bauteile und Gründungen
1991 – Fugen und Risse in Dach und Wand
1992 – Wärmeschutz – Wärmebrücken – Schimmelpilz
1993 – Belüftete und unbelüftete Konstruktionen bei Dach und Wand
1994 – Neubauprobleme – Feuchtigkeit und Wärmeschutz

Verlage: bis 1978 Forum-Verlag, Stuttgart
ab 1979 Bauverlag, Wiesbaden / Berlin

Lieferbare Titel bitte bei den Verlagen erfragen; vergriffene Titel können als Kopie beim AIBau bezogen werden.

Autoren der Aachener Bausachverständigentage

(die fettgedruckte Ziffer kennzeichnet das Jahr; die zweite Ziffer die erste Seite des Aufsatzes)

Achtziger, Joachim, **83**/78; **92**/46
Arendt, Claus, **90**/101
Arnds, Wolfgang, **78**/109; **81**/96
Arndt, Horst, **92**/84
Arnold, Karlheinz, **90**/41
Aurnhammer, Hans Eberhardt, **78**/48
Balkow, Dieter, **87**/87
Baust, Eberhard, **91**/72
Bindhardt, Walter, **75**/7
Bleutge, Peter, **79**/22; **80**/7; **88**/24; **89**/9; **90**/9; **92**/20; **93**/17
Bölling, Willy H., **90**/35
Böshagen, Fritz, **78**/11
Brand, Hermann, **77**/86
Braun, Eberhard, **88**/135
Cammerer, Walter F., **75**/39; **80**/57
Casselmann, Hans F., **82**/63; **83**/57
Cziesielski, Erich, **83**/38; **89**/95; **90**/91; **91**/35; **92**/125; **93**/29
Dahmen, Günter, **82**/54; **83**/85; **84**/105; **85**/76; **86**/38; **87**/80; **88**/111; **89**/41; **90**/80; **91**/49; **92**/106; **93**/85; **94**/35
Dartsch, Bernhard, **81**/75
Döbereiner, Walter, **82**/11
Draeger, Utz, **94**/118
Ehm, Herbert, **87**/9; **92**/42
Erhorn, Hans, **92**/73
Fix, Wilhelm, **91**/105
Franzki, Harald, **77**/7; **80**/32
Friedrich, Rolf, **93**/75
Gehrmann, Werner, **78**/17
Gertis, Karl A., **79**/40; **80**/44; **87**/25; **88**/38
Gösele, Karl, **78**/131
Groß, Herbert, **75**/3
Grosser, Dietger, **88**/100; **94**/97
Grube, Horst, **83**/103
Grün, Eckard, **81**/61
Grunau, Edvard B., **76**/163
Haack, Alfred, **86**/76
Haferland, Friedrich, **84**/33
Hauser, Gerd; Maas, Anton, **91**/88
Hauser, Gerd, **92**/98
Hausladen, Gerhard, **92**/64
Heck, Friedrich, **80**/65
Herken, Gerd, **77**/89; **88**/77
Hilmer, Klaus, **90**/69
Hoch, Eberhard, **75**/27; **86**/93
Höffmann, Heinz, **81**/121
Horstschäfer, Heinz-Josef, **77**/82
Hübler, Manfred, **90**/121

Hummel, Rudolf, **82**/30; **84**/89
Hupe, Hans-H., **94**/139
Jagenburg, Walter, **80**/24; **81**/7; **83**/9; **84**/16; **85**/9; **86**/18; **87**/16; **88**/9; **90**/17; **91**/27
Jebrameck, Uwe, **94**/146
Jeran, Alois, **89**/75
Jürgensen, Nikolai, **81**/70; **91**/111
Kamphausen, P. A., **90**/135; **90**/143
Kießl, Kurt, **92**/115; **94**/64
Kirtschig, Kurt, **89**/35
Klein, Wolfgang, **80**/94
Klocke, Wilhelm, **81**/31
Klopfer, Heinz, **83**/21
Kniese, Arnd, **87**/68
Knöfel, Dietbert, **83**/66
Knop, Wolf D., **82**/109
König, Norbert, **84**/59
Kramer, Carl; Gerhardt, H.J.; Kuhnert, B., **79**/49
Künzel, Helmut, **80**/49; **82**/91; **85**/83; **88**/45; **89**/109
Künzel, Helmut; Großkinsky, Theo, **93**/38
Lamers, Reinhard, **86**/104; **87**/60; **88**/82; **89**/55; **90**/130; **91**/82; **93**/108; **94**/130
Liersch, Klaus W., **84**/94; **87**/101; **93**/46
Lohmeyer, Gottfried, **86**/63
Lohrer, Wolfgang, **94**/112
Lühr, Hans Peter, **84**/47
Mantscheff, Jack, **79**/67
Mauer, Dietrich, **91**/22
Mayer, Horst, **78**/90
Meyer, Hans Gerd, **78**/38; **93**/24
Moelle, Peter, **76**/5
Motzke, Gerd, **94**/9
Müller, Klaus, **81**/14
Muhle, Hartwig, **94**/114
Muth, Wilfried, **77**/115
Neuenfeld, Klaus, **89**/15
Obenhaus, Norbert, **76**/23; **77**/17
Oswald, Rainer, **76**/109; **78**/79; **79**/82; **81**/108; **82**/36; **83**/113; **84**/71; **85**/49; **86**/32; **86**/71; **87**/94; **87**/21; **88**/72; **89**/115; **91**/96; **92**/90; **93**/100; **94**/72
Pauls, Norbert, **89**/48
Pfefferkorn, Werner, **76**/143; **89**/61; **91**/43
Pilny, Franz, **85**/38
Pohl, Wolf-Hagen, **87**/30
Pohlenz, Rainer, **82**/97; **88**/121
Pott, Werner, **79**/14; **82**/23; **84**/9
Prinz, Helmut, **90**/61
Pult, Peter, **92**/70
Reichert, Hubert, **77**/101
Rogier, Dietmar, **77**/68; **79**/44; **80**/81; **81**/45; **82**/44; **83**/95; **84**/79; **85**/89; **86**/111
Royar, Jürgen, **94**/120
Ruffert, Günther, **85**/100; **85**/58
Sand, Friedhelm, **81**/103

Schaupp, Wilhelm, **87**/109
Schellbach, Gerhard, **91**/57
Schießl, Peter, **91**/100
Schickert, Gerald, **94**/46
Schild, Erich, **75**/13; **76**/43; **76**/79; **77**/49; **77**/76; **78**/65; **78**/5; **79**/64; **79**/33; **80**/38; **81**/25; **81**/113; **82**/7; **82**/76; **83**/15; **84**/22; **84**/76; **85**/30; **86**/23; **87**/53; **88**/32; **89**/27; **90**/25; **92**/33
Schlapka, Franz-Josef, **94**/26
Schlotmann, Bernhard, **81**/128
Schnell, Werner, **94**/86
Schnutz, Hans H., **76**/9
Schubert, Peter, **85**/68; **89**/87; **94**/79
Schulze, Horst, **88**/88; **93**/54
Schumann, Dieter, **83**/119; **90**/108
Schütze, Wilhelm, **78**/122
Seiffert, Karl, **80**/113
Siegburg, Peter, **85**/14
Soergel, Carl, **79**/7; **89**/21
Stauch, Detlef, **93**/65
Steger, Wolfgang, **93**/69
Steinhöfel, Hans-Joachim, **86**/51
Stemmann, Dietmar, **79**/87
Tanner, Christoph, **93**/92
Tredopp, Rainer, **94**/21
Trümper, Heinrich, **82**/81; **92**/54
Usemann, Klaus W., **88**/52
Venter, Eckard, **79**/101
Vogel, Eckhard, **92**/9
Vygen, Klaus, **86**/9;
Weber, Helmut, **89**/122
Weber, Ulrich, **90**/49
Weidhaas, Jutta, **94**/17
Werner, Ulrich, **88**/17; **91**/9; **93**/9
Wesche, Karlhans; Schubert, P., **76**/121
Wolf, Gert, **79**/38; **86**/99
Zeller, M.; Ewert, M., **92**/65
Zimmermann, Günter, **77**/26; **79**/76; **86**/57

Die Vorträge der Aachener Bausachverständigentage, geordnet nach Jahrgängen, Referenten und Themen
(die fettgedruckte Ziffer kennzeichnet das Jahr; die zweite Ziffer die erste Seite des Aufsatzes)

75/3
Groß, Herbert
Forschungsförderung des Landes Nordrhein-Westfalen.

75/7
Bindhardt, Walter
Der Bausachverständige und das Gericht.

75/13
Schild, Erich
Ziele und Methoden der Bauschadensforschung.
Dargestellt am Beispiel der Untersuchung des Schadensschwerpunktes Dächer, Dachterrassen, Balkone.

75/27
Hoch, Eberhard
Konstruktion und Durchlüftung zweischaliger Dächer.

75/39
Cammerer, Walter F.
Rechnerische Abschätzung der Durchfeuchtungsgefahr von Dächern infolge von Wasserdampfdiffusion.

76/5
Moelle, Peter
Aufgabenstellung der Bauschadensforschung.

76/9
Schnutz, Hans H.
Das Beweissicherungsverfahren. Seine Bedeutung und die Rolle des Sachverständigen.

76/23
Obenhaus, Norbert
Die Haftung des Architekten gegenüber dem Bauherrn.

76/43
Schild, Erich
Das Berufsbild des Architekten und die Rechtsprechung.

76/79
Schild, Erich
Untersuchung der Bauschäden an Außenwänden und Öffnungsanschlüssen.

76/109
Oswald, Rainer
Schäden am Öffnungsbereich als Schadensschwerpunkt bei Außenwänden.

76/121
Wesche, Karlhans; Schubert, Peter
Risse im Mauerwerk – Ursachen, Kriterien, Messungen.

76/143
Pfefferkorn, Werner
Längenänderungen von Mauerwerk und Stahlbeton infolge von Schwinden und Temperaturveränderungen.

76/163
Grunau, Edvard B.
Durchfeuchtung von Außenwänden.

77/7
Franzki, Harald
Die Zusammenarbeit von Richter und Sachverständigem Probleme und Lösungsvorschläge.

77/17
Obenhaus, Norbert
Die Mitwirkung des Architekten beim Abschluß des Bauvertrages.

77/26
Zimmermann, Günter
Zur Qualifikation des Bausachverständigen.

77/49
Schild, Erich
Untersuchung der Bauschäden an Kellern, Dränagen und Gründungen.

77/68
Rogier, Dietmar
Schäden und Mängel am Dränagesystem.

Schild, Erich
Nachbesserungsmaßnahmen bei Feuchtigkeitsschäden an Bauteilen im Erdreich.

77/82
Horstschäfer, Heinz-Josef
Nachträgliche Abdichtungen mit starren Innendichtungen.

77/86
Brand, Hermann
Nachträgliche Abdichtungen auf chemischem Wege.

77/89
Herken, Gerd
Nachträgliche Abdichtungen mit bituminösen Stoffen.

77/101
Reichert, Hubert
Abdichtungsmaßnahmen an erdberührten Bauteilen im Wohnungsbau.

77/115
Muth, Wilfried
Dränung zum Schutz von Bauteilen im Erdreich.

78/5
Schild, Erich,
Architekt und Bausachverständiger.

78/11,
Böshagen, Fritz
Das Schiedsgerichtsverfahren.

78/17,
Gehrmann, Werner
Abgrenzung der Verantwortungsbereiche zwischen Architekt, Fachingenieur und ausführendem Unternehmer.

78/38
Meyer, Hans-Gerd
Normen, bauaufsichtliche Zulassungen, Richtlinien, Abgrenzung der Geltungsbereiche.

78/48
Aurnhammer, Hans Eberhardt
Verfahren zur Bestimmung von Wertminderungen bei Baumängeln und Bauschäden.

78/65
Schild, Erich
Untersuchung der Bauschäden an Innenbauteilen.

78/79
Oswald, Rainer
Schäden an Oberflächenschichten von Innenbauteilen.

78/90
Mayer, Horst
Verformungen von Stahlbetondecken und Wege zur Vermeidung von Bauschäden.

78/109
Arnds, Wolfgang
Rißbildungen in tragenden und nichttragenden Innenwänden und deren Vermeidung.

78/122
Schütze, Wilhelm
Schäden und Mängel bei Estrichen.

78/131
Gösele, Karl
Maßnahmen des Schallschutzes bei Decken, Prüfmöglichkeiten an ausgeführten Bauteilen.

79/7
Soergel, Carl
Die Prozeßrisiken im Bauprozeß.

79/14
Pott, Werner
Gesamtschuldnerische Haftung von Architekten, Bauunternehmern und Sonderfachleuten.

79/22
Bleutge, Peter
Umfang und Grenzen rechtlicher Kenntnisse des öffentlich, bestellten Sachverständigen.

79/33
Schild, Erich
Dächer neuerer Bauart, Probleme bei der Planung und Ausführung.

79/38
Wolf, Gert
Neue Dachkonstruktionen, Handwerkliche Probleme und Berücksichtigung bei den Festlegungen, der Richtlinien des Dachdeckerhandwerks – Kurzfassung.

79/40
Gertis, Karl A.
Neuere bauphysikalische und konstruktive Erkenntnisse, im Flachdachbau.

79/44
Rogier, Dietmar
Sturmschaden an einem leichten Dach mit Kunststoffdichtungsbahnen.

79/49
Kramer, Carl, Gerhardt, H.J.; Kuhnert, B.,
Die Windbeanspruchung von Flachdächern und deren konstruktive, Berücksichtigung.

79/64
Schild, Erich
Fallbeispiel eines Bauschadens an einem Sperrbetondach.

79/67
Mantscheff, Jack
Sperrbetondächer, Konstruktion und Ausführungstechnik.

79/76
Zimmermann, Günter
Stand der technischen Erkenntnisse der Konstruktion Umkehrdach.

79,/82
Oswald, Rainer
Schadensfall an einem Stahltrapezblechdach mit Metalleindeckung.

79/87
Stemmann, Dietmar
Konstruktive Probleme und geltende Ausführungsbestimmungen bei der Erstellung von Stahlleichtdächern.

79/101
Venter, Eckard
Metalleindeckungen bei flachen und flachgeneigten Dächern.

80/7
Bleutge, Peter
Die Haftung des Sachverständigen für fehlerhafte Gutachten im gerichtlichen und außergerichtlichen Bereich, aktuelle Rechtslage und Gesetzgebungsvorhaben.

80/24
Jagenburg, Walter
Architekt und Haftung.

80/32
Franzki, Harald
Die Stellung des Sachverständigen als Helfer des Gerichts, Erfahrungen und Ausblicke.

80/38
Schild, Erich
Veränderung des Leistungsbildes des Architekten im Zusammenhang, mit erhöhten Anforderungen an den Wärmeschutz.

80/44
Gertis, Karl A.
Auswirkung zusätzlicher Wärmedämmschichten auf das, bauphysikalische Verhalten von Außenwänden.

80/49
Künzel, Helmut
Witterungsbeanspruchung von Außenwänden, Regeneinwirkung und thermische Beanspruchung.

80/57
Cammerer, Walter F.
Wärmedämmstoffe für Außenwände, Eigenschaften und Anforderungen.

80/65
Heck, Friedrich
Außenwand – Dämmsysteme, Materialien, Ausführung, Bewährung.

80/81
Rogier, Dietmar
Untersuchung der Bauschäden an Fenstern.

80/94
Klein, Wolfgang
Der Einfluß des Fensters auf den Wärmehaushalt von Gebäuden.

80/113
Seiffert, Karl
Die Erhöhung des optimalen Wärmeschutzes von Gebäuden bei erheblicher Verteuerung der Wärme-Energie.

81/7
Jagenburg, Walter
Nachbesserung von Bauschäden in juristischer Sicht.

81/14
Müller, Klaus
Der Nachbesserungsanspruch – seine Grenzen.

81/25
Schild, Erich
Probleme für den Sachverständigen bei der Entscheidung von Nachbesserungen.

81/31
Klocke, Wilhelm
Preisabschätzung bei Nachbesserungsarbeiten und Ermittlung von Minderwerten

81/45
Rogier, Dietmar
Grundüberlegungen bei der Nachbesserung von Dächern.

81/61
Grün, Eckard
Beispiel eines Bauschadens am Flachdach und seine Nachbesserung.

81/70
Jürgensen, Nikolai
Beispiel eines Bauschadens am Balkon/Loggia und seine Nachbesserung.

81/75
Dartsch, Bernhard
Nachbesserung von Bauschäden an Bauteilen aus Beton.

81/96
Arnds, Wolfgang
Grundüberlegungen bei der Nachbesserung von Außenwänden.

81/103,
Sand, Friedhelm
Beispiel eines Bauschadens an einer Außenwand mit nachträglicher Innendämmung und seine Nachbesserung.

81/108
Oswald, Rainer
Beispiel eines Bauschadens an einer Außenwand mit Riemchenbekleidung und seine Nachbesserung.

81/113
Schild, Erich
Grundüberlegungen bei der Nachbesserung von erdberührten Bauteilen.

81/121
Höffmann, Heinz
Beispiel eines Bauschadens an einem Keller in Fertigteilkonstruktion und seine Nachbesserung.

81/128
Schlotmann, Bernhard
Beispiel eines Bauschadens an einem Keller mit unzureichender Abdichtung und seine Nachbesserung.

82/7
Schild, Erich
Die besondere Situation des Architekten bei der Anwendung neuer Regelwerke und DIN-Vorschriften.

82/11
Döbereiner, Walter
Die Haftung des Sachverständigen im Zusammenhang mit den anerkannten Regeln der Technik.

82/23
Pott, Werner
Haftung von Planer und Ausführendem bei Verstößen gegen allgemein anerkannte Regeln der Bautechnik.

82/30
Hummel, Rudolf
Die Abdichtung von Flachdächern

82/36
Oswald, Rainer
Zur Belüftung zweischaliger Dächer.

82/44
Rogier, Dietmar
Dachabdichtungen mit Bitumenbahnen.

82/54
Dahmen, Günter
Die neue DIN 4108 und die Wärmeschutzverordnung, ihre Konsequenzen für Planer und Ausführende, winterlicher und sommerlicher Wärmeschutz.

82/63
Casselmann, Hans F.
Die neue DIN 4108 und die Wärmeschutzverordnung, ihre Konsequenzen für Planer und Ausführende, Tauwasserschutz im Inneren von Bauteilen nach DIN 4108, Ausg. 1981.

82/76
Schild, Erich
Zum Problem der Wärmebrücken; das Sonderproblem der geometrischen Wärmebrücke.

82/81
Trümper, Heinrich
Wärmeschutz und notwendige Raumlüftung in Wohngebäuden.

82/91
Künzel, Helmut
Schlagregenschutz von Außenwänden, Neufassung in DIN 4108.

82/97
Pohlenz, Rainer
Die neue DIN 4109 – Schallschutz im Hochbau, ihre Konsequenzen für Planer und Ausführende.

82/109
Knop, Wolf D.
Wärmedämm-Maßnahmen und ihre schalltechnischen Konsequenzen.

83/9
Jagenburg, Walter
Abweichen von vertraglich vereinbarten Ausführungen und Änderungen bei der Nachbesserung.

83/15
Schild, Erich
Verhältnismäßigkeit zwischen Schäden und Schadensermittlung, Ausforschung – Hinzuziehen von Sonderfachleuten.

83/21
Klopfer, Heinz
Bauphysikalische Betrachtungen zum Wassertransport und Wassergehalt in Außenwänden.

83/38
Cziesielski, Erich
Außenwände – Witterungsschutz im Fugenbereich – Fassadenverschmutzung.

83/57
Casselmann, Hans F.
Feuchtigkeitsgehalt von Wandbauteilen.

83/66
Knöfel, Dietbert
Schäden und Oberflächenschutz an Fassaden.

83/78
Achtziger, Joachim
Meßmethoden – Feuchtigkeitsmessungen an Baumaterialien.

83/85
Dahmen, Günter
Kritische Anmerkungen zur DIN 18195.

83/95
Rogier, Dietmar
Abdichtung erdberührter Aufenthaltsräume.

83/103
Grube, Horst
Konstruktion und Ausführung von Wannen aus wasserundurchlässigem Beton.

83/113
Oswald, Rainer
Abdichtung von Naßräumen im Wohnungsbau.

83/119
Schumann, Dieter
Schlämmen, Putze, Injektagen und Injektionen. Möglichkeiten und Grenzen der Bauwerkssanierung im erdberührten Bereich.

84/9
Pott, Werner
Regeln der Technik, Risiko bei nicht ausreichend bewährten, Risiko bei nicht ausreichend bewährten Materialien und Konstruktionen − Informationspflichten/-grenzen.

84/16
Jagenburg, Walter
Beratungspflichten des Architekten nach dem Leistungsbild des 15 HOAI.

84/22
Schild, Erich
Fortschritt, Wagnis, Schuldhaftes Risiko.

84/33
Haferland, Friedrich
Wärmeschutz an Außenwänden − Innen-, Kern- und Außendämmung, k-Wert und Speicherfähigkeit.

84/47
Lühr, Hans Peter
Kerndämmung − Probleme des Schlagregens, der Diffusion, der Ausführungstechnik.

84/59
König, Norbert
Bauphysikalische Probleme der Innendämmung.

84/71
Oswald, Rainer
Technische Qualitätsstandards und Kriterien zu ihrer Beurteilung.

84/76
Schild, Erich
Flaches oder geneigtes Dach − Weltanschauung oder Wirklichkeit.

84/79
Rogier, Dietmar
Langzeitbewährung von Flachdächern, Planung, Instandhaltung, Nachbesserung.

84/89
Hummel, Rudolf
Nachbesserung von Flachdächern aus der Sicht des Handwerkers.

84/94
Liersch, Klaus W.
Bauphysikalische Probleme des geneigten Daches.

84/105
Dahmen, Günter
Regendichtigkeit und Mindestneigungen von Eindeckungen aus Dachziegeln und Dachsteinen, Faserzement und Blech.

85/9
Jagenburg, Walter
Umfang und Grenzen der Haftung des Architekten und Ingenieurs bei der Bauleitung.

85/14
Siegburg, Peter
Umfang und Grenzen der Hinweispflicht des Handwerkers.

85/30
Schild, Erich
Inhalt und Form des Sachverständigengutachtens.

85/38
Pilny, Franz
Mechanismus und Erfassung der Rißbildung.

85/49
Oswald, Rainer
Rissebildungen in Oberflächenschichten, Beeinflussung durch Dehnungsfugen und Haftverbund.

85/58
Rybicki, Rudolf
Setzungsschäden an Gebäuden, Ursachen und Planungshinweise zur Vermeidung.

85/68
Schubert, Peter
Rißbildung in Leichtmauerwerk, Ursachen und Planungshinweise zur Vermeidung.

85/76
Dahmen, Günter
DIN 18 550 Putz, Ausgabe Januar 1985.

85/83
Künzel, Helmut
Anforderungen an die thermo-mechanischen Eigenschaften von Außenputzen zur Vermeidung von Putzschäden.

85/89
Rogier, Dietmar
Rissebewertung und Rissesanierung.

85/100
Ruffert, Günther
Ursachen, Vorbeugung und Sanierung von Sichtbetonschäden.

86/9
Vygen, Klaus
Die Beweismittel im Bauprozeß.

86/18
Jagenburg, Walter
Juristische Probleme im Beweissicherungsverfahren.

86/23
Schild, Erich
Die Nachbesserungsentscheidung zwischen Flickwerk und Totalerneuerung.

86/32
Oswald, Rainer
Zur Funktionssicherheit von Dächern.

86/38
Dahmen, Günter
Die Regelwerke zum Wärmeschutz und zur Abdichtung von genutzten Dächern.

86/51
Steinhöfel, Hans-Joachim
Nutzschichten bei Terrassendächern.

86/57
Zimmermann, Günter
Die Detailausbildung bei Dachterrassen.

86/63
Lohmeyer, Gottfried
Anforderungen an die Konstruktion von Parkdecks aus wasserundurchlässigem Beton.

86/71
Oswald, Rainer
Begrünte Dachflächen – Konstruktionshinweise aus der Sicht des Sachverständigen.

86/76
Haack, Alfred
Parkdecks und befahrbare Dachflächen mit Gußasphaltbelägen.

86/93
Hoch, Eberhard
Detailprobleme bei bepflanzten Dächern.

86/99
Wolf, Gert
Begrünte Flachdächer aus der Sicht des Dachdeckerhandwerks.

86/104
Lamers, Reinhard
Ortungsverfahren für Undichtigkeiten und Durchfeuchtungsumfang.

86/111
Rogier, Dietmar
Grundüberlegungen und Vorgehensweise bei der Sanierung genutzter Dachflächen.

87/9
Ehm, Herbert
Möglichkeiten und Grenzen der Vereinfachung von Regelwerken aus der Sicht der Behörden und des DIN.

87/16
Jagenburg, Walter
Tendenzen zur Vereinfachung von Regelwerken, Konsequenzen für Architekten, Ingenieure und Sachverständige aus der Sicht des Juristen.

87/21
Oswald, Rainer
Grenzfragen bei der Gutachtenerstattung des Bausachverständigen.

87/25
Gertis, Karl A.
Speichern oder Dämmen? Beitrag zur k-Wert-Diskussion.

87/30
Pohl, Wolf-Hagen
Konstruktive und bauphysikalische Problemstellungen bei leichten Dächern.

87/53
Schild, Erich
Das geneigte Dach über Aufenthaltsräumen, Belüftung – Diffusion – Luftdichtigkeit.

87/60
Lamers, Reinhard
Fallbeispiele zu Tauwasser- und Feuchtigkeitsschäden an leichten Hallendächern.

87/68
Kniese, Arnd
Großformatige Dachdeckungen aus Aluminium- und Stahlprofilen.

87/80
Dahmen, Günter
Stahltrapezblechdächer mit Abdichtung.

87/87
Balkow, Dieter
Glasdächer – bauphysikalische und konstruktive Probleme.

87/94
Oswald, Rainer
Fassadenverschmutzung, Ursachen und Beurteilung.

87/101
Liersch, Klaus W.
Leichte Außenwandbekleidungen.

87/109
Schaupp, Wilhelm
Außenwandbekleidungen, Einschlägige DIN-Normen und bauaufsichtliche Regelungen.

88/9
Jagenburg, Walter
Die Produzentenhaftung, Bedeutung für den Baubereich.

88/17
Werner, Ulrich
Die Grenzen des Nachbesserungsanspruchs bei Bauschäden.

88/24
Bleutge, Peter
Aktuelle Aspekte der neuen Sachverständigenordnung, Werbung des Sachverständigen.

88/32
Schild, Erich
Fragen der Aus- und Fortbildung von Bausachverständigen.

88/38
Gertis, Karl A.
Temperatur und Luftfeuchte im Inneren von Wohnungen, Einflußfaktoren, Grenzwerte.

88/45
Künzel, Helmut
Instationärer Wärme- und Feuchteaustausch an Gebäudeinnenoberflächen.

88/52
Usemann, Klaus W.
Was muß der Bausachverständige über Schadstoffimmissionen im Gebäudeinneren wissen?

88/72
Oswald, Rainer
Der Feuchtigkeitsschutz von Naßräumen im Wohnungsbau nach dem neuesten Diskussionsstand.

88/77
Herken, Gerd
Anforderungen an die Abdichtung von Naßräumen des Wohnungsbaues in DIN-Normen.

88/82
Lamers, Reinhard
Abdichtungsprobleme bei Schwimmbädern, Problemstellung mit Fallbeispielen.

88/88
Schulze, Horst
Fliesenbeläge auf Gipsbauplatten und Spanplatten in Naßbereichen.

88/100
Grosser, Dietger
Der echte Hausschwamm (Serpula lacrimans), Erkennungsmerkmale, Lebensbedingungen, Vorbeugung und Bekämpfung.

88/111
Dahmen, Günter
Naturstein- und Keramikbeläge auf Fußbodenheizung.

88/121
Pohlenz, Rainer
Schallschutz von Holzbalkendecken bei Neubau- und Sanierungsmaßnahmen.

88/135
Braun, Eberhard
Maßgenauigkeit beim Ausbau, Ebenheitstoleranzen, Anforderung, Prüfung, Beurteilung.

89/9
Bleutge, Peter
Urheberschutz beim Sachverständigengutachten, Verwertung durch den Auftraggeber, Eigenverwertung durch den Sachverständigen.

89/15
Neuenfeld, Klaus
Die Feststellung des Verschuldens des objektüberwachenden Architekten durch den Sachverständigen.

89/21
Soergel, Carl
Die Prüfungs- und Hinweispflicht der am Bau Beteiligten.

89/27
Schild, Erich
Mauerwerksbau im Spannungsfeld zwischen architektonischer Gestaltung und Bauphysik.

89/35
Kirtschig, Kurt
Zur Funktionsweise von zweischaligem Mauerwerk mit Kerndämmung.

89/41
Dahmen, Günter
Wasseraufnahme von Sichtmauerwerk, Prüfmethoden und Aussagewert.

89/48
Pauls, Norbert
Ausblühungen von Sichtmauerwerk, Ursachen – Erkennung – Sanierung.

89/55
Lamers, Reinhard
Sanierung von Verblendschalen dargestellt an Schadensfällen.

89/61
Pfefferkorn, Werner
Dachdecken- und Geschoßdeckenauflager bei leichten Mauerwerkskonstruktionen, Erläuterungen zur DIN 18 530 vom März 1987.

89/75
Jeran, Alois
Außenputz auf hochdämmendem Mauerwerk, Auswirkung der Stumpfstoßtechnik.

89/87
Schubert, Peter
Aussagefähigkeit von Putzprüfungen an ausgeführten Gebäuden, Putzzusammensetzung und Druckfestigkeit.

89/95
Cziesielski, Erich
Mineralische Wärmedämmverbundsysteme, Systemübersicht, Befestigung und Tragverhalten, Rißsicherheit, Wärmebrückenwirkung, Detaillösungen.

89/109
Künzel, Helmut
Wärmestau und Feuchtestau als Ursachen von Putzschäden bei Wärmedämmverbundsystemen.

89/115
Oswald, Rainer
Die Beurteilung von Außenputzen, Strategien zur Lösung typischer Problemstellungen.

89/122
Weber, Helmut
Anstriche und rißüberbrückende Beschichtungssysteme auf Putzen.

90/9
Bleutge, Peter
Beweiserhebung statt Beweissicherung.

90/17
Jagenburg, Walter
Juristische Probleme bei Gründungsschäden.

90/25
Schild, Erich
Allgemein anerkannte Regeln der Bautechnik.

90/35
Bölling, Willy H.
Gründungsprobleme bei Neubauten neben Altbauten, zeitlicher Verlauf von Setzungen.

90/41
Arnold, Karlheinz
Erschütterungen als Rißursachen.

90/49
Weber, Ulrich
Bergbauliche Einwirkungen auf Gebäude, Abgrenzungen und Möglichkeiten der Sanierung und Vermeidung.

90/61
Prinz, Helmut
Grundwasserabsenkung und Baumbewuchs als Ursache von Gebäudesetzungen.

90/69
Hilmer, Klaus
Ermittlung der Wasserbeanspruchung bei erdberührten Bauwerken.

90/80
Dahmen, Günter
Dränung zum Schutz baulicher Anlagen, Neufassung DIN 4095.

90/91
Cziesielski, Erich
Wassertransport durch Bauteile aus wasserundurchlässigem Beton, Schäden und konstruktive Empfehlungen.

90/101
Arendt, Claus
Verfahren zur Ursachenermittlung bei Feuchtigkeitsschäden an erdberührten Bauteilen.

90/108
Schumann, Dieter
Nachträgliche Innenabdichtungen bei erdberührten Bauteilen.

90/121
Hübler, Manfred
Bauwerkstrockenlegung, Instandsetzung feuchter Grundmauern.

90/130
Lamers, Reinhard
Unfallverhütung beim Ortstermin.

90/135
Kamphausen, P. A.
Bewertung von Verkehrswertminderungen bei Gebäudeabsenkungen und Schieflagen.

90/143
Kamphausen, P. A.
Bausachverständige im Beweissicherungsverfahren.

91/9
Werner, Ulrich
Auslegung von HOAI und VOB, Aufgabe des Sachverständigen oder des Juristen?

91/22
Mauer, Dietrich
Auslegung und Erweiterung der Beweisfragen durch den Sachverständigen.

91/27
Jagenburg, Walter
Die außervertragliche Baumängelhaftung.

91/35
Cziesielski, Erich
Gebäudedehnfugen.

91/43
Pfefferkorn, Werner
Erfahrungen mit fugenlosen Bauwerken.

91/49
Dahmen, Günter
Dehnfugen in Verblendschalen.

91/57
Schellbach, Gerhard
Mörtelfugen in Sichtmauerwerk und Verblendschalen.

91/72
Baust, Eberhard
Fugenabdichtung mit Dichtstoffen und Bändern.

91/82
Lamers, Reinhard
Dehnfugenabdichtung bei Dächern.

91/88
Hauser, Gerd, Maas, Anton,
Auswirkungen von Fugen und Fehlstellen in Dampfsperren und Wärmedämmschichten.

91/96
Oswald, Rainer
Grundsätze der Rißbewertung.

91/100
Schießl, Peter
Risse in Sichtbetonbauteilen.

91/105
Fix, Wilhelm
Das Verpressen von Rissen.

91/111
Jürgensen, Nikolai
Öffnungsarbeiten beim Ortstermin.

92/9
Vogel, Eckhard
Europäische Normung, Rahmenbedingungen, Verfahren der Erarbeitung, Verbindlichkeit, Grundlage eines einheitlichen europäischen Baumarktes und Baugeschehens.

92/20
Bleutge, Peter
Aktuelle Probleme aus dem Gesetz über die Entschädigung von Zeugen und Sachverständigen (ZSEG).

92/33
Schild, Erich
Zur Grundsituation des Sachverständigen bei der Beurteilung von Schimmelpilzschäden.

92/42
Ehm, Herbert
Die zukünftigen Anforderungen an die Energieeinsparung bei Gebäuden, die Neufassung der Wärmeschutzverordnung.

92/46
Achtziger, Joachim
Wärmebedarfsberechnung und tatsächlicher Wärmebedarf, die Abschätzung des erhöhten Heizkostenaufwandes bei Wärmeschutzmängeln.

92/54
Trümper, Heinrich
Natürliche Lüftung in Wohnungen.

92/64
Hausladen, Gerhard
Lüftungsanlagen und Anlagen zur Wärmerückgewinnung in Wohngebäuden.

92/65
Zeller, M.; Ewert, M.
Berechnung der Raumströmung und ihres Einflusses auf die Schwitzwasserund Schimmelpilzbildung auf Wänden.

92/70
Pult, Peter
Krankheiten durch Schimmelpilze.

92/73
Erhorn, Hans
Bauphysikalische Einflußfaktoren auf das Schimmelpilzwachstum in Wohnungen.

92/84
Arndt, Horst
Konstruktive Berücksichtigung von Wärmebrücken, Balkonplatten, Durchdringungen, Befestigungen.

92/90
Oswald, Rainer
Die geometrische Wärmebrücke, Sachverhalt und Beurteilungskriterien.

92/98
Hauser, Gerd
Wärmebrücken, Beurteilungsmöglichkeiten und Planungsinstrumente.

92/106
Dahmen, Günter
Die Bewertung von Wärmebrücken an ausgeführten Gebäuden, Vorgehensweise, Meßmethoden und Meßprobleme.

92/115
Kießl, Kurt
Wärmeschutzmaßnahmen durch Innendämmung, Beurteilung und Anwendungsgrenzen aus feuchtetechnischer Sicht.

92/125
Cziesielski, Erich
Die Nachbesserung von Wärmebrücken durch Beheizung der Oberflächen.

93/9
Werner, Ulrich
Erfahrungen mit der neuen Zivilprozeßordnung zum selbständigen Beweisverfahren.

93/17
Bleutge, Peter
Der deutsche Sachverständige im EG-Binnenmarkt – Selbständiger, Gesellschafter oder Angestellter, Tendenzen in der neuen Muster-SVO des DIHT.

93/24
Meyer, Hans Gerd
Brauchbarkeits-, Verwendbarkeits- und Übereinstimmungsnachweise, nach der neuen Musterbauordnung.

93/29
Cziesielski, Erich
Belüftete Dächer und Wände, Stand der Technik.

93/38
Künzel, Helmut; Großkinsky, Theo
Das unbelüftete Sparrendach, Meßergebnisse, Folgerungen für die Praxis.

93/46
Liersch, Klaus W.
Die Belüftung schuppenförmiger Bekleidungen, Einfluß auf die Dauerhaftigkeit.

93/54
Schulze, Horst
Holz in unbelüfteten Konstruktionen des Wohnungsbaus.

93/65
Stauch, Detlef
Unbelüftete Dächer mit schuppenförmigen Eindeckungen aus der Sicht des Dachdeckerhandwerks.

93/69
Steger, Wolfgang
Die Tragkonstruktionen und Außenwände der Fertigteilbauarten in den neuen Bundesländern – Mängel, Schäden mit Instandsetzungs- und Modernisierungshinweisen.

93/75
Friedrich, Rolf
Die Dachkonstruktionen der Fertigteilbauweisen in den neuen Bundesländern, Erfahrungen, Schäden, Sanierungsmethoden.

93/92
Tanner, Christoph
Die Messung von Luftundichtigkeiten in der Gebäudehülle.

93/85
Dahmen, Günter
Leichte Dachkonstruktionen über Schwimmbädern – Schadenserfahrungen und Konstruktionshinweise.

93/100
Oswald, Rainer
Zur Prognose der Bewährung neuer Bauweisen, dargestellt am Beispiel der biologischen Bauweisen.

93/108
Lamers, Reinhard
Wintergärten, Bauphysik und Schadenserfahrung.

94/9
Motzke, Gerd
Mängelbeseitigung vor und nach der Abnahme – Beeinflussen Bauzeitabschnitte die Sachverständigenbegutachtung?

94/17
Weidhaas, Jutta
Die Zertifizierung von Sachverständigen

94/21
Tredopp, Rainer
Qualitätsmanagement in der Bauwirtschaft

94/26
Schlapka, Franz-Josef
Qualitätskontrollen durch den Sachverständigen

94/35
Dahmen, Günter
Die neue Wärmeschutzverordnung und ihr Einfluß auf die Gestaltung von Neubauten

94/46
Schickert, Gerald
Feuchtemeßverfahren im kritischen Überblick

94/64
Kießl, Kurt
Feuchteeinflüsse auf den praktischen Wärmeschutz bei erhöhtem Dämmniveau

94/72
Oswald, Rainer
Baufeuchte – Einflußgrößen und praktische Konsequenzen

94/79
Schubert, Peter
Feuchtegehalte von Mauerwerkbaustoffen und feuchtebeeinflußte Eigenschaften

94/86
Schnell, Werner
Das Trocknungsverhalten von Estrichen – Beurteilung und Schlußfolgerungen für die Praxis

94/97
Grosser, Dietger
Feuchtegehalte und Trocknungsverhalten von Holz und Holzwerkstoffen

94/111
Oswald, Rainer
Das aktuelle Thema: Gesundheitsrisiken durch Faserdämmstoffe? Konsequenzen für Planer und Sachverständige

94/112
Lohrer, Wolfgang
Das aktuelle Thema: Gesundheitsrisiken durch Faserdämmstoffe? Konsequenzen für Planer und Sachverständige

94/114
Muhle, Hartwig
Das aktuelle Thema: Gesundheitsrisiken durch Faserdämmstoffe? Konsequenzen für Planer und Sachverständige

94/118
Draeger, Utz
Das aktuelle Thema: Gesundheitsrisiken durch Faserdämmstoffe? Konsequenzen für Planer und Sachverständige

94/120
Royar, Jürgen
Das aktuelle Thema: Gesundheitsrisiken durch Faserdämmstoffe? Konsequenzen für Planer und Sachverständige

94/124
Diskussion
Gesundheitsgefährdung durch künstliche Mineralfasern?

94/128
Anhang zur Mineralfaserdiskussion
Presseerklärung des Bundesministeriums für Umwelt, Naturschutz und Reaktorsicherheit und des Bundesministeriums für Arbeit vom 18. 3. 1994

94/130
Lamers, Reinhard
Feuchtigkeit im Flachdach – Beurteilung und Nachbesserungsmethoden

94/139
Hupe, Hans-Heiko
Leitungswasserschäden – Ursachenermittlung und Beseitigungsmöglichkeiten

94/146
Jebrameck, Uwe
Technische Trocknungsverfahren

Stichwortverzeichnis

(die fettgedruckte Ziffer kennzeichnet das Jahr; die zweite Ziffer die erste Seite des Aufsatzes)

Abdichtung, Anschluß **77**/89
– begrüntes Dach **86**/99
– bituminöse **77**/89; **82**/44
– Dach **79**/38; **84**/79
– Dachterrasse **86**/57
– erdberührte Bauteile **77**/86; **77**/101; **83**/95
– gegen Bodenfeuchtigkeit **83**/85
– gegen nicht drückendes Wasser **83**/85; **90**/69
– mineralische **90**/108
– Naßraum **83**/113; **88**/72; **88**/77
– Schwimmbad **88**/82
– Umkehrdach **79**/76
Abdichtungsebene **77**/101
Abdichtungsmaterial **77**/101
Abdichtungsschutz **79**/76
Abdichtungsverfahren **77**/89
Ablauf, Naßraum **88**/72
Ablehnung des Sachverständigen **92**/20
Abnahme **77**/17; **81**/14; **83**/9; **94**/9
Abriebfestigkeit, Estrich **78**/122
Absanden, Naturstein **83**/66
– Putz **89**/115
Abschlußblech **75**/13
Absprengung, Fassade **83**/66
Abstrahlung, Tauwasserbildung durch **87**/60; **93**/38; **93**/46
Absturzsicherung, **90**/130
Abweichklausel, **87**/9
Akkreditierung **94**/17
Alkali-Kieselsäure-Reaktion **93**/69
Allgemeine Geschäftsbedingungen **80**/24
Anschlußhöhe genutztes Dach **86**/23; **86**/38; **86**/57; **86**/93
Anstriche **80**/49; **85**/89; **88**/52; **89**/122
Antragsgegner **76**/9
Anwesenheitsrecht **80**/32
Arbeitsraumverfüllung **81**/128
Architekt, Leistungsbild **76**/43; **78**/5; **80**/38; **84**/16; **85**/9
– Sachwaltereigenschaft **89**/21
– Haftpflicht **84**/16
– Haftung **76**/23; **76**/43; **80**/24
Architektenwerk, mangelhaftes **76**/23; **81**/7
Armierungsbeschichtung **80**/65
Armierungsputz **85**/83
Atemluftmenge **92**/54
Attika, Fassadenverschmutzung **87**/94
– Windbeanspruchung **79**/49
– WU-Beton **79**/64
Auflagerdrehung, Betondecke **78**/90; **89**/61

Aufsichtsfehler **80**/24; **85**/9; **89**/15
Augenscheinnahme **83**/15
Augenscheinsbeweis **86**/9
Ausblühungen **81**/103; **83**/66; **89**/35; **89**/48; **92**/106
    siehe auch → Salze
Ausgleichsfeuchte, praktische **94**/72
Ausforschung **83**/15
Ausführungsfehler **78**/17; **89**/15
Aussteifung **89**/61;
Austrocknung **93**/29; **94**/46; **94**/70; **94**/86; **94**/146
Austrocknung – Flachdach **94**/130
Austrocknungsverhalten **82**/91; **89**/55; **94**/79; **94**/146
Außendämmung **80**/44; **84**/33
Außenecke **92**/90
Außenhüllfläche **94**/35
Außenputz; siehe auch → Putz
Außenputz, Rißursachen **89**/75
    – Spannungsrisse **82**/91; **85**/83; **89**/75; **89**/115
Außenverhältnis **79**/14
Außenwand, einschalige **76**/79
    – Schlagregenschutz **82**/91
    – Wassergehalt **83**/21
    – Wärmeschutz **80**/44; **80**/57; **80**/65; **84**/33
    – zweischalige **76**/79
Außenwandbekleidung **81**/96; **85**/49; **87**/101; **87**/109
    – schuppenförmige **93**/46

Balkon, Sanierung **81**/70
Balkonplatte, Wärmebrücken **92**/84
Bauaufsicht **80**/24; **85**/9; **89**/15
Bauaufsichtliche Anforderungen **93**/24
Baubestimmung, technische **78**/38
Baubiologie **93**/100
Baufeuchte **89**/109; **94**/72
Bauforschung RWTH Aachen **75**/3
Bauforschung, allgemein **75**/3
Baugrundsetzung **78**/65; **78**/109; **85**/58
    siehe auch → Setzung
Baukosten, Begriffsdefinitionen **81**/31
    – Rechenschema **81**/31
Bauleistungsbeschreibung **92**/9
Baumbewuchs **90**/61
Bauordnung **87**/9
Bauproduktenrichtlinie **92**/9; **93**/24
Bauprozeß **86**/9
Baurecht **85**/14
Bausachverständiger; siehe auch → Sachverständiger
Bausachverständiger **75**/7; **78**/5; **79**/7; **80**/7; **90**/9; **90**/143; **91**/9; **91**/22; **91**/111
    – angestellter **93**/17
    – Ausbildung **88**/32

- Benennung **76**/9
- Bestellungsvoraussetzung **77**/26; **93**/17
- freier **77**/26
- Haftung **77**/7; **79**/7; **80**/7; **82**/11
- Pflichten **80**/32
- Rechte **80**/32
- selbständiger **93**/17
- vereidigter **77**/26
- Vergütung **75**/7; **92**/20
- Versicherung **91**/111

Bauschadensforschung, Außenwand **76**/5; **76**/109
- Dach, Dachterrasse, Balkon **75**/13

Bautagebuch **89**/15
Bautechnik, Beratung **78**/5
Bautenschutz im Erdreich **77**/115
Bauüberwachung **76**/23; **81**/7; **85**/9
Bauvertrag **77**/17
Bauweise, biologische **93**/100
Bauwerkstrockenlegung **90**/121
Bauwerkstrocknung **94**/146
Bedenkenhinweispflicht; siehe auch → Hinweispflicht
Bedenkenhinweispflicht **82**/30; **89**/21
Befangenheit **76**/9; **77**/7; **86**/18
Befestigungselemente, Außenwandbekleidung **87**/109
Befestigungselemente, Leichtes Dach **87**/30
Begutachtungspflicht **75**/7
Behinderungsgrad **76**/121
Belüftung; siehe auch → Lüftung
Belüftung **75**/13; **75**/27; **87**/53; **93**/46
Belüftungsöffnung **82**/36; **89**/35
Belüftungsraum **87**/101
Belüftungsstromgeschwindigkeit **84**/94
Beratungspflicht **84**/16; **89**/21
Bergschäden **90**/49
Beschichtung **85**/89
    – Außenwand **80**/65
    – bituminöse **90**/108
    – Dachterrasse **86**/51
Beschichtungsstoffe **80**/49
Beschichtungssysteme **89**/122
Bestellungsvoraussetzung **77**/26
Beton, Schadensbilder **81**/75
Beton, wasserundurchlässiger; siehe auch → Sperrbeton
Beton, wasserundurchlässiger **83**/103; **86**/63; **90**/91; **91**/96
Betondachelemente **93**/75
Betondeckung **85**/100
Betonplatten **86**/76
Betonsanierung **77**/86
Betonsanierung Kelleraußenwand **81**/128
Betonsanierung mit Wärmedämmverbundsystem **89**/95

Betontechnologie **91/100**
Betonzusammensetzung **86/63**
Betriebskosten **80/44**
BET-Theorie **83/21**
Bewässerung **86/104**
Bewegungsfugen; siehe auch → Dehnungsfugen
Bewehrung, Außenputz **89/115**;
 – Stahlbeton **76/143**
 – WU-Beton **86/63**
Beweisaufnahme **93/9**
Beweishdschluß **75/7**; **76/9**; **77/7**; **80/32**
Beweiserhebung, Kosten **90/9**
 – Vergleich **90/9**
Beweisfrage **77/7**
 – Auslegung **91/22**
 – Erweiterung **91/22**
Beweislast **85/14**
Beweismittel **86/9**
Beweissicherung **79/7**
Beweissicherungsverfahren **75/7**; **76/9**; **79/7**; **86/9**; **86/18**; **90/9**; **90/143**
Beweisverfahren, selbständiges **90/9**; **90/143**; **93/9**
Beweiswürdigung **77/7**
Bewertung, Mangel **78/48**; **84/71**
BGB-Bauvertrag **83/9**; **85/14**
Biegerisse **81/128**
Bitumen, thermoplastisches Verhalten **79/44**
Bitumendachbahn **82/44**; **86/38**; **94/130**
Bitumendachbahn, Dehnfuge **91/82**
Blasenbildung, Wärmedämmverbundsystem **89/109**
Blechabdeckung **89/27**
Blend- und Flügelrahmen **80/81**
Blitzschutz **79/101**
Blower-Door-Messung **93/92**; **94**/Aussteller
Bodenfeuchtigkeit **77/115**; **83/85**; **83/119**; **90/69**
Bodengutachten **81/121**
Bodenpressung **85/58**
Bohrlochverfahren **77/76**; **77/86**; **77/89**; **81/113**
Brandschutz **84/59**
Brauchbarkeitsnachweis **78/38**; **93/24**
Braunfäule **88/100**
Brüstung **75/13**

Calcium-Carbid-Methode **83/78**; **90/101**; **94/46**
CEN, Comit Europen de Normalisation **92/9**
CM-Gerät **83/78**; **90/101**; **94/86**
CO_2-Emission **94/35**

Dach, Abdichtung; siehe auch → Flachdach
 – Auflast **79/49**
 – begrüntes; siehe auch → Dachbegrünung

- belüftetes **79**/40, **84**/94; **93**/29; **93**/38; **93**/46; **93**/65; **93**/75;
- Einlauf **86**/32
- Entwässerung **86**/32
- Gefälle **86**/32
- Gefällegebung **86**/71
- genutztes; siehe auch → Dachterrassen, Parkdecks
- genutztes **86**/38; **86**/51; **86**/57
- Lagenzahl **86**/71
- leichtes; siehe auch → Leichtes Dach

Dach, unbelüftetes **93**/38; **93**/54; **93**/65
- Wärmedämmstoff **86**/38
- Wärmeschutz **86**/38
- zweischaliges **75**/27; **75**/39; **79**/82

Dachabdichtung **75**/13; **82**/30
- Aufkantungshöhe **86**/32
- Einlagen **82**/44
- Gründach **86**/71
- Lagenzahl **86**/32

Dachabläufe Anordnung **87**/80
Dachanschluß **87**/68
- metalleingedecktes Dach **79**/101

Dachbegrünung **86**/71; **86**/93; **86**/99; **90**/25
- Anstauschicht **86**/71
- Beschädigungsschutz **86**/71
- Wasserdampfdiffusion **86**/71
- Wurzelschutz **86**/71

Dachdämmung, Verlegung **79**/76
Dachdeckerhandwerk **93**/65
Dachdurchbrüche **87**/68
Dacheindeckung **79**/64; **93**/65
- Blech; siehe auch → Metalldeckung
- Blech **84**/105
- Dachziegel Dachsteine **84**/105
- Faserzement **84**/105
- schuppenförmige **93**/46

Dachhaut **81**/45; **84**/79
- Risse **81**/61
- Verklebung **79**/44

Dachhauterneuerung **81**/45
Dachneigung **79**/82; **84**/105; **87**/60; **87**/68
Dachrand **79**/44; **79**/67; **81**/70; **86**/32; **87**/30; **93**/85
Dachterrasse **86**/23; **86**/51; **86**/57
Dach-Abdichtung **86**/38
Dampfdiffusion; siehe auch → Diffusion
Dampfdiffusion **75**/27; **75**/39; **76**/163; **77**/82;
- Estrich **78**/122
  Dampfsperre **79**/82; **81**/113; **82**/36; **82**/63; **87**/53; **87**/60; **92**/115; **93**/29; **93**/38; **93**/46; **93**/54
- Fehlstellen **91**/88

Dampfsperrwert, Dach **79**/40; **87**/80

Darrmethode **90/101**; **94/46**
Dämmplatten; siehe auch → Wärmedämmung
Dämmplatten, Brandverhalten **80/65**
  – gerillte **80/65**
  – glatte **80/65**
  – Klebeverbindung **80/65**
  – Verformung **80/65**
Dämmschicht, Durchfeuchtung **84/47**; **84/89**; **94/64**
Dämmschichtanordnung **80/44**
Dämmstoffanforderungen **80/57**
Dämmstoffe für Außenwände **80/57**
  – Verklebung **87/80**
Decken, abgehängte **87/30**
Deckenanschluß, elastisch **78/109**
  – gleitend **78/109**
Deckendurchbiegung **76/121**; **76/143**; **78/90**
Deckenrandverdrehung **89/61**
Deckenschlankheit **78/90**; **89/61**
Dehnungsfuge; siehe auch → Fuge
Dehnungsfuge **85/49**; **85/89**; **88/111**; **91/35**; **91/49**
  – Abstand **76/143**; **85/49**; **91/49**
  – Dach **79/67**; **86/93**; **91/82**
  – Verblendung **81/108**
Dehnungsdifferenz **76/143**; **89/61**
Desinfektionsmittel **88/52**
Dichtstoff, bituminös **77/89**
  – Fuge **91/72**
  – adhärierend **83/38**
Dichtungsprofil, Glasdach **87/87**
Dichtungsschicht, elastische **81/61**
Dichtungsschlämme **77/82**; **77/86**; **83/119**; **90/108**
Dielektrische Messung **83/78**; **90/101**
Diffusion; siehe auch → Dampfdiffusion, Wasserdampfdiffusion
Diffusion **87/53**; **91/88**; **92/115**; **94/64**; **94/130**
Diffusionsdiagramm **75/39**
Diffusionsdurchfeuchtung **83/95**
Diffusionsstrom **82/63**; **83/21**; **94/64**; **94/72**; **94/130**
DIN 1045 **86/63**
DIN 18195 Bauwerksabdichtungen **83/85**
DIN 18516 **93/29**
DIN 18550 Putz **85/76**; **85/83**
DIN 4108 **84/47**; **84/59**; **92/46**; **92/73**; **92/115**; **93/29**; **93/38**; **93/46**; **93/54**
DIN 4701 **84/59**
DIN 68800 **93/54**
DIN Normen **82/11**; **78/5**; **81/7**; **82/7**
  – Abweichung **82/7**
  – Entstehung **92/9**
Doppelstehfalzeindeckung **79/101**
Dränleitung **90/80**
Dränschicht **90/80**

Dränung **77/49**; **77/68**; **77/76**; **77/115**; **81/113**; **81/121**; **81/128**; **83/95**; **90/69**; **90/80**
Dränung DIN 4095 **90/80**
   – Lastfälle **90/80**
   – Sonderfall **90/80**
Druckbeiwert **79/49**
Druckdifferenz **87/30**
Druckwasser; siehe auch → Grundwasser
Druckwasser **81/128**; **83/95**; **83/119**; **90/69**;
Duldung **86/9/**
Durchbiegung **78/90**; **78/109**; **79/38**; **87/80**
Durchbiegungsverformung **78/65**
Durchfeuchtung, Außenwand **76/79**; **76/163**; **81/103**; **89/35**
   – Balkon **81/70**
   – leichtes Dach **87/60**
   – übermäßige **89/48**
   – Wärmedämmung **86/104**
Durchfeuchtungsschäden **89/27**
Duschraum **83/113**
Duschwand aus Gipsbauplatten **88/88**

Ebenheitstoleranzen **88/135**
EG-Binnenmarkt **92/9**; **93/17**
EG-Richtlinien **94/17**
Einbaufeuchte **94/79**
Einheitsarchitektenvertrag **85/9**
Eisschanzen **87/60**
Elektrokinetisches Verfahren **90/121**
Elektroosmose **90/121**
Emissionsreduzierung **92/42**
Endoskop **90/101**
Energieeinsparung **92/42**; **93/108**
   – Fenster **80/94**
Energieverbrauch **87/25**
Enthalpie **92/54**
Entsalzung von Mauerwerk **90/121**
Entschädigung **79/22**
Entschädigungsgesetz ZSEG **92/20**
Entwässerung **86/38**
   – begrüntes Dach **86/93**
   – genutztes Dach **86/51**; **86/76**
   – Umkehrdach **79/76**
Entwässerungsrinne **86/57**
Epoxidharz **91/105**
Erdberührte Bauteile; siehe auch → Gründung, Setzung
Erdberührte Bauteile **81/113**; **83/119**; **90/61**; **90/69**, **90/80**; **90/101**; **90/108**; **90/121**
Erdreich, Korngröße und Verteilung **77/115**
Erdwärmetauscher **92/54**
Erfüllungsanspruch **94/9**
Erfüllungsstadium **83/9**
Erkundigungspflicht **84/22**

Ersatzvornahme **81**/14; **86**/18
Erschütterungen **90**/41
Erschwerniszuschlag **81**/31
Erweiterung der Beweisfrage **87**/21
Estrich **94**/86
Estrich, Belastungsgruppe **78**/122
– schwimmender **78**/131; **88**/111
Extensivbegrünung **86**/71

Fachingenieur **78**/5
Fachkammer **77**/7
Fachwerk, neue Bauweise **93**/100
Fahrlässigkeit, leichte und grobe **80**/7; **92**/20; **94**/9
Falzraum **87**/87
Fanggerüst **90**/130
Farbgebung **80**/49
Faserzementwellplatten **87**/60
Fassade **83**/66
Fassadenbeschichtung **76**/163
Fassadengestaltung **87**/94
Fassadenhinterwässerung **87**/94
Fassadensanierung **81**/103
Fassadenverschmutzung **83**/38; **87**/94; **89**/27
Fenster, Bauschäden **80**/81
Fenster, Materialgruppen **80**/81
Fenster, wärmeschutztechn. Anforderungen **80**/94
Fensteranschluß **80**/81
Fensterbank **87**/94
Fenstergröße **80**/94
Fertigstellungsfrist **77**/17
Fertigteilbauweise **93**/69; **93**/75
Fertigteilkonstruktion Keller **81**/121
Feuchtegehalt, praktischer **94**/64; **94**/72; **94**/79; **94**/86
Feuchte, relative **92**/54
Feuchtegehalt, praktischer **94**/64; **94**/72; **94**/79; **94**/86
Feuchtemeßgerät **83**/78; **90**/101; **94**/46
Feuchteemission **88**/38; **94**/146
Feuchtetransport; siehe auch → Wassertransport
Feuchtetransport **84**/59; **89**/41; **90**/91; **92**/115; **94**/64
Feuchteverteilung **94**/46; **94**/79
Feuchtigkeit Dach **79**/64; **94**/130; **94**/146
Feuchtigkeitsbeanspruchung, begrüntes Dach **86**/99
Feuchtigkeitsgehalt kritischer **83**/57; **89**/41
Feuchtigkeitsmessung **83**/78; **94**/46
Feuchtigkeitsschaden im Erdreich **77**/76
Feuchtigkeitsschutz, erdberührte Bauteile **81**/113
– Naßraum **88**/72
Feuchtigkeitssperre **88**/88
Filterschicht **77**/68; **77**/115
Firstlüftung **84**/94

Flachdach; siehe auch → Dach
Flachdach **79**/33; **79**/40; **84**/76; **84**/79; **84**/89; **86**/32; **93**/75
- Alterung **81**/45
- Belüftung **82**/36
- Dehnfuge **91**/82
- gefällelos **84**/76
- Instandhaltung **84**/79
- Reparatur **84**/89
- Schadensbeispiel **81**/61; **94**/130
- Schadensrisiko **81**/45
- Windbeanspruchung **79**/49
- zweischalig **82**/36

Flachdachabdichtung **82**/30
Flachdachanschlüsse **84**/89
Flachdachrichtlinien **75**/27; **82**/30; **82**/44; **82**/7
Flachdachwartung **82**/30; **84**/89
Flankenschall **82**/97; **88**/121
Fliesenbelag **88**/88
Folgeschaden **78**/17; **88**/9
Formänderung des Untergrundes **88**/88
- Estrich **94**/86
- hygrische **85**/83
- Mauerwerk **76**/143
- Stahlbeton **76**/143

Forschungsberichte **75**/3
Forschungsförderung **75**/3
Fortbildung **76**/43; **77**/26; **78**/5; **79**/33
Fortschritt im Bauwesen **84**/22
Freilegung **83**/15
Frostbeanspruchung **89**/35; **89**/55
Frostgefährdung der Dachdeckung **93**/38; **93**/46
Frostwiderstandsfähigkeit **89**/55
Fruchtkörper, Pilzbefall **88**/100
Fuge; siehe auch → Dehnungsfuge
Fuge **91**/43; **91**/72; **91**/82
- Außenwand **83**/38
- WU-Beton **86**/63; **90**/91

Fugen Flachdach **86**/111; **91**/82
Fugenabdichtung **83**/38; **83**/103; **91**/72
- Kellerwand **81**/121

Fugenabstand **86**/51
Fugenausbruch **89**/27
Fugenband **83**/38; **91**/72
Fugenblech **83**/103
Fugenbreite **83**/38
Fugendichtigkeit, Fenster, Türleibung **76**/109; **93**/92
Fugendurchlaßkoeffizient (a-Wert) **82**/81; **83**/38
Fugenglattstrich **91**/57
Fugenloses Bauwerk **91**/43
Fugenstoß **76**/109

Funktionssicherheit Dach **86**/32
Fußbodenheizung **78**/79; **88**/111
Fußpunktabdichtung **89**/55

Gamma-Strahlen-Verfahren **83**/78
Gebäudeabsenkung **90**/135
Gebäudedehnfuge; siehe auch → Dehnfuge, Setzung
Gebäudedehnfuge **91**/35
Gebäudeparameter **92**/42
Gebäudeschieflage **90**/135
Gebrauchswert **78**/48; **94**/9
Gefälle **87**/80
Gefällegebung **82**/44; **86**/38
Gegenantrag **90**/9
Gegengutachten **86**/18
Gelbdruck, Weißdruck **78**/38
Gelporenraum **83**/103
Geltungswert **78**/48; **94**/9
Geneigtes Dach; siehe auch → Dach
Geneigtes Dach **84**/76; **87**/53
Gericht **91**/9; **91**/22
Gesamtschuldverhältnis **89**/15; **89**/21
Geschoßdecken **78**/65
Gesellschafter **93**/17
Gesetzgebungsvorhaben **80**/7
Gestaltung **89**/27
Gesundheitsgefährdung **88**/52; **92**/70; **94**/111
Gewährleistung **79**/14; **81**/7; **82**/23; **84**/9; **84**/16; **85**/9; **88**/9; **91**/27
Gewährleistungsanspruch **76**/23; **86**/18
Gewährleistungseinbehalt **77**/17
Gewährleistungspflicht **89**/21
Gewährleistungsstadium **83**/9
Gewährung des rechtlichen Gehörs **78**/11
Gipsbaustoff **83**/113
Gipskartonplattenverkleidungen **78**/79; **88**/88
Gipsputz, Naßraum **88**/72; **83**/113
Gitterrost **86**/57
Glasdach **87**/87; **93**/108
Glaser-Verfahren **82**/63; **83**/21
Glasfalz **80**/81
Glaspalast **84**/22
Gleichgewichtsfeuchte, hygroskopische **83**/21; **83**/57; **83**/119; **94**/79; **94**/97
Gleichstromimpulsgerät **86**/104
Gleitlager **79**/67
Gleitschicht **77**/89
Gravimetrische Materialfeuchtebestimmung **83**/78
Grenzabmaß **88**/135
Grundwasser; siehe auch → Druckwasser
Grundwasser **83**/85
Grundwasserabsenkung **81**/121; **90**/61

Gründung **77**/49; **85**/58
Gründungsprobleme **90**/35
Gründungsschäden **90**/17
Gußasphaltbelag **86**/76
Gutachten **77**/26; **85**/30
- Auftraggeber **87**/21
- fehlerhaftes **77**/26
- Gebrauchsmuster **89**/9
- gerichtliches **79**/22
- Grenzfragen **87**/21
- Individualität des Werkes **89**/9
- juristische Fragen **87**/21
- Nutzungsrecht **89**/9
- privates **79**/22
- Schutzrecht **89**/9
- Urheberrecht **89**/9
Gutachtenerstattung **79**/22; **87**/21; **88**/24

Haarriß 89/115; **91**/96
Haftung **78**/11; **79**/22; **90**/17; **91**/27
- Architekt und Ingenieur; siehe auch → Architektenhaftung
- Architekt und Ingenieur **82**/23; **85**/9
Haftung, Ausführender **82**/23
- außervertraglich **91**/27
- deliktische **91**/27
- des Sachverständigen; siehe auch → Bausachverständiger, Haftung
- des Sachverständigen **88**/24
- gesamtschuldnerische **76**/23; **78**/17; **79**/14; **80**/24
Haftungsausschluß **80**/7
Haftungsbeteiligung, Bauherr **79**/14
Haftungsrisiko **84**/9
Haftungsverteilung, quotenmäßige **79**/14
Haftverbund **85**/49; **89**/109
Hausschwamm **88**/100
Haustrennwand **77**/49; **82**/109
Hebeanlage **77**/68
Heizestrich, Verformung und Rißbildung **88**/111
Heizkosten **80**/113
Heizwärmebedarf **92**/42; **92**/46; **94**/35
Herstellerrichtlinien **82**/23
Hinterlüftung, Fassade **87**/109
Hinweispflicht **78**/17; **79**/14; **82**/23; **83**/9; **84**/9; **85**/14; **89**/21
HOAI **78**/5; **80**/24; **84**/16; **85**/9; **91**/9
Hochpolymerbahn **82**/44
Hohlraumbedämpfung **88**/121
Holz, Riß **91**/96
Holzbalkendach **75**/27
Holzbalkendecke **88**/121; **93**/100
Holzbalkendecke, Trocknung **94**/146
Holzbau, Wärmebrücke im **92**/98

Holzfeuchte **88**/100; **93**/54; **93**/65; **94**/97
Holzkonstruktion, unbelüftet **93**/54
Holzschutz **88**/100; **93**/54
Holzschutzmittel **88**/52; **88**/100
Holzwerkstoffe **88**/52
Holzwolleleichtbauplatte **82**/109
Horizontalabdichtung **77**/86; **90**/121
Hydratationsgrad **83**/103
Hydratstufe **83**/66
Hydrophobierung **85**/89; **89**/48; **89**/55; **91**/57
Hydrostatischer Druck **77**/86
H-X-Diagramm **92**/54

ibac-Verfahren **89**/87
Immision **83**/66; **88**/52
Imprägnierung, nachträgliche **81**/96
Induktionsmeßgerät **86**/104
Induktionsverfahren **83**/78
Industrieestrich **85**/49
Industrie- und Handelskammer **79**/22
Infrarotmessung **83**/78; **86**/104; **90**/101; **93**/92; **94**/46
Injektagemittel **83**/119
Injektionsverfahren **77**/86
Innenabdichtung **77**/49; **77**/86; **81**/113; **81**/121
  – nachträgliche **90**/108
  – Verpressung **90**/108
Innendämmung **80**/44; **81**/103; **84**/33; **84**/59; **92**/84; **92**/115
  – nachträgl. Schaden **81**/103
Innendruck Dach **79**/49
Innenverhältnis **76**/23; **79**/14; **88**/9
Innenwand, nichttragend **78**/65; **78**/109
Innenwand, tragend **78**/65; **78**/109
Installation **83**/113
Instandhaltung **84**/71; **84**/79
Institut für Bautechnik **78**/38
Intensivbegrünung **86**/71
Internationale Normung ISO **92**/9
Intrastationär **88**/45
Isolierdicke **80**/113
Isolierglas **87**/87
Isolierglasfenster **92**/33
Ist-Wert **78**/48

Jahreswärmebedarf **94**/35

Kaltdach; siehe auch → Dach zweischalig, Dach belüftet
Kaltdach **84**/94
Kapillarität **76**/163; **89**/41; **92**/115;
Kapillarwasser **77**/115
Karbonatisierung **93**/69

Karsten Prüfröhrchen **89**/41; **90**/101; **91**/57
Kellerabdichtung, allgemeine **77**/76
— nachträgliche **77**/76
Kelleraußenwand **77**/49
— Stahlbeton **81**/128
Kellerbodenplatte, Wandanschluß **77**/101
Kellerinnenabdichtung **77**/76
Kellerinnenwand **77**/49
— Einbindung **77**/101
Kellernutzung, hochwertige **77**/76; **77**/101; **83**/95
Kellerwand, Kernkondensat **77**/76
— Oberflächentauwasser **77**/76
Kenngrößenbestimmung Putz **89**/87
Kenntnisse, juristische **88**/32
— technische **88**/32
Keramikbeläge; siehe auch → Fliesen
Keramikbeläge **88**/111
Kerndämmung **80**/44; **84**/33; **84**/47; **89**/35; **91**/57
Kiesbett **86**/51
Kiesrandstreifen **86**/93
Klimatisierte Räume **79**/82
Klotzung, Verglasung **87**/87
Kohlendioxiddichtigkeit **89**/122
Kompetenz-Kompetenz-Klausel **78**/11
Kondensation **76**/163
Kondensfeuchtigkeit **83**/119
Konstruktionsabweichung **81**/103
Kontaktfederung **82**/109
Konterlattung **93**/38; **93**/46; **93**/65
Konvektion **91**/88; **93**/92; **93**/108
Koordinierungsfehler **80**/24
Koordinierungspflicht **78**/17
Korrosion, Leitungen **94**/139
Korrosionsschutz, Sperrbetondach **79**/67
Korrosionsschutz, Stahlleichtdach **79**/87
Kosteneinsparung **86**/23
Kostenrechnung nach ZUSEG **79**/22
Kostenschätzung **81**/108
Kostenüberschreitung **80**/24
Körperschall **78**/131
Krankheiten durch Schimmelpilze **92**/70
Kriechen, Wasser **76**/163
Kriechverformung; siehe auch → Längenänderung
Kriechverformung **78**/65; **78**/90
Kristallisation **83**/66
Kristallisationsdruck **89**/48
Kritische Länge **79**/40
Krustenbildung **83**/66
Kunstharzputze **85**/76
Kunstharzsanierung, Beton **81**/75

Kunststoffbahn, Dehnfuge **91/82**
Kunststoffdachbahn **84/89**; **86/38**
k-Wert **82/54**; **82/63**; **84/33**; **84/71**; **87/25**; **92/46**
k-Wert-Bestimmung **92/106**

Last, dynamische **86/76**
Lastbeanspruchung **91/100**
Längenänderung, thermische **76/143**; **78/65**; **81/108**
Lebensdauer, Flachdach **81/45**
– technische **84/71**
Leichtbetonkonstruktion **81/103**
Leichtes Dach; siehe auch → Stahlleichtdach
Leichtes Dach **79/44**; **87/30**; **87/60**
– Schwingungsanfälligkeit **87/30**
Leichtmauerwerk **85/68**; **89/61**
Leichtmörtel **85/68**
Leistendeckung **79/101**
Leistungsbeschreibung **94/26**
Leistungsersetzung **81/14**
Leistungsverweigerungsrecht **94/9**
Leitern **90/130**
Leitungswasserschaden **94/139**
Lichtkuppelanschluß **81/61**
Lichtschacht **77/49**
Luftaustausch **82/76**
Luftdichtheit **79/82**; **93/85**; **93/92**
– Dach **87/30**; **87/53**
– neue Bauweisen **93/100**
Luftdurchlässigkeit Dach **87/30**
Luftdurchsatz **87/30**
Luftdurchströmung **92/54**; **92/65**
Luftfeuchte, relative **82/76**; **82/81**; **83/21**; **88/45**; **94/46**
Luftfeuchtigkeit **75/27**; **92/73**; **92/106**
– Innenraum **88/38**
Luftrate **82/81**
Luftraum abgehängte Decke **93/85**
Luftschallschutz; siehe auch → Schallschutz
Luftschallschutz **78/131**; **82/97**; **88/121**
Luftschicht, ruhende **82/36**
Luftschichtdicke **75/27**; **82/91**
Luftschichtplatten **84/47**
Luftspalt **93/29**; **93/38**
Luftstromgeschwindigkeit **75/27**
Lufttemperatur, Innenraum **82/76**; **88/38**; **88/45**
Luftundichtigkeit **93/92**; **94/35**; siehe auch → Luftdichtheit
Luftüberdruck **79/82**
Luftverschmutzung **87/94**
Luftwechsel **88/38**; **93/92**
Luftwechselrate **92/90**
Lüftung; siehe auch → Belüftung

Lüftung **82**/81; **88**/38; **88**/52; **92**/33; **92**/54; **92**/65; **93**/92; **93**/108
Lüftungsanlagen **92**/64; **92**/70; **93**/85
Lüftungsöffnung **75**/39
Lüftungsquerschnitt **84**/94; **87**/53; **87**/60
Lüftungsverhalten **92**/33; **92**/90
Lüftungswärmeverlust **82**/76; **91**/88; **94**/35

MAK-Wert **88**/52; **92**/54; **94**/111
Mangel **78**/48; **82**/11; **85**/9; **85**/14; **86**/23
    – Verursacher **89**/15; **89**/21
Mastixabdichtung **86**/76
Maßtoleranzen **88**/135
Materialkonzentrationswert **92**/54
Materialwechsel **76**/109
Mauerwerk; siehe auch → Außenwand
Mauerwerk **76**/121; **94**/79
    – Formänderung **76**/121; **76**/143; **94**/79
    – Gestaltung **89**/27
    – leichtes **89**/61; **89**/75
    – Rißbildung **76**/121
    – zweischalig **84**/47 **89**/35; **89**/55
Mauerwerksanker **89**/35
Mängelbeseitigung Kosten **81**/14; **81**/31; **88**/17; **94**/9
Mängelbewertung **94**/26
Meßstrecke **88**/135
Meßtechnik Riß **85**/38
    – Schadstoffimmission **88**/52
Meßverfahren Luftwechsel **93**/92
Metalldeckung **79**/82; **79**/101; **84**/105; **87**/30; **87**/60; **87**/68; **93**/85
Meterriß **88**/135
Mikrowellenverfahren **83**/78, **90**/101
Minderwert **78**/48; **81**/31; **81**/108; **86**/32; **87**/21; **91**/9; **91**/96
Mindestschallschutz **82**/97
Mindestwärmeschutz **82**/76; **92**/73; **92**/90
Mineralfasern **93**/29; **94**/111
Mischmauerwerk **76**/121; **78**/109
Modernisierung **93**/69
Mörtel **85**/68; **89**/48
Mörtelbatzen **86**/51
Mörtelfuge **91**/57
Mörtelzusammensetzung **77**/82
Muldenlage **85**/58
Musterbauordnung **78**/38; **87**/9; **93**/24
Mustersachverständigenordnung **77**/26
Myzel **88**/100

Nachbarbebauung **90**/17; **90**/35
Nachbesserung **76**/9; **81**/7; **83**/9; **85**/30; **86**/23; **87**/21; **88**/9; **94**/9
Nachbesserung, Außenwand **76**/79; **81**/96; **81**/108

Nachbesserung, Beton **81**/75
  − Flachdach **81**/45
  − Unmöglichkeit der **88**/17
Nachbesserungsanspruch **76**/23; **81**/14; **88**/17
Nachbesserungsaufwand **88**/17
Nachbesserungserfolg **81**/25
Nachbesserungskosten **81**/14; **81**/25; **81**/31; **81**/108
Nachbesserungsmöglichkeiten **81**/25
Nachbesserungspflicht **88**/17
Nachbesserungsrecht **88**/17
Nachprüfungspflicht **78**/17
Nagelbänder **79**/44
Naßraum **83**/113; **88**/72; **88**/77
  − Abdichtung **88**/77
  − Anschlußausbildung **88**/88
  − Beanspruchungsgruppen **83**/113
Naturstein Keramikbeläge **88**/111
  − Verlegearten **88**/111
Neue Bundesländer **93**/69; **93**/75
Neuherstellung **81**/14
Neutronensonde **86**/104; **90**/101
Neutronen-Strahlen-Verfahren **83**/78
Nichtdrückendes Wasser; siehe auch → Grundwasser
Nichtdrückendes Wasser **83**/85; **90**/69
Niederschlagsarmut **90**/61
Niedrigenergiehausstandard **92**/42
Norm, europäische **92**/9; **92**/46; **94**/17
  − Harmonisierung **92**/9; **94**/17
  − Verbindlichkeit **92**/9
Normdruckfestigkeit Putz **89**/87
Normen, technische **87**/9; **90**/25
Normenausschuß Bauwesen **92**/9
Nutzerverhalten **92**/33; **92**/73
Nutzschicht Dachterrasse **86**/51
Nutzungsdauer Flachdach **86**/111

Oberflächenebenheit, Estrich **78**/122; **88**/135
Oberflächenschäden, Innenbauteile **78**/79
Oberflächenschutz, Beton **81**/75
Oberflächenschutz, Dachabdichtung **82**/44
  − Fassade **83**/66
Oberflächenspannung **89**/41
Oberflächentauwasser **77**/86; **82**/76; **83**/95; **92**/33
Oberflächentemperatur **80**/49; **92**/65; **92**/73; **92**/90; **92**/98; **92**/106;
  92/125
  − Putz **89**/109
Obergutachten **75**/7
Optische Beeinträchtigung **87**/94; **89**/75; **89**/115; **91**/96
Ortbeton **86**/76
Ortstermin **75**/7; **80**/32; **86**/9; **90**/130; **91**/111; **94**/26

Ortungsverfahren für Undichtigkeit in der Abdichtung **86**/104
Öffnung, Stahlleichtdach **79**/87
Öffnungsanschluß; siehe auch → Fenster
   − Außenwand **76**/79
Öffnungsarbeit Ortstermin **91**/111

Pariser Markthallen **84**/22
Parkdeck **86**/63; **86**/76
Parkettschäden **78**/79
Parteigutachten **75**/7; **79**/7; **87**/21
Partialdruckgefälle **83**/21
Paxton **84**/22
Phasenverzögerung **92**/106
Pilzsporen **88**/52; **92**/70
Planungsfehler **78**/17; **80**/24; **89**/15
Planungskriterien **78**/5; **79**/33
Planungsleistung **76**/43
Plattenbauweise; siehe auch → Fertigteilbauweise
Plattenbauweise **93**/75
Plattenbelag auf Fußbodenheizung **78**/79
Polyesterfaservlies **82**/44
Polymerbitumenbahn **82**/44; **91**/82
Polystyrol-Hartschaumplatten **79**/76; **80**/65; **94**/130
Polyurethanharz **91**/105
Polyurethanschaumstoff **79**/33
Porensystem, Ausblühungen **89**/48
Positive Vertragsverletzung **84**/16; **85**/9; **89**/15
Praxisbewährung von Bauweisen **93**/100
Privatgutachten **75**/7; **86**/9
Produktinformation; siehe auch → Planungskriterien
Produktinformation **79**/33
Produktzertifizierung **94**/17
Produzentenhaftung **88**/9; **91**/27
Profilblechüberstand **79**/87
Prozeßrisiko **79**/7
Prüftätigkeit **93**/17
Prüfungs- und Hinweispflicht **79**/14; **83**/9; **84**/9; **85**/14; **89**/21
Prüfzeichen **78**/38; **87**/9
Putz; siehe auch → Außenputz
   − Anforderungen **85**/76; **89**/87
   − hydrophobiert **89**/75
   − Prüfverfahren **89**/87
   − Riß **89**/109; **89**/115; **91**/96
   − wasserabweisend **85**/76
Putzdicke **85**/76; **89**/115
Putzmörtelgruppen **85**/76
Putzschäden **78**/79; **85**/83; **89**/109
Putzsysteme **85**/76
Putzuntergrund **89**/122

Putzzusammensetzung **89**/87
Putz-Anstrich-Kombination **89**/122

Qualitätssicherung **94**/17; **94**/21; **94**/26
Qualitätsstandard, Abdichtung **83**/113
– genutztes Flachdach **86**/111
Qualitätsstandards **84**/71
Quellen von Mauerwerk **89**/75
Quellungskoeffizient **94**/97
Querlüftung **92**/54
Querschnittsabdichtung **81**/113; **93**/100
Querschnittsschwäche **76**/109
Querstoß **79**/82

Radon **88**/52
Rammarbeiten **90**/41
Raumentfeuchtung **94**/146
Raumklima **79**/64; **84**/59; **88**/52; **92**/33; **92**/65; **92**/70; **92**/73; **92**/115; **93**/108
Raumlüftung **80**/94; **82**/81
Rechtsverordnung **78**/38
Rechtsvorschrifen **87**/9
Reduktionsverfahren **81**/113
Regeln der Bautechnik, allgemein anerkannte **78**/38; **79**/64; **79**/67; **79**/76; **80**/32; **81**/7;
    82/7; **82**/11; **82**/23; **83**/113; **84**/9; **84**/71; **87**/9; **87**/16; **89**/15; **89**/27; **90**/25; **91**/9
Regelquerschnitt, Außenwand **76**/79
Regelwerke **81**/25; **82**/23; **84**/71; **87**/9, **87**/16
Regelwerke, neue **82**/7
Regenschutz **80**/49; **87**/101
Reinigungsarbeiten **87**/94
Rekristallisation **89**/122
Residenzpflicht **88**/24
Resonanzfrequenz **82**/109
Richtlinien; siehe auch → Normen
Richtlinien **78**/38; **82**/7
Riemchenbekleidung **81**/108
Ringanker /-balken **89**/61
Risse verpressen **85**/89; **91**/105
Riß Außenwand **76**/79
    – Bergbauschäden **90**/49
    – Bewertung **85**/89
    – Estrich **78**/122
    – Gewährleistung **85**/89
    – Injektion **91**/105
    – Innenbauteile **78**/65; **78**/109
    – Leichtmauerwerk **85**/68
    – Mauerwerk **89**/75
    – Nachbesserung **85**/89
    – Oberfläche **85**/49
    – Riemchen **81**/108
    – Schattennut, Außenwand **81**/103

- Stahlbeton **78**/90; **78**/109
- Sturz **76**/109
- Trennwand **78**/90

Rißbewertung **91**/96
Rißbildung **85**/38
- Fassade **83**/66

Rißbreitenbeschränkung **91**/43
Rißformen **85**/38
Rißsanierung **78**/109; **79**/67; **85**/89
- Außenwand **81**/96

Rißsicherheit **76**/121
- Kennwert **89**/87
- Leichtmauerwerk **85**/68

Rißüberbrückende Beschichtungen **89**/122
Rißüberbrückung **91**/96
Rißverlauf **76**/121
Rißweite **76**/143
Rohrdurchführung **83**/113
Rollschicht **89**/27; **90**/25
Rückstau **77**/68

Sachgebietseinteilung **77**/26
Sachverständigenbeweis **77**/7; **86**/9
Sachverständigenentschädigung **92**/20
Sachverständigenordnung **79**/22; **88**/24; **93**/17
Sachverständiger; siehe auch → Bausachverständiger
Salzanalyse **83**/119
Salzbestimmung **90**/101
Salze **77**/86; **89**/48; **90**/108
Sanierputz **83**/119; **90**/108
Sanierung **86**/23
- Flachdach **81**/61
- genutztes Flachdach **86**/111
- Verblendschalen **89**/55
- von Dächern **93**/75

Sanierungsempfehlung **82**/11
Sanierungsplanung im Gutachten **87**/21
Sanierungstechnik Beton **81**/75
Sanierungsverfahren Bergbauschäden **90**/49
Sattellage **85**/58
Saurer Regen **85**/100
Sättigungsfeuchtigkeitsgehalt **83**/57
Sättigungsgrad **83**/57
Schadensanfälligkeit, Dach **82**/36
- Naßraum **88**/72
- Qualitätsstandard **84**/71
- von Bauweisen **93**/100

Schadensbeispiel Balkon **81**/70
- genutzes Flachdach **86**/111
- Keller **81**/121; **81**/128

Schadensbild, Außenwand **76/79**
Schadensermittlung **81/25**; **83/15**
Schadensersatzanspruch **76/23**; **78/17**; **81/7**; **81/14**
Schadensersatzpflicht **80/7**
Schadensfälle durch Erschütterungen **90/41**
Schadensminderungspflicht **85/9**
Schadensrisiko, Flachdach **86/111**
Schadensstatistik, Dach/Dachterrasse **75/13**
Schadensstatistik, Öffnungen **76/79**; **76/109**; **80/81**
Schadensursachen Beton **81/75**
Schadensursachenermittlung **81/25**
Schadstoffimmission **88/52**
Schalenabstand **88/121**
Schalenfuge **90/25**; **91/57**
Schalenfuge, vermörtelt **81/108**
Schalenzwischenraum **82/36**
Schallbrücke **82/97**
Schalldämmaß **82/97**; **82/109**
Schallschutz **84/59**; **88/121**
 – im Hochbau DIN 4109 **82/97**
Scharenabmessung **79/101**
Schäden an der Oberfläche von inneren Bauteilen **78/79**
Scheinfugen **88/111**
Scherspannung in der Putzschicht **89/109**
Schiedsgerichtsordnung **78/11**
Schiedsgerichtsverfahren **78/11**
Schiedsgutachten **76/9**; **79/7**
Schiedsklausel **78/11**
Schiedsrichtervertrag **78/11**
Schiedsvertrag **78/11**
Schimmelpilz **88/52**; **92/70**; **92/73**; **92/90**; **92/98**; **92/125**
Schimmelpilzbildung **88/38**; **92/33**; **92/65**; **92/106**
Schlagregenbeanspruchungsgruppen **80/49**; **82/91**
Schlagregenschutz **83/57**
 – Kerndämmung **84/47**
 – Putz **89/115**
 – Verblendschale **76/109**; **81/108**; **89/55**; **91/57**
Schlagregensicherheit **89/35**; siehe auch → Wassereindringprüfung
Schlagregensperre **83/38**
Schleppstreifen **87/80**; **91/82**
Schmutzablagerung **89/27**
Schrumpfsetzung **90/61**
Schubverformung **76/143**
Schuldhaftes Risiko **84/22**
Schüttung, Schallschutz **88/121**
Schwachstellenvermeidung **78/65**
 – Dach, Terrasse **75/13**
Schweigepflicht des Sachverständigen **88/24**
Schweißnaht, Dachhaut **81/45**
Schwellenabdichtung, Naßraum **88/72**, **88/82**

Schwellenanschluß **81**/70
Schwimmbad, Beckenkopf **88**/82
   – Klima **93**/85
Schwimmender Belag **85**/49
Schwimmender Estrich **78**/122; **88**/121
Schwinden **76**/143
   – von Mauerwerk **89**/75
Schwindriß **85**/38
   – Holz **91**/96; **94**/97
Schwindverformung **78**/65; **78**/90; **79**/67
Schwingungsgefährdung **79**/49
Schwingungsgeschwindigkeit **90**/41
Sekundärtauwasser **87**/60; **93**/38; **93**/46
Setzungen; siehe auch → Baugrundsetzung
Setzungen **90**/35; **90**/61
   – Bergbau **90**/49
Setzungsfuge **77**/49; **91**/35
Setzungsmaß **90**/35
Setzungsriß **85**/58
Setzungsschäden **85**/58
Setzungszeit **90**/35
Sicherheitsgrad **85**/49
Sichtbeton **85**/100
Sichtbetonschäden **85**/100
Sichtmauerwerk **89**/41; **89**/48; **89**/55; **91**/49; **91**/57
Sickerschicht; siehe auch → Dränung
Sickerschicht **77**/68; **77**/115
Sickerwasser **83**/95; **83**/119
Simulation, Wärmebrückenberechnung **92**/98
Simulationsprogramm Raumströmung **92**/65
Sockelhöhe **77**/101
Sogbeanspruchung; siehe auch → Windsog
Sogbeanspruchung **79**/44; **79**/49
Sohlbank **89**/27
Sollfeuchte **94**/97
Sollzustand **84**/71
Soll-Wert **78**/48
Sonderfachmann **83**/15; **89**/15
Sonneneinstrahlung **87**/25; **87**/87
Sonnenschutz **80**/94; **93**/108
Sonnenschutzglas **87**/87
Sorgfaltspflicht **82**/23
Sorption **83**/21; **83**/57; **88**/38; **88**/45; **92**/115; **94**/64; **94**/79
   – Holz **94**/97
   – Therme **83**/21; **92**/115
Sozietät von Sachverständigen **93**/17
Spachtelabdichtung **88**/72
Spanplatte, Naßraum **88**/72
Spanplattenschalung **82**/36
Sperrbeton; siehe auch → Beton wasserdurchlässig, WU-Beton

Sperrbeton **77/49**
Sperrbetondach **79/64**; **79/67**
Sperrestrich **77/82**
Sperrputz **76/109**; **77/82**; **83/119**; **85/76**; **90/108**
Spritzbeton Nachbesserung **81/75**
Stahlbeton; siehe auch → Beton
Stahlbeton Riß **91/96**; **91/100**
Stahlleichtdach **79/38**; **79/87**
Stahltrapezblechdach **79/8**; **87/80**
Stand der Forschung **84/22**
Stand der Technik; siehe auch → Regeln der Bautechnik
Stand der Technik **78/17**; **79/33**; **80/32**; **81/7**; **82/11**
Stand der Wissenschaft und Technik **82/11**
Stauwasser **77/68**; **77/115**; **83/85**;
Steildach **86/32**
Stelzlager **86/51**; **86/111**
Stoßausbildung, Metalldeckung **87/68**
Stoßfuge, unvermörtelt **89/75**
Strahlungsaustausch **92/90**
Streitverkündung **93/9**
Strömungsgeschwindigkeit **82/36**
Structural glazing **87/87**
Sturmschaden **79/44**; **79/49**
Subsidiaritätsklausel **79/14**; **85/9**

Tagewerk **81/31**
Taupunkttemperatur **75/39**
Tausalz **86/76**
Tauwasser **82/63**; **92/65**; **92/90**; **92/115**; **92/125**
Tauwasser, Dach **79/40**; **82/36**; **94/130**
  − Kerndämmung **84/47**
Tauwasserausfall **75/13**; **75/39**; **89/35**; **92/33**
Tauwasserbildung **87/60**; **87/101**; **87/109**; **88/38**; **88/45**; **92/106**
  − Außenwand **81/96**
Technische Güte- u. Lieferbedingungen TGL **93/69**
Technische Normen, überholte **82/7**
Technische Vorschriften, überholte **82/11**
Temperatur, Pilzbefall **88/100**
  − WDV-System **89/95**
Temperaturdifferenz, Flachdach **81/61**
Temperaturverformung **79/67**
Temperaturverlauf, instationärer **89/75**
Terminüberschreitung **80/24**
Terrassentür **86/57**
Thermografie **83/78**; **86/104**; **90/101**; **93/92**
Toleranzen, Abmaße **88/135**
Transmissionswärmeverlust; siehe auch → Wärmeverlust, Wärmeschutz
Transmissionswärmeverlust **91/88**; **92/46**; **94/35**
Trapezprofile **87/68**
Traufe **86/57**

Trennlage **86**/51
Trennschicht **77**/89
Trennungsfuge, Putz **79**/64
Treppenraumwand, Schallschutz **82**/109
TRK-Wert **94**/111
Trittschallschutz **78**/131; **82**/97; **82**/109; **88**/121
Trocknung von Mauerwerk **90**/121; **94**/79
  – von Estrichen **94**/86; **94**/146
Trocknungsberechnung **82**/63
Trocknungsverfahren, technisches **94**/146
Trocknungsverlauf **94**/72; **94**/146
Trombe-Wand **84**/33
Tropfkante **87**/94
Türschwellenhöhe **81**/70

Ultraschallgerät **90**/101
Umkehrdach **79**/40; **79**/67; **79**/76; **86**/38
Umwelteinfuß **88**/52; **91**/100
Undichtigkeit **86**/104
Unfallverhütungsvorschriften **90**/130
Unmittelbarkeitsklausel **79**/14
Unparteilichkeit **78**/5; **80**/32; **92**/20
Unterböden **88**/88
Unterdach **84**/94; **84**/105; **87**/53; **93**/46; **93**/65
Unterdecken **88**/121
Unterdruck Dach **79**/49
Unterkonstruktion, Außenwandbekleidung **87**/101; **87**/109
  – Dach **79**/40; **79**/87
  – metalleinged. Dach **79**/101
  – Umkehrdach **79**/76
Unterspannbahn **84**/105; **87**/53
Untersuchungsverfahren **86**/104; **90**/101; **93**/92
Unverhältnismäßigkeitseinwand **94**/9
Unwägbarkeiten **81**/25
Urkundenbeweis **86**/9
Überdeckung **84**/105
Überdruckdach **79**/40
Übereinstimmungsnachweis **93**/24
Überlaufrinne **88**/82

Verankerung der Wetterschale **93**/69
Verblendschale; siehe auch → Sichtmauerwerk
Verblendschale **89**/27; **91**/57
  – Sanierung **89**/55
  – Verformung **91**/49
Verbundbelag; siehe auch → Haftverbund
Verbundbelag **85**/49
Verbundestrich, Untergrundbehandlung **78**/79
Verbundpflaster **86**/76

Verdichtung, Estrich **78**/122
Verdichtungsarbeiten **90**/41
Verdunstung, **90**/91; **94**/64
Vereinfachung, Regelwerk **84**/71
Verformung, Außenwand **80**/49
– Gebäudedehnfugen **91**/35
Verformungsberechnung **78**/90
Verfugung **91**/57
Verglasung **80**/94
– Wintergarten **87**/87; **93**/108
Vergleichsvorschlag **77**/7
Verhältnismäßigkeitsprüfung **94**/9
Verjährung **76**/9; **84**/16; **86**/18; **88**/9; **90**/17
Verjährungsfrist **76**/23; **77**/17; **79**/14
Verkehrserschütterungen **90**/41
Verkehrswertminderung; siehe auch → Wertminderung
Verkehrswertminderung **90**/135
Verklebung, Dachabdichtung **82**/44
Versanden **77**/68
Verschleißschicht **89**/122
Verschmutzung; siehe auch → Fassadenverschmutzung
Verschmutzung, Wintergarten **93**/108
Verschulden des Architekten **89**/15
– des Auftraggebers **89**/21
– vorsätzliches **80**/7
Verschuldenfeststellung **76**/9
Verschuldensbeurteilung **81**/25
Versiegelung, Estrich **78**/122
Vertragsbedingungen, allgemeine **77**/17; **79**/22; **94**/26
Vertragsfreiheit **77**/17
Vertragsrecht AGB **79**/22
Vertragsstrafe **77**/17
Vertragsverletzung, positive **84**/16; **85**/9; **89**/15
Vertreter, vollmachtloser **83**/9
Verwendbarkeitsnachweis **93**/24
VOB **91**/9
VOB B **77**/17; **83**/9
VOB-Bauvertrag **85**/14
Vorhangfassade **87**/101; **87**/109
Vorlegeband, Glasdach **87**/87
Vorleistung **89**/21
Vorschriften, Harmonisierung **93**/24

Wandanschluß, Dachterrasse **86**/57
Wandbaustoff **80**/49
Wandentfeuchtung, elektro-physikalische **81**/113
Wandorientierung **80**/49
Wandtemperatur **82**/81
Wannenausbildung **86**/57
Warmdachaufbau; siehe auch → Dach, einschalig, unbelüftet; Flachdach

Warmdachaufbau **79**/87
Wasserableitung **89**/35
Wasserabweisung **89**/122
Wasseraufnahme, Außenwand **82**/91; **94**/79
Wasseraufnahme, kapillare **83**/57
– /-abgabe **89**/41
Wasseraufnahmekoeffizient **76**/163; **89**/41
Wasserbeanspruchung **83**/85; **90**/69; **90**/108
– Voruntersuchung **90**/69
Wasserdampfdiffusion; siehe auch → Diffusion
Wasserdampfdiffusion **83**/57; **89**/109; **93**/85
Wasserdampfkondensation **82**/81
Wasserdampfmitführung **87**/30; **87**/60; **91**/88; **93**/85
Wasserdampfstrom, konvektiver **87**/30; **87**/60; **91**/88; **93**/85
Wassereindringtiefe **83**/103
Wassereindringprüfung (Karsten) **89**/41; **90**/101; **91**/57
Wasserkapazität **83**/57
Wasserlast **79**/38
Wasserpumpe **81**/128
Wasserspeicherung, Außenwand **81**/96; **83**/21
Wassertransport; siehe auch → Feuchtetransport
Wassertransport **83**/21; **89**/41
Wassertransportmechanismen **90**/108
Wasserzementwert **83**/103
Wasser-Bindemittelwert **89**/87
Wassseraufnahme, Grenzwerte **89**/41
Wände, belüftet **93**/29; **93**/46
Wärmebedarf **92**/46; **94**/35
Wärmebrücke **84**/59; **88**/38; **92**/33; **92**/46; **92**/84; **92**/98; **92**/115; **92**/125; **94**/35
– Beheizung einer **92**/125
– Bewertung **92**/106
– Dach **79**/64
– geometrische **82**/76; **92**/90
– Schadensbilder **92**/106
Wärmedämmstoff, Eigenschaften **80**/57
Wärmedämmung; siehe auch → Dämmstoffe, Wärmeschutz
Wärmedämmung **93**/69
– Außenwand, nachträgliche **81**/96
– durchfeuchtete **86**/23; **86**/104; **94**/130
– Keller **81**/113
Wärmedämmverbundsystem **85**/49; **89**/95; **89**/109; **89**/115
Wärmedämmverbundsystem, Systemübersicht **89**/95
Wärmedurchgang **75**/27
Wärmedurchgangskoeffizient **82**/54; **82**/76
Wärmedurchlaßwiderstand **82**/54; **82**/76; **82**/109
Wärmegewinn, -verlust **80**/94
Wärmegewinn, solarer **94**/46
Wärmeleitfähigkeitsmessung **83**/78
Wärmeleitzahl **82**/63
Wärmeleitzahländerung **76**/163

Wärmerückgewinnung **82**/81; **92**/42; **92**/54; **92**/64
  − Dach **79**/40
Wärmeschutz **80**/94; **80**/113; **82**/81; **87**/25; **87**/101; **94**/64
  − Baukosten **80**/38
  − Bautechnik **80**/38
  − Dach **79**/76
  − Energiepreis **80**/44; **80**/113
  − erhöhte Anforderungen 1980 **80**/38
  − im Hochbau DIN 4108 **82**/54; **82**/63; **82**/76
  − sommerlicher **93**/108
Wärmeschutzverordnung 1982 **82**/54; **82**/81; **92**/42; **94**/35
Wärmespeicherfähigkeit **84**/33; **87**/25; **88**/45; **94**/64
Wärmestau **89**/109
Wärmestromdichte **83**/95; **92**/106; **94**/64
Wärme- und Feuchtigkeitsaustausch **88**/45; **94**/64; siehe auch → Sorption
Wärmeübergangskoeffizient **92**/90
Wärmeübergangswiderstände **82**/54
Wärmeübertragung **84**/94
Wärmeverlust Fuge **83**/38
Wärmmedämmung, Fehlstellen **91**/88
  − geneigtes Dach **87**/53
Weiße Wanne **83**/103; **91**/43
Werbung des Sachverständigen **88**/24
Werkunternehmer **89**/21
Werkvertragsrecht **76**/43; **77**/17; **78**/17; **80**/24
Wertminderung; siehe auch → Minderwert
Wertminderung, technisch-wirtschaftliche **78**/48; **81**/31; **90**/135
Wertsystem **78**/48; **94**/26
Wertverbesserung **81**/31
Winddichtigkeit **93**/92; **93**/128
Winddruck /-sog **76**/163; **79**/38; **87**/30; **89**/95
Windlast **79**/49
Windsog an Fassaden **93**/29
Windsperre **87**/53 **93**/85; **93**/92; siehe auch → Luftdichtheit → Winddichtigkeit
Windverhältnisse **82**/91
Winkeltoleranzen **88**/135
Wintergarten **87**/87; **92**/33; **93**/108; **94**/35
Wohnungstrennwand **82**/109
Wurzelschutz **86**/93; **86**/99
WU-Beton siehe auch → Beton, wasserundurchlässig; Sperrbeton
WU-Beton **83**/103; **90**/91; **91**/43

Zementleim **91**/105
Zertifizierung **94**/17
Zeuge, sachverständiger **92**/20
Zeugenbeweis **86**/9
Zeugenvernehmung **77**/7
Ziegelrollschicht **89**/27; **90**/25
ZSEG **92**/20
ZTV Beton **86**/63

Zugbruchdehnung **83**/103
Zugspannung **78**/109
Zulassung, bauaufsichtlich **87**/9
– behördliche **82**/23
Zulassungsbescheid **78**/38
Zusatzmittel **77**/82
Zwangskraftübertragung **89**/61
Zwängungsbeanspruchung **78**/90; **91**/43; **91**/100